D1717606

Gerhard Steger

Bioinformatik

Methoden zur Vorhersage von RNA- und Proteinstrukturen

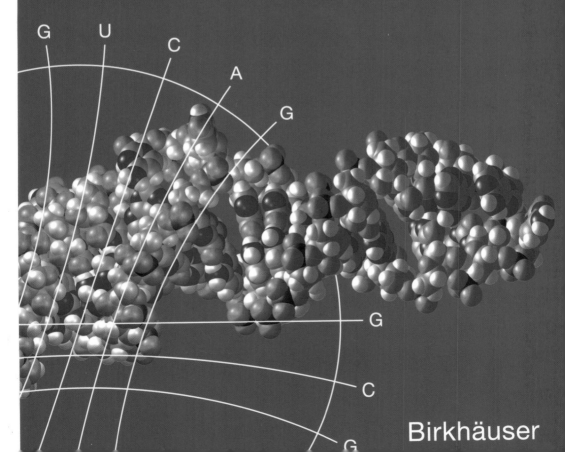

Birkhäuser

Bioinformatik

Methoden zur Vorhersage von RNA- und Proteinstrukturen

Gerhard Steger

Birkhäuser Verlag
Basel · Boston · Berlin

Autor

Dr. Gerhard Steger
Heinrich-Heine-Universität Düsseldorf
Institut für Physikalische Biologie
Universitätsstraße 1, Geb. 26.12.U1
D-40225 Düsseldorf

Bibliografische Information der Deutschen Bibliothek
Die Deutsche Bibliothek verzeichnet diese Publikation in der Deutschen Nationalbiografie;
detaillierte bibliografische Daten sind im Internet über http://dnb.ddb.de abrufbar.

ISBN 3-7643-6951-5 Birkhäuser Verlag, Basel – Boston – Berlin

© 2003 Birkhäuser Verlag, Postfach 133, CH-4010 Basel, Schweiz
Ein Unternehmen der Fachverlagsgruppe BertelsmannSpringer

Computer-to-plate Vorlage durch den Autor erstellt
Umschlaggestaltung: Micha Lotrovsky, CH-4106 Therwil, Schweiz
Gedruckt auf säurefreiem Papier, hergestellt aus chlorfrei gebleichtem Zellstoff. TCF ∞
Printed in Germany
ISBN 3-7643-6951-5

9 8 7 6 5 4 3 2 1   www.birkhauser.ch

Inhaltsverzeichnis

Strukturvorhersage von Proteinen 147

Vorwort

Inhalt: Der Inhalt dieses Buchs folgt einer zweifachen Absicht: zum einen soll das jeweilige Gebiet der Nukleinsäure- bzw. Protein-Strukturvorhersage abgedeckt werden und zum anderen soll in jedem Kapitel (mindestens) eine informationstechnische Methode behandelt werden. Hier soll dann nicht nur der Algorithmus vorgestellt werden, sondern mindestens eine Implementation und damit erzielbare Ergebnisse anhand eines biologischen Beispiels diskutiert werden. Das Buch ist also nicht ein Handbuch mit Click-Anweisungen für diverse Web-basierte Computer-Werkzeuge, sondern eher eine Darstellung von Informatik-Methoden anhand konkreter biologischer Themen.

In den Nukleinsäure- bzw. Proteinstruktur einleitenden Kapiteln 1 bzw. 8 und 9 werden einige biochemische und biophysikalische Grundlagen erläutert, auf denen die in den darauf folgenden Kapiteln behandelten Algorithmen aufbauen. Sie sollen also zum Verständnis des behandelten Problems und der zu seiner Lösung eingesetzten informationstechnischen Methoden nützlich sein.

Zielgruppe/Ursprung: Dieses Buch ist eine überarbeitete Version eines Vorlesungsmanuskripts für eine einsemestrige Bioinformatik-Vorlesung an der Heinrich-Heine-Universität Düsseldorf. Diese und eine weitere Bioinformatik-Vorlesung sind für solche Studierenden des Diplomstudiengangs Biologie prüfungsrelevant, die das „kombinierte Nebenfach" Bioinformatik belegen. Zu diesem Nebenfach zählen „biologische" Vorlesungen, Praktika und Seminare in Bioinformatik und „nicht-biologische" Vorlesungen und Praktika in Informatik und Mathematik. Mit umgekehrtem Vorzeichen gilt ähnliches für Studierende im Bachelor/Master-Studiengang Informatik mit Studienschwerpunkt Bioinformatik in Kombination mit dem Nebenfach Biologie.

Referenzen: In jedem Kapitel werden zahlreiche Literaturhinweise zu weiterführenden oder alternativen Algorithmen und Methoden, Originalarbeiten und Übersichtsartikeln gegeben; dies sollte es erleichtern, sich in jedes der in den Kapiteln behandelten Themen tiefer einzuarbeiten. Dazu oder auch zur praktischen Anwendung von Methoden sind an vielen Stellen Web-Adressen angegeben. Diese sind leider dynamischer als einem lieb

sein kann; allerdings ist nach meiner Erfahrung jede Seite mit Hilfe des angegebenen Namens und Inhalts in einer Suchmaschine[1] auch nach Jahren
noch auffindbar.

Dank: Das vorliegende Buch wurde in LaTeX [2] erstellt; Zeichnungen und Grafiken
wurden mit sketch [3], gimp [4] und GLE [5] angefertigt. Danke an die Entwickler;
keines der Programme hat mich im Stich gelassen. Weiterhin gilt mein Dank
den DiplomandInnen und Doktoranden, die sich an der Suche nach Tippfeh-
lern und Ungereimtheiten im Manuskript beteiligt haben (in alphabetischer
Reihenfolge): Ali Akin, Tanja Gesell, Stefan A. Gräf, Cynthia Sharma, Ralph
Schunk und Andreas Wilm. Bei Herrn G. Nagel bedanke ich mich ganz besonders für seine gründliche Fehlersuche. Verbleibende Fehler, unzulängliche
Beschreibungen etc. gehen natürlich zu meinen Lasten.

Düsseldorf, den 27. Januar 2003   Gerhard Steger

---

[1] http://www.google.de/

[2] http://www.dante.de

[3] http://sketch.sourceforge.net

[4] http://www.gimp.org

[5] ftp://ftp.rz.uni-duesseldorf.de/pub/graphics/gle/

Strukturvorhersage von Nukleinsäuren

1

Struktur und Funktion von RNA

Ribonukleinsäure (RNA) besitzt vielfältigere biologische Funktionen als Desoxyribonukleinsäure (DNA). Ähnlich wie DNA, die in allen Zellen als genetisches Material dient, ist doppelsträngige (dsRNA) oder einzelsträngige RNA (ssRNA) das genetische Material in RNA-Viren. In Retroviren dient RNA als Matrize für die Synthese von DNA. Chromosomale DNA ist die Matrize für die Synthese von Boten-RNA (messenger RNA, mRNA), die wiederum als Matrize für die Synthese von Proteinen dient; dieser Fluss der genetischen Information ist das zentrale Dogma der Molekularbiologie (Crick, 1958). Der Adapter zwischen mRNA und Protein ist die transfer RNA (tRNA) und die Maschinerie für die Translation ist ribosomale RNA (rRNA). Weitere Beispiele für RNA-Funktionen werden in Abschnitt 1.5 auf Seite 35 beschrieben.

In den meisten Fällen ist die Primärstruktur der RNA – die Reihenfolge der Bausteine bzw. die Sequenz – nicht ausreichend, um Funktion zu vermitteln. In dieser Hinsicht ist die Beziehung zwischen RNA-Struktur und -Funktion ähnlich wie bei Proteinen. Eine RNA mit der Sequenz einer tRNA wird nicht von einer tRNA-Synthetase mit einer Aminosäure (aa) beladen; Faltung der tRNA-Sequenz in die Sekundärstruktur („Kleeblatt") ist auch nicht ausreichend für Funktionalität; erst die Faltung der Kleeblatt-Struktur in die Tertiärstruktur faltet („L-Form") vermittelt Funktionalität. Natürlich funktioniert mRNA schon durch ihre Primärstruktur: Ein Codon – drei aufeinanderfolgende Nukleotide – wird durch das Anticodon einer Aminosäure-beladenen tRNA im Ribosom erkannt, was zur Protein-

Biosynthese führt. Aber höhere Struktur in ihren 5'- oder 3'-nicht-translatierten Bereichen (untranslated regions, UTR) kann z. B. für die Modulation der Proteinsynthese oder für Stabilität gegen Abbau wichtig sein; spezielle Strukturen im offenen Leserahmen (open reading frame, ORF) einer Virus-RNA können zur Verschiebung der Ribosomen um einige Nukleotide führen, was Synthese verschiedener Proteine von einer einzigen RNA zur Folge hat.

Dieses erste Kapitel soll dazu dienen, einen Überblick über die verschiedenen RNA-Strukturelemente zu geben und den Hintergrund für das Wechselspiel zwischen experimentellen und theoretischen Struktur-Bestimmungsmethoden darzustellen. Anders ausgedrückt: Mit welchen experimentellen Hinweisen wird man konfrontiert, die man unter Umständen in die informationstechnischen Vorhersagen einbauen kann, bzw. welche aus Vorhersagen abgeleitete Hinweise kann man einem Experimentator zur Überprüfung weiterleiten. Die benötigten informationstechnischen Methoden werden dann im Detail in den Kapiteln 2 bis 7 ausgeführt. Das Einführungskapitel kann mit seiner Kürze aber kein Ersatz für entsprechende Lehrbücher sein (z. B. Saenger, 1984; Watson *et al.*, 1987).

1.1 RNA-Struktur

Im Folgenden wird RNA-Struktur beschrieben beginnend mit einem eher chemischen Blickwinkel bis zu einer eher biophysikalischen Betrachtung der höheren Strukturordnungen.

1.1.1 Primärstruktur

Die Primärstruktur der RNA ist nahezu identisch zu der von DNA; d. h., die Bausteine sind Base, Ribose und Phosphat (siehe Abb. 1.1 auf der nächsten Seite). Der Hauptunterschied ist die Ribose anstelle der 2'-Desoxyribose; er ist die Grundlage für die verschiedenen Helixkonformationen von RNA und DNA (siehe Abb. 1.3 auf Seite 9) und für die chemische Instabilität von RNA im Vergleich zu DNA.

Die vier verschiedenen Basen sind die zwei Purine, Adenin und Guanin, und die zwei Pyrimidine, Cytosin und Uracil. Das Vorkommen von Uracil in RNA anstelle von Thymin in der DNA, die sich nur durch die in Thymin zusätzliche 5-Methylgruppe unterscheiden, ist z. T. verantwortlich für die höhere thermodynamische Stabilität der doppelsträngigen RNA. Basen, Nukleoside (Base plus Ribose) und die Nukleotide (Nukleosid plus Phosphat) werden meist mit A, G, C und U abgekürzt. Die offiziellen Abkürzungen sind Ade, Gua, Cyt und Ura für die Basen; A, G, C und U für Nukleoside; und NMP oder pN (N $\in$ { A,G,C,U}) für Nukleosid-5'-Monophosphate, NDP oder ppN für 5'-Diphosphate und NTP oder pppN für 5'-Triphosphate; für weitere IUPAC-Symbole siehe Tab. 1.1 auf der nächsten Seite.

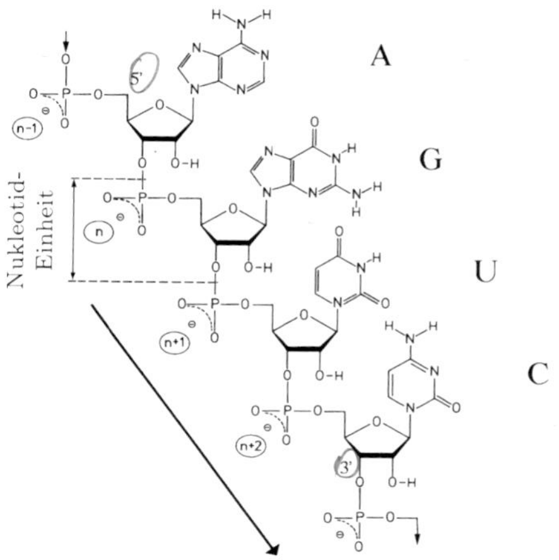

Abbildung 1.1: Bausteine der RNA. RNA besteht aus Nukleotiden und diese wiederum aus einer Base, einer Ribose und einer Phosphatgruppe. Die vier Basen sind Adenin, Guanin, Uracil und Cytosin; die Nukleoside (Base plus Ribose) sind Adenosin, Guanosin, Cytidin und Uridin. Die Ribose unterscheidet sich von Desoxyribose durch die 2' OH-Gruppe. Die gezeigte Sequenz ist pApGpUpCp und wird meist als AGUC abgekürzt. Man beachte, dass jede Nukleinsäuresequenz in 5'→3'-Richtung angegeben wird und in Abbildungen das 5'-Ende immer oben links sein sollte.

Tabelle 1.1: Nukleotid-Symbole. Nur die fettgedruckten Symbole der ersten Spalte sind gebräuchlich. Bei Benutzung eines Programms sollte man insbesondere darauf achten, dass U und T identische Nukleotide bezeichnen.

Symbol	Bedeutung	Komplement
A	A	U
C	C	G
G	G	C
U oder T	U	A
M	A oder C	K
R	A oder G (Purin)	Y
W	A oder U	W
S	C oder G	S
Y	C oder U (pYrimidin)	R
K	G oder U	M
V	A, C oder G	B
H	A, C oder U	D
D	A, G oder U	H
B	C, G oder U	V
X oder N	A, G, C oder U	X
.	nicht (A, G, C, U)	.
—	Lücke	

Keine der normalen Basen hat i. Ggs. zu einigen modifizierten Nukleotiden eine benutzbare Fluoreszenz. Aber alle besitzen hohe Extinktionskoeffizienten um 10^4 1/mol·cm bei $\lambda_{max} \approx 260$ nm.

Die Phosphatgruppe verbindet zwei Nukleoside durch Esterbindungen; daher verbleibt eine negative Ladung am Phosphat bei pH 7. Das Masse-zu-Ladungsverhält-

nis ist nahezu konstant und unabhängig von der Sequenzlänge; dies ist die Basis
für die Größenbestimmung von Nukleinsäure per Gelelektrophorese (siehe Abschnitt 1.4.2 auf Seite 25).

1.1.2   Sekundärstruktur

RNA kann ähnlich wie DNA in komplexe Strukturen falten. Die Grundlage für
alle diese Strukturen höherer Ordnung ist die Fähigkeit der Basen, untereinander Wasserstoffbrücken und Stapelwechselwirkungen ("stacking") auszubilden.
Wasserstoffbrücken verbinden nicht-benachbarte Basen. Der Energiegewinn durch
Wasserstoffbrücken-Paarung ist relativ gering, da ähnlich gute Wasserstoffbrücken
mit dem umgebenden Wasser möglich sind. Stapelwechselwirkungen verbinden
benachbarte Basen und/oder Basenpaare. Diese Wechselwirkung ist eine Dipol-
induzierte Dipol-Wechselwirkung zwischen den aromatischen Ringsystemen der
heterozyklischen Basen. Sie ist energetisch günstig.

Doppelsträngige RNA, aufgebaut aus zwei gegenläufigen Einzelsträngen, kennt
man insbesondere von doppelsträngigen RNA-Viren. Mitglieder dieser Virusord-
nung sind die Familien *Reoviridae* und *Birnaviridae* (siehe "Index Virum"[1]).

RNA ist meistens einzelsträngig. Damit ist die einfachste Sekundärstruktur (siehe
Abb. 1.2B auf der nächsten Seite) ein sog. Hairpin (Haarnadel), der aus einer Helix und einem Hairpin-Loop (Haarnadel-Schleife) besteht. Die Größe des Hairpin-
Loops muss ausreichend sein, um den Helix-Durchmesser zu überbrücken. Da RNA
nur in Ausnahmefällen komplett selbstkomplementär ist, ist der helikale Struktur-
teil üblicherweise durch nicht-komplementäre Bereiche auf einer oder beiden Seiten
der Helix unterbrochen. Alle diese nicht-komplementären Bereiche werden Loops
(Schleifen) genannt. Ein Hairpin-Loop schließt eine Helix ab; Bulge-Loops bzw.
interne Loops verbinden zwei Helices; Verzweigungsloops (junctions, bifurcations)
verbinden mehr als zwei Helices. Einfache Sekundärstrukturen ohne Verzweigungsloops werden manchmal als Stamm-Loop-Strukturen ("stem-loop structures" oder
kurz "stem loops") bezeichnet. Im Vergleich zu helikalen Bereichen ist die Bildung
von Loops energetisch ungünstig; alle Loops destabilisieren eine RNA-Struktur.

Varianten zur Darstellung von Sekundärstrukturen sind in Abb. 1.2 auf der
nächsten Seite gezeigt. Weitere, interaktive Plot-Programme, die die Optimierung
und Verschönerung von Strukturdarstellungen erlauben, sind:

- XRNA und STRED (Weiser & Noller, 1999);
- SStructView (Felciano *et al.*, 1996);
- naview (Bruccoleri & Heinrich, 1988);
- RNAviz (Rijk & Wachter, 1997);
- RNAdraw (Matzura & Wennborg, 1996).

[1] http://life.anu.edu.au:80/viruses/Ictv/index.html

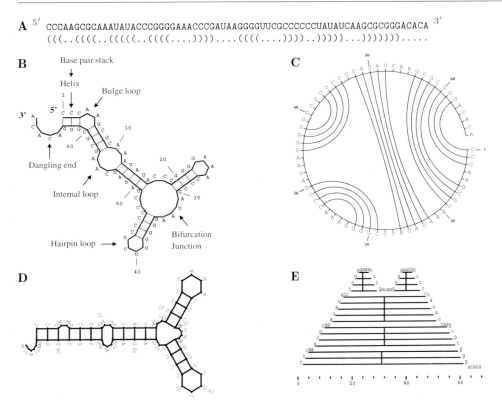

Abbildung 1.2: Darstellung von RNA-Sekundärstruktur. Gezeigt sind die üblichen schematischen Darstellungen einer Sekundärstruktur mit der oben angegebenen Sequenz.
A: Punkt-Klammer-Notation, wie sie insbesondere von RNAfold (Hofacker *et al.*, 1994) benutzt wird; ein Punkt symbolisiert ein ungepaartes Nukleotid; eine öffnende bzw. schließende Klammer stellt eine Base dar, die mit einer 3'- bzw. 5'-lokalisierten Base ein Paar bildet. Mit drei verschiedenen Symbolen ist nur die Darstellung von Sekundärstrukturen möglich. **B**: Eine Darstellung, in der die Loops als gleichwinklige Polygone gezeichnet sind (Hofacker *et al.*, 1994; Lück *et al.*, 1999). **C**: "circles plot" (GCG, 2002; Nussinov *et al.*, 1978); nicht beschränkt auf Sekundärstrukturen; praktisch zum Vergleich verschiedener Strukturen einer Sequenz. **D**: "squiggles plot" (GCG, 2002; Osterburg & Sommer, 1981). Helices werden ähnlich wie Eisenbahnschienen dargestellt; die schließenden Paare von internen und Bulge-Loops besitzen den gleichen Abstand wie Basenpaare in Helices. Daraus resultieren relativ kompakte Abbildungen mit einer geringen Wahrscheinlichkeit für überschneidende Stem-Loops; allerdings täuscht man sich leicht über die Größe verschiedener Loops. Geringfügige Strukturänderungen in dieser oder Darstellungen wie **B** können zu großen visuellen Unterschieden führen. **E**: "mountain plot" (GCG, 2002); Nukleotide werden in x-Richtung geschrieben; basengepaarte Nukleotide, die hier durch horizontale Linien verbunden sind, besitzen einen Offset von +1 bzw. −1 in y-Richtung, wenn der Partner 5' bzw. 3' lokalisiert ist; Stem-Loop-Bereiche können durch senkrechte Linien markiert sein.

In allen Fällen beachte man, dass RNA-Struktur niemals ein flaches, sondern immer ein dreidimensionales Objekt ist. Vergleiche hierzu auch die Abbildungen 1.7 bis 1.8 auf Seite 13 und 1.10 auf Seite 14. Außerdem beachte man, dass unter thermodynamischen Gesichtspunkten eine RNA-Sequenz praktisch immer als eine Verteilung verschiedener Strukturen existieren muss (siehe Abschnitt 1.2 auf Seite 15 und Abb. 1.13 auf Seite 18). Nur in Ausnahmefällen, d. h. speziell hohem evolutionärem Druck, kann die Strukturverteilung durch eine einzige Struktur dominiert werden.

RNA ist nicht DNA

Doppelsträngige RNA bildet A-Helices aus, die nicht identisch sind zu den B-Helices, die von DNA unter normalen Bedingungen gebildet werden. Die Grundlage für diesen Unterschied ist die 2'-OH-Gruppe der Ribose, die mehr Platz braucht als das Proton in der Desoxyribose. Daraus folgt in der RNA die 2'-exo- bzw. 3'-endo-Konformation des Zuckers.

Der offensichtlichste Unterschied zwischen A- und B-Helix ist die verschiedene Größe der Gruben: Die große Grube ("major groove") der A-Helix ist tiefer und schmaler als die der B-Helix (siehe Abb. 1.3 auf der nächsten Seite). Folglich sind die direkten Wasserhüllen ("hydration shell") beider Formen verschieden und die Protein-Nukleinsäure-Erkennung basiert auf verschiedenen Protein-Elementen (zur Übersicht siehe Draper, 1999).

Sowohl RNA als auch DNA können in weiteren Helix-Formen existieren. Z. B. kann DNA durch Dehydrierung von der üblichen B-Konformation in eine RNA-ähnliche A-Form umlagern. Unter speziellen Puffer-Bedingungen und mit speziellen Sequenzfolgen können sowohl RNA als auch DNA in einer linksgängigen Helix-Form, der sog. Z-Helix, auftreten.

Basenpaare

Im Prinzip kann jede der vier Basen mit einer anderen Base bis zu drei Wasserstoff-Brücken bilden (Leontis *et al.*, 2002). Die Standard-Basenpaare (kanonische oder Watson-Crick(WC)-Paare; Watson & Crick, 1953) sind A:U (A:T in DNA) und G:C (siehe Abb. 1.4 auf Seite 10). In RNA ist das Wobble-Basenpaar G:U recht häufig; sein Name leitet sich von seinem Auftreten in der dritten oder Wobble-Position der Anticodon/Codon-Wechselwirkung her. WC-Paare aber auch das Wobble-Paar sind isoster, d. h., mit WC-Paaren und Wobble-Paaren lassen sich regelmäßige Helices beliebiger Länge aufbauen. Die meisten anderen Basenpaare (siehe "Non-canonical Base Pair Database"[2]) sind nicht isoster und auch nicht selbst-isoster.

---

[2] http://prion.bchs.uh.edu/bp_type/

Eigenschaft	dsRNA A-Helix	dsDNA B-Helix
Zucker	$C_{2'}$-exo	$C_{2'}$-endo
P—P Abstand	0,59 nm	0,7 nm
Versatz Bp	0,4 nm	0 nm
$^1\angle\, \dfrac{\text{Bp}}{\text{S}}$	+20 °	-6 °
Bp/Turn	11	10
Höhe/Turn	3,0 nm	3,4 nm

^{a} Winkel zwischen Basenpaar und Senkrechter zur Helixachse

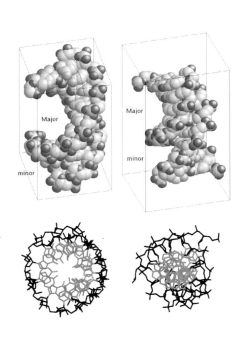

Abbildung 1.3: A- und B-Helix. In Lösung liegen doppelsträngige RNA bzw. DNA hauptsächlich in sog. A-Form (links) bzw. B-Form (rechts) vor. Man beachte die tiefe und schmale große Grube ("major groove") der A-Form-Helix im Vergleich zur breiten und flachen großen Grube der B-Form-Helix. Unten sind Blicke entlang der Helixachse gezeigt; in der A-Form laufen die Basenpaare nicht durch die Helix-Achse. Alle Unterschiede zwischen den beiden Formen basieren ausschließlich auf der 2' OH-Gruppe der RNA-Ribose.

Verlängerung einer Helix um ein zusätzliches Basenpaar ist neben reiner intramolekularer Basen-Stapelung der kinetisch schnellste Prozess der RNA-Strukturbildung; die typische Helixverlängerung läuft im Mikrosekunden-Bereich ab.

Hairpins

Ein Hairpin besteht aus einer Helix und einem Loop, der die Helix überbrückt. Hairpin-Loops bilden sich relativ schnell; typische Assoziationsraten liegen im niedrigen Mikrosekunden-Bereich, aber wachsen mit steigender Loop-Größe (Pörschke, 1974; Turner *et al.*, 1990).

Die thermodynamische Stabilität von Hairpin-Loops hängt ab von der Loop-Größe, der Loop-Sequenz und vom Typ des den Loop schließenden Basenpaars. Generell sind Loops aus fünf ungepaarten Basen am wenigsten destabilisierend; Loops aus drei oder weniger Basen sind zu kurz, um die Helix zu überbrücken. Ein Spezialfall sind die sog. extra-stabilen Tetraloop-Hairpins: Sie bestehen aus vier Basen, aber die erste und die letzte Base des Loops bilden ein ungewöhnliches

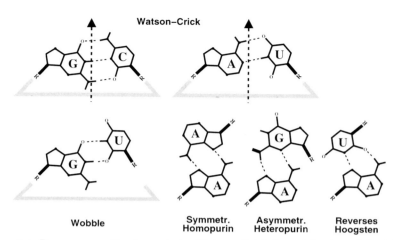

Abbildung 1.4: Basenpaare. Das kanonische Watson-Crick-Paar (oben) und das Wobble-Paar (unten links) sind isoster; diese Isosterie und die damit verbundene Selbst-Isosterie erlauben die Bildung regulärer Helices. Die Pfeile zeigen die Symmetrie-Achse. Die graue Linie, die in allen drei Fällen gleich ist, zeigt die Distanz zwischen und den Winkel zu den Zuckern. Nicht-kanonische Basenpaare (unten rechts) sind nicht isoster, können aber wie die kanonischen Paare bis zu drei Wasserstoff-Brücken besitzen.

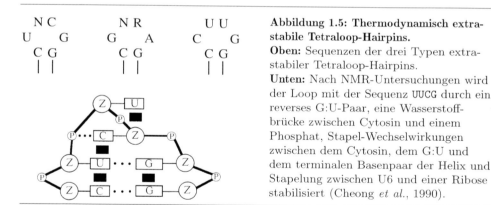

Abbildung 1.5: Thermodynamisch extra-stabile Tetraloop-Hairpins.
Oben: Sequenzen der drei Typen extra-stabiler Tetraloop-Hairpins.
Unten: Nach NMR-Untersuchungen wird der Loop mit der Sequenz UUCG durch ein reverses G:U-Paar, eine Wasserstoffbrücke zwischen Cytosin und einem Phosphat, Stapel-Wechselwirkungen zwischen dem Cytosin, dem G:U und dem terminalen Basenpaar der Helix und Stapelung zwischen U6 und einer Ribose stabilisiert (Cheong *et al.*, 1990).

Basenpaar, das auf dem letzten regulären Basenpaar der Helix stapelt. Zusätzliche Stabilität wird durch Stapelung von zweiter und dritter Base und Wasserstoffbrücken der dritten Base mit dem Rückgrat gewonnen (siehe Abb. 1.5). In thermodynamischer Hinsicht sind diese Tetraloops die am wenigsten destabilisierenden Loops (Antao *et al.*, 1991; Antao & Tinoco, 1992; Groebe & Uhlenbeck, 1988).

Extra-stabile Tetraloop-Hairpins sind die häufigsten Hairpin-Loops in ribosomaler RNA. Sie scheinen aufgrund ihrer schnellen Bildung und ihrer erhöhten Stabilität wichtig zu sein für die Strukturbildung und für Tertiärstruktur-Wechselwirkungen (siehe Abschnitt 1.1.3 auf der nächsten Seite und Abb. 1.9 auf Seite 14) und für Protein-Erkennung.

Größere Hairpin-Loops können ebenfalls eine spezielle Struktur besitzen. In tRNA besteht der Anticodon-Loop aus sieben Basen. Auf der 3'-Seite stapeln fünf dieser Basen aufeinander und verlängern so die A-Helix-Geometrie der Anticodon-Helix; dies stabilisiert die Codon/Anticodon-Wechselwirkung. Die fünf gestapelten Basen werden gefolgt von einem scharfen Knick im Rückgrat ("U-turn") (Clore *et al.*, 1984; Fuller & Hodgson, 1967; Haasnoot *et al.*, 1986), der auch aus anderen RNAs bekannt ist.

Bulge-Loops

Bulge-Loops besitzen ungepaarte Basen in einem Strang einer doppelsträngigen Region, während der andere Strang durchgehend basengepaart ist. Ein Bulge-Loop kann eine einzige Base groß sein, die Größe ist aber nicht prinzipiell begrenzt. Die Konformation eines Bulge-Loops hängt ab vom Typ der ungepaarten Nukleotide und von den benachbarten Basenpaaren: Im Fall einer einzelnen ungepaarten Base kann diese extra-helikal sein unter Stapelung der beiden Nachbarbasenpaare oder sie kann in die Helix interkalieren. Bulge-Loops können einen Stem-Loop biegen oer knicken und dadurch die dreidimensionale Struktur beeinflussen (Grainger *et al.*, 1997; Hagerman, 2000; Lilley, 1995; Schmitz & Riesner, 1998).

Interne Loops

Interne Loops besitzen ungepaarte Basen in beiden Strängen einer doppelsträngigen Region. Bei gleicher Zahl ungepaarte Basen in beiden Strängen werden sie als symmetrisch bezeichnet; ein symmetrischer interner Loop aus zwei Basen wird "Mismatch" genannt. Die thermodynamische Stabilität eines internen Loops hängt natürlich von der Zahl und der Art der ungepaarten Basen und von der Art der Nachbarbasenpaare ab.

Von ungepaarten Basen in einem internen Loop zu sprechen ist in vielen Fällen falsch; d. h., der Loop kann – wie jeder andere Loop – durch Stapelung der ungepaarten Basen, Wasserstoff-Brücken zwischen Basen und/oder dem Rückgrat stabilisiert und relativ starr sein. Ein extremes Beispiel ist der sog. "loop E", dem fünften Loop aus bestimmten 5 S rRNAs (siehe Abb. 1.6 auf der nächsten Seite). Er besteht aus neun Basen, die alle gestapelt und gepaart sind! Natürlich ist eine solche außergewöhnliche Rückgrat- und Nukleotid-Konformation (inkl. Stranginversion) eine ideale Erkennungsstelle für Proteine.

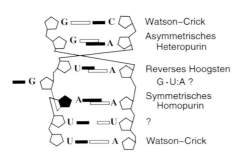

Abbildung 1.6: Struktur des Loop E. Dieser interne Loop ist u. a. bekannt aus 5 S rRNA (Wimberly *et al.*, 1993), aus dem Ricin/Sarcin-Loop der 28 S rRNA (Szewczak & Moore, 1995), aus dem Loop B des Hairpin-Ribozyms (Butcher *et al.*, 1999) und aus dem Kartoffel-Spindel-Knollensucht-Viroid (PSTVd) (Baumstark *et al.*, 1997; Wassenegger *et al.*, 1996).

Verzweigungsloops

Verzweigungsloops ("junctions", "multibranched loops", "bifurcations") verbinden mehr als zwei Helices; zwischen den Helices können ungepaarte Basen liegen. Vier-Helix-Verzweigungen sind recht häufig (tRNA, "Holliday junctions" in DNA), andere Helix-Anzahlen kommen aber auch vor (z. B. drei in 5 S rRNA; zur Übersicht siehe Lilley, 1999; Lilley & Clegg, 1993).

Ungepaarte Nukleotide und Randbasenpaare in Verzweigungsloops entscheiden über die Stapelung der beteiligten Helices und bestimmen so die dreidimensionale RNA-Konformation. Thermodynamische Parameter für die Bildung von Verzweigungsloops sind aufgrund der großen Anzahl an Struktur- und Sequenz-Möglichkeiten kaum bekannt (Altona, 1996); für Strukturrechnungen werden daher meist vereinfachende Annahmen gemacht, die allerdings co-axiale Stapelung berücksichtigen können (Walter *et al.*, 1994).

1.1.3 Tertiärstruktur

Aufbauend auf der RNA-Sekundärstruktur kann sich Tertiärstruktur ausbilden, die durch Wasserstoffbrücken und Stapelung genauso wie die Sekundärstruktur stabilisiert wird (zur Definition von Sekundär- und Tertiärstruktur siehe Abschnitt 4.1 auf Seite 74). Tertiärstruktur ist für die biologische Aktivität vieler RNAs unabdingbar.

Häufige Tertiärstrukturelemente beruhen auf Wechselwirkungen zwischen zwei Loops (z. B. Hairpin-Loop mit Hairpin-Loop in tRNA, Abb. 1.10 auf Seite 14; Hairpin-Loop mit internem Loop, Abb. 1.9 auf Seite 14) oder zwischen einem Loop und einem freien Ende. Letztere werden als Pseudoknoten bezeichnet ("H"airpin-Pseudoknoten sind in Abb. 1.7 und 1.8 auf der nächsten Seite gezeigt). Für komplexere Beispiele wird auf die Sekundär- und Tertiärstruktur-Modelle von z. B. RNase P[3] oder tmRNA[4] verwiesen.

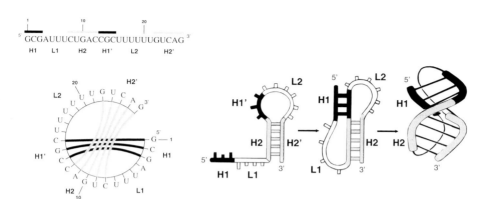

Abbildung 1.7: Verschiedene Darstellungen eines H-Pseudoknotens.
Links oben: Primärsequenz.
Links unten: Struktur als zirkulärer Graph.
Rechts: Bildung des dreidimensionalen Pseudoknotens als Folge von „Umlagerungen".
In jeder Darstellung zeigen graue bzw. schwarze Balken identische Teile des Moleküls.
Verändert nach Pleij *et al.* (1985).

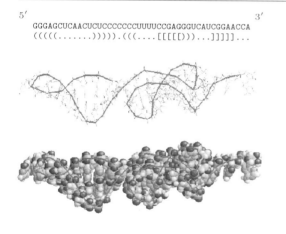

Abbildung 1.8: Pseudoknoten in der tRNA-ähnlichen Struktur aus TYMV (turnip yellow mosaic virus). Von oben nach unten ist gezeigt die Primärsequenz, die Struktur in einer modifizierten Klammer-Punkt-Notation und die dreidimensionale Struktur als Draht- und Kalotten-modell. Die NMR-Messungen (PDB-Nr 1A60) sind in Kolk *et al.* (1998) beschrieben; für weitere Details siehe "PseudoBase" (http://wwwbio.LeidenUniv.nl/~Batenburg/PKB.html) und "The RNA structure database" (http://www.rnabase.org/).

Falls eine Base in Wasserstoffbrücken-Wechselwirkungen mit mehr als einer weiteren Base involviert ist, wird dies als Tripel-Strang bezeichnet; Beispiele sind in Abb. 1.9 und 1.10 auf der nächsten Seite gezeigt.

---

[3] http://jwbrown.mbio.ncsu.edu/RNaseP/home.html
[4] http://psyche.uthct.edu/dbs/tmRDB/tmRDB.html

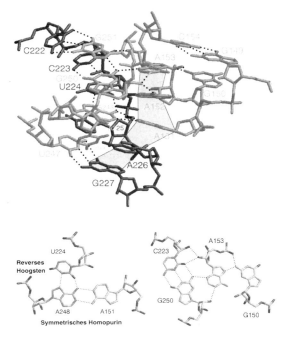

Abbildung 1.9: Tetraloop/Rezeptor-Wechselwirkung. Dieses Struktur-element ist aus einer Röntgen-strukturanalyse einer Gruppe I-Ribozym-Domäne bekannt (Cate *et al.*, 1996).
Oben: Drahtmodell der Wechsel-wirkung zwischen „internem Loop" ($_{247}$UAUGG$_{251}$/$_{227}$GAAUCC$_{222}$) und Tetraloop-Hairpin ($_{149}$GGAAAC$_{154}$). Der größte Teil der die Wechselwirkung stabili-sierenden Energie beruht auf der Stapelung von fünf Purinen aus den zwei Strukturelementen (graues Band: G_{227}, A_{226}, A_{151}, A_{152}, A_{153}).
Unten links: Das reverse Hoogsten-Paar A_{248}·U_{224} der Helix wechsel-wirkt mit A_{151} des Tetraloops.
Unten rechts: Das erste „Basenpaar" G_{150}·A_{153} des Tetraloops macht eine spezielle Tripel-Strang-Wechsel-wirkung mit dem randständigen G_{250}:C_{223}-Paar des internen Loops.

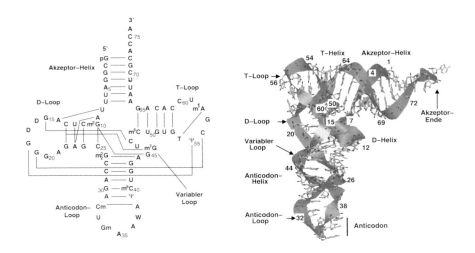

Abbildung 1.10: Struktur der tRNA^{Phe}(Hefe). Schematische Darstellung der Sekundär-(Kleeblatt; links) und der Tertiärstruktur (L-Form; rechts; Drahtmodell plus Band durch Rückgrat). Für eine nähere Beschreibung siehe Abschnitt 1.5.1 auf Seite 36.

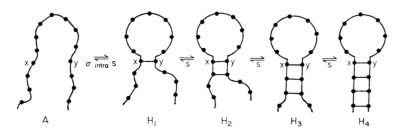

Abbildung 1.11: Strukturbildung eines Hairpins. Die Gleichgewichtskonstante der Reaktion ist $K = \sigma \cdot s^4$. Bei der Temperatur $T = T_m$, bei der die Hälfte der Moleküle oder Basenpaare denaturiert sind, gilt $K = 1$. Mit einem Kooperativitätsfaktor $\sigma = 10^{-4}$ ergibt sich für die individuellen Gleichgewichtskonstanten $s_{T_m} = 10$. Für die Konzentrationen der einzelnen Zustände ergibt sich folgendes Verhältnis: $[A] : [H1] : [H2] : [H3] : [H4] = 1000 : 1 : 10 : 100 : 1000$.

1.1.4 Von der Sekundär- zur Tertiärstruktur

Offensichtlich enthält eine RNA-Sekundärstruktur wesentlich mehr günstige Wechselwirkungen als an der Ausbildung der Tertiärstruktur beteiligt sind. Außerdem ist die Bildung einer Sekundärstruktur erheblich schneller als die der Tertiärstruktur. Beide Argumente führen zu der üblichen Annahme, dass sich im Strukturbildungsprozess zuerst die Sekundärstruktur bildet und dass anschließend auf dieser die Tertiärstruktur aufbaut, ohne groß die zugrundeliegende Sekundärstruktur zu beeinflussen. Dies ist dann auch die Logik hinter der Vorgehensweise, zuerst mit experimentellen und theoretischen Mitteln die Sekundärstruktur zu bestimmen, bevor versucht wird die Tertiärstruktur mit ihrer erheblich höheren Komplexität zu modellieren (zur Übersicht siehe Brion & Westhof, 1997; Westhof, 1992). Dies heißt nicht, dass eine Tertiärstruktur nicht zu geringen Änderungen der Grundstruktur führen kann; d. h., die Tertiärstruktur kann auf einer energetisch geringfügig suboptimalen Sekundärstruktur aufgebaut werden (für ein Beispiel siehe Thirumalai, 1998; Wu & Tinoco, 1998).

1.2 Thermodynamik der RNA-Faltung

Nukleinsäurehelices bzw. Basenpaare werden hauptsächlich durch Stapelwechselwirkungen und zu einem geringem Maß durch Wasserstoffbrücken stabilisiert (siehe Abschnitt 1.1.2 auf Seite 6). Die Konsequenzen sind leicht verständlich, wenn man die Bildung eines Hairpins H aus einem Einzelstrang A, eine Reaktion erster Ordnung betrachtet (siehe Abb. 1.11): Die Bildung des ersten Basenpaars ist aufgrund des Entropieverlusts und eines geringfügigen Energiegewinns sehr ungünstig. Helixwachstum, d. h. Bildung zusätzlicher Basenpaare mit Stapelung auf vorangehenden Basenpaaren, verläuft unter Energiegewinn und treibt die Reaktion zum vollständigen Doppelstrang. Die Reaktion A $\rightleftharpoons$ H gehorcht dann der Gleichgewichtskonstanten

$$K = \sigma \cdot s^N$$

mit der maximalen Zahl Basenpaare N und den Gleichgewichtskonstanten s für die Bildung eines zusätzlichen Stapels. Die Bildung des ersten Basenpaars ist ungünstiger durch $\sigma \cdot s$. Der Kooperativitätsfaktor σ, in der Größenordnung 10^{-3} to 10^{-5}, ist ein Maß, um wieviel günstiger Stapelung gegenüber der Bildung des ersten Basenpaars ist; $\sigma^{-1/2}$ bestimmt, wie lang die Reihe Basenpaare ist, die in einem einzigen Schritt renaturieren. Wenn der Doppelstrang eine Länge unterhalb $\sigma^{-1/2}$ besitzt, typischerweise 100 bis 150 bp, und der Strang entweder aus einer Sorte Basenpaare besteht oder die verschiedenen Basenpaare gleichmäßig verteilt sind, dann verläuft die Doppelstrangbildung in einem einzigen Prozess über die gesamte kooperative Länge (zippering- oder All-or-None-Modell). Wenn die Länge oberhalb $\sigma^{-1/2}$ ist, dann kann mehr als ein erstes Basenpaar gebildet werden, und der Reißverschluss-Prozess kann simultan an mehreren Punkten starten.

Entsprechend denaturiert ein Doppelstrang bevorzugt von den Enden, da die terminalen Basenpaare nur einen Stapelpartner besitzen. Wenn jedoch eine längere Reihe von A:U(T)-Basenstapeln von den stabileren G:C-Stapeln umgeben ist, dann kann die Denaturierung auch durch interne Loop-Bildung starten. Eine einzelne Fehlbasenpaarung (Mismatch) kann die Denaturierungstemperatur einer ganzen kooperativen Einheit beeinflussen oder sogar eine neue Einheit kreieren; dies ist die Grundlage für den Mutationsnachweis mit Temperaturgradienten-Gelelektrophorese (TGGE; siehe Abschnitt 1.4.2 auf Seite 28 und Kapitel 2).

Bei nicht-gleichmäßiger Verteilung verschiedener Basenpaare, bei Berücksichtigung der Konzentrationsabhängigkeit der Bildung von Doppelsträngen (2A $\rightleftharpoons$ H) und beliebigen Stranglängen wird die Beschreibung der Doppelstrangbildung relativ schwierig. Die mathematische Grundlage dafür wurde von Poland (1974) entwickelt. Die Beschreibung und Beispiele folgen in Kapitel 2; ein Vergleich von vorhergesagtem und experimentellem Mutationsnachweis ist in Abb. 1.12 auf der nächsten Seite gezeigt. Die entscheidenden Parameter für solche Rechnungen sind die thermodynamischen Stabilitäten der neun verschiedenen Basenstapel (z. B. Tab. 4.4 auf Seite 84). Neun Parameter sind ausreichend, solange sich nur nächste Nachbarn beeinflussen; weitreichendere Wechselwirkungen sollten laut Experimenten nur einen geringen Einfluss besitzen. Dies steht im kompletten Gegensatz zur Proteinstabilität, wo primär langreichweitige Wechselwirkungen für die Stabilität wichtig sind; hieraus resultiert dann auch die wesentlich größere Schwierigkeit Proteinstrukturen vorherzusagen als Nukleinsäurestrukturen.

Nicht nur Fehlbasenpaarungen, sondern jeder Loop besitzt destabilisierenden Einfluss (siehe Tab. 4.5 bis 4.6 auf Seite 85) aufgrund der schlechten Basenpaarstapelung und geringer Entropie. Das Ausmaß der Destabilisierung hängt vom Typ des Loops, seiner Größe, seiner Sequenz und von den den Loop begrenzen-

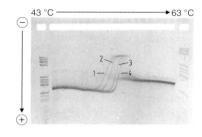

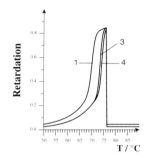

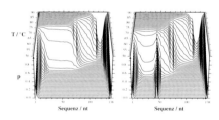

Abbildung 1.12: Denaturierungsverhalten doppelsträngiger Nukleinsäure.
Oben: Experimentelle TGGE einer synthetischen, 138 bp langen dsDNA; an Position 45 enthalten die Moleküle entweder eine Fehlpaarung (1, C:A; 2, T:G) oder ein Basenpaar (3, T:A; 4, C:G). Die schmalen Slots auf beiden Seiten des Gels enthalten Größenmarker. Bei niedrigster Temperatur sind die Moleküle weitgehendst doppelsträngig und wandern relativ schnell im elektrischen Feld. Bei etwa 50 °C denaturiert etwa eine Hälfte jedes Moleküls kooperativ, wobei die Denaturierungstemperatur T_m dieses Bereichs vom Paar an Position 45 abhängt. Die resultierende Y-förmige Struktur verzögert die Wanderung der Moleküle stark. Die Dissoziation in die Einzelstränge ist in der niedrigen Ionenstärke des Gels (etwa 2 mM) irreversibel; die Einzelstränge wandern schneller als die Y-förmigen Moleküle, aber langsamer als die dsDNAs. Experimentelle Bedingungen: 8 % PA, 0.26 % Bis, 8 mM Tris, 4 mM Essigsäure, 20 mM NaOAc, pH 8,4, 8 M Harnstoff, 60 min bei 300 V. Für Details siehe Wiese *et al.* (1995).
Mitte: Vorhergesagte gelelektrophoretische Retardation. Die Wanderungsgeschwindigkeiten der Einzelstränge und des Doppelstrangs werden als gleich angenommen. Unterschiedliche Stabilitäten für verschiedene Fehlpaarungen sind nicht berücksichtigt. Die thermodynamischen Parameter gelten für 19 mM Ionenstärke.
Unten: Vorhergesagte Wahrscheinlichkeit jedes Basenstapels, im offenen Zustand zu sein, als Funktion der Temperatur. Die Rechnungen berücksichtigen nicht die Strangtrennung. Der linke bzw. rechte 3D-Plot steht für ein G:C-Paar bzw. eine Fehlbasenpaarung an Position 45.

den Basenpaaren ab. Die meisten Parameter, soweit sie bekannt sind, wurden von D. H. Turner und seiner Gruppe bestimmt; eine Liste der verfügbaren Parameter mit Literaturzitaten ist im Web[5] verfügbar.

---

[5] http://bioinfo.math.rpi.edu/~zukerm/rna/energy/

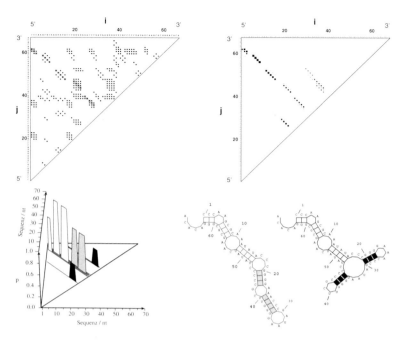

Abbildung 1.13: Basenpaarungsmatrizen.
Oben links: Ein Dotplot, der alle Helices mit einer Mindestlänge von zwei Basenpaaren zeigt (Tinoco *et al.*, 1971); die Punkte, die Basenpaaren der optimale Struktur entsprechen, sind grau unterlegt. **Oben rechts:** Ein Dotplot, in dem alle Basenpaare mit Punkten markiert sind, deren Fläche proportional zur thermodynamischen Wahrscheinlichkeit dieses Basenpaars ist (Hofacker *et al.*, 1994). **Unten links:** Dreidimensionale Darstellung (Schmitz & Steger, 1992) des Dotplots oben rechts. Die grau bzw. schwarz markierten Helices sind mit gleichen Farben in den Strukturdarstellungen angegeben. **Unten rechts:** Schematische Darstellungen der optimalen (links) und der besten suboptimalen (rechts) Sekundärstruktur.

1.2.1 RNA-Struktur-Verteilungen

Die Struktur von ssRNA besteht aus Helices und allen Arten von Loops. Für jede Sequenz – mit Ausnahme von Homopolymeren oder extrem selektierten Sequenzen – sind bei relevanten Temperaturen sehr viele verschiedene Strukturen möglich; die Zahl der möglichen Strukturen S wächst exponentiell mit der Kettenlänge N

$$S_N \sim N^{-1,5} 1,8^N$$

(siehe Abschnitt 4.3 auf Seite 76). In der stabilsten Struktur einer ssRNA sind etwa 70 % der Nukleotide basengepaart. Die verschiedenen Strukturen unterscheiden sich jedoch in ihrer Freien Energie und, solange Kinetik nicht berücksichtigt wird (siehe Abschnitt 1.3 auf Seite 21), können sich ineinander umlagern. Daher sollte man nicht davon ausgehen, dass eine gegebene Sequenz in eine bestimmte Struktur faltet; zuerst sollte man annehmen, dass viele verschiedene Strukturen in Lösung ko-existieren. Solche Strukturverteilungen lassen sich in Dotplots visualisieren (siehe Abb. 1.13 auf der vorherigen Seite). Im Prinzip ist hier jedes mögliche Basenpaar eingezeichnet; wenn die Größe der Punkte (Abb. 1.13, oben rechts) oder die Höhe der Balken (Abb. 1.13, unten links) proportional zur Wahrscheinlichkeit der Basenpaarung, in irgendeiner Struktur vorzukommen, eingezeichnet wird, wird die Strukturverteilung klar erkennbar. Die für die Berechnung solcher Dotplots nötigen Grundlagen und weitere Abbildungen werden in Kapitel 4 gezeigt.

1.2.2   „Schalter" in der RNA-Struktur

Die Fähigkeit einer RNA-Sequenz, in verschiedenen Strukturen existieren zu können, wird von der Natur eingesetzt, um in Abhängigkeit von externen Einflüssen zwischen verschiedenen RNA-Strukturen umzuschalten.

Die Hepatitis-δ-RNA (HDV), eine Satelliten-RNA des Hepatitis B-Virus (HBV), ist im maturierten Zustand eine kovalent geschlossene, zirkuläre RNA (zur Übersicht siehe Lai, 1995; Taylor, 1999). Während der Replikation werden oligomere RNAs synthetisiert, die sich durch ein internes Ribozym – eine RNA mit enzymatischer Funktion – selbst zu Molekülen mit Einheitslänge spalten und zu Zirkeln ligieren. Im Oligomer ist eine RNA-Struktur optimal, die katalytisch aktiv ist und das Oligomer in Monomere zerlegt. Im Monomer ligiert die identische Struktur die Enden zu Zirkeln. In den zirkulären RNAs findet jedoch eine Umlagerung statt, sodass hier die Ribozym-Aktivität inhibiert wird; folglich sind die zirkulären Moleküle stabile Entitäten (Lazinski & Taylor, 1995).

Man beachte, dass diese Fähigkeit der RNA-Struktur eine thermodynamische Eigenschaft ist. Ein Versuch zur Vorhersage solcher Strukturschalter in RNA ist in Giegerich *et al.* (1999) beschrieben. Unterschiedliche Konformationen, von denen jede ihre eigene biologische Funktion haben kann, können auch auf Kinetik basieren; d. h., sogenannte metastabile Strukturen können in Konzentrationen vorliegen, die weit oberhalb (oder unterhalb) derer liegen, die der Thermodynamik entsprechen, da die benötigte Aktivierungsenergie zur Umlagerung in thermodynamisch günstigere Strukturen fehlt (siehe Abschnitt 1.3 auf Seite 134).

1.2.3   RNA-Struktur-Umlagerung durch Protein-Bindung

Die stabilsten Basenpaarstapel sind G:C/C:G $\begin{pmatrix} 5'\,\text{G}\,\text{C}\,3' \\ 3'\,\text{C}\,\text{G}\,5' \end{pmatrix}$ mit $\Delta G_{25\,°C} = -15{,}9$ kJ/mol und G:C/G:C mit $\Delta G_{25\,°C} = -14{,}0$ kJ/mol; die instabilsten Stapel sind A:U/A:U bzw. A:U/U:A mit $\Delta G_{25\,°C} = -4{,}6$ kJ/mol und G:U/G:U mit $\Delta G_{25\,°C} = -2{,}2$ kJ/mol (siehe auch Tab. 4.4 auf Seite 84). Dies bedeutet, dass schon kurze Helices relativ stabile Strukturelemente mit Energieinhalten weit oberhalb derer von großen Proteinen sind. Unter dieser Prämisse müssen Proteine hoch spezialisiert sein, um RNA-Strukturen zu denaturieren. Beispiele sind Helikasen, die dazu ATP hydrolisieren, oder Einzelstrang-Bindeproteine, die kooperativ binden. Berücksichtigt man die RNA-Strukturverteilungen, kann ein RNA-bindendes Protein jedoch das Gleichgewicht zwischen den verschiedenen RNA-Strukturen beeinflussen; d.h., das Protein kann eine der suboptimalen Strukturen gegenüber der Struktur mit minimaler Freier Energie favorisieren.

1.2.4   Ionenstärkeabhängigkeit der Strukturbildung

Die negativen Ladungen des Nukleinsäurerückgrats stoßen sich gegenseitig ab und destabilisieren so den Doppelstrang. Wenn die abstoßenden Kräfte durch Gegenionen M^+ abgeschirmt werden, wird die Helix stabilisiert:

$$C + n \cdot M^+ \rightleftharpoons H$$

$$K = \frac{[H]}{[C] \cdot [M]^n}.$$

D.h., mit steigender Ionenstärke wird das Gleichgewicht zur Doppelstrangbildung hin verschoben (siehe Abb. 1.14 auf der nächsten Seite) und somit die Denaturierungstemperatur T_m erhöht (zur Definition von T_m siehe Abschnitt 1.4.1 auf Seite 23). Zwischen Ionenstärke und T_m-Werten existiert eine logarithmische Abhängigkeit, wie sich sich mit Hilfe von Gleichung (1.2), S. 24, zeigen lässt:

$$\frac{d\,T_m}{d\,\ln[M]} = \frac{d\,T_m}{d\,\ln K} \cdot \frac{d\,\ln K}{d\,\ln[M]} = -n\frac{RT_m^2}{\Delta H^0}.$$

Die Ionenstärkeabhängigkeit der T_m-Werte ist für Tertiärstrukturen höher als für Sekundärstrukturen, da in Tertiärstrukturen höhere Ladungsdichten und damit höhere abstoßende Kräfte existieren. Zweiwertige Ionen wie Mg^{2+} stabilisieren Strukturen besser als einwertige Ionen wie Na^+, da die Ionenstärke vom Quadrat der Ladung und dem Ionenradius abhängt. Die Bindungskonstanten der zweiwertigen Ionen hängen von der Art der Bindung ab (Misra & Draper, 1998): Falls das Ion voll hydratisiert ist, ist die Assoziationskonstante niedrig ($K \sim 10^3$). Die Bindung wird stärker, wenn mehrere Phosphate – und u.U. Wasserstoffbrücken von den Basen – in günstigem Abstand zum Ion stehen; dann sind "inner-sphere"-Komplexe mit $K \sim 10^6$ möglich. Ein Beispiel ist tRNA, die ein Mg^{2+} in ihrem Zentrum stärker bindet als EDTA. Generell ist die T_m-Wert-Abhängigkeit von Tertiärwechselwirkungen nahe 30 °C pro Faktor 10 in der Ionenstärke, während dieser Wert 20 °C oder darunter für Sekundärstrukturen beträgt.

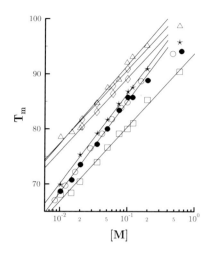

Abbildung 1.14: Abhängigkeit der Denaturierungstemperatur T_m von der Salzkonzentration [M] für verschiedene Nukleinsäuren.
Bei Salzkonzentrationen oberhalb ca. 500 mM müsste die Ionenaktivität berücksichtigt werden, um auch hier zu einer linearen Abhängigkeit zu kommen.

$\square$: *D. pneumoniae* DNA in KCl;

$\triangle$: *Ps. aeruginosa* DNA in KCl;

$\star$: *E. coli* DNA in KCl;

$\bigcirc$: *E. coli* DNA in Na-Phosphat-Puffer;

$\bullet$: *E. coli* DNA in Na-Citrat-Puffer;

$\diamond$: Reovirus dsRNA in NaCl.

Strukturrechnungen gelten immer für die dazu verwendeten thermodynamischen Parameter; die folgende Gleichung ist nützlich, um T_m-Werte zwischen verschiedenen Ionenstärken c in Experimenten oder Rechnungen 1 und 2 zu extrapolieren:

$$\frac{T_{m,2} - T_{m,1}}{\log(c_2/c_1)} = f_{\text{G:C}} \cdot I_{\text{G:C}} + (1 - f_{\text{G:C}}) \cdot I_{\text{A:U(T)}},$$

wobei $f_{\text{G:C}}$ der G:C-Gehalt der Struktur (nicht der Sequenz) ist und für die Ionenstärkeabhängigkeiten $I_{\text{X:Y}}$ des Basenpaars X:Y folgende Werte eingesetzt werden können:

$$\begin{aligned}
\text{für DNA:} \quad & I_{\text{A:T}} = 18{,}3 \ ^\circ\text{C} && \text{(Owen *et al.*, 1969)}, \\
& I_{\text{G:C}} = 11{,}3 \ ^\circ\text{C} && \text{(Frank-Kamenetskii, 1971)}; \\
\text{für RNA:} \quad & I_{\text{A:U}} = 20{,}0 \ ^\circ\text{C} && \text{(Steger *et al.*, 1980)}, \\
& I_{\text{G:C}} = 8{,}4 \ ^\circ\text{C} && \text{(Steger *et al.*, 1980)}.
\end{aligned}$$

Für einwertige Ionen gilt die Gleichung bis Konzentrationen von 1 M; d.h., Ionenstärke ist identisch zur Ionenkonzentration. In der Literatur gibt es weitere Gleichungen, die den Einfluss anderer Lösungsmittelbestandteile wie Harnstoff, Formamid, DMSO, KCl, etc. berücksichtigen.

1.3   Kinetik der RNA-Faltung

Wie schon in den Abschnitten zur RNA-Sekundär- (1.1.2 auf Seite 6) und Tertiärstruktur (1.1.3 auf Seite 12) erwähnt, folgt die RNA-Faltung folgender zeitlicher Hierarchie: Stapelung > Helix-Wachstum > Loop-Bildung > Bildung von

Verzweigungsloops > Bildung von Tertiärstruktur. Theoretische und experimentelle Folgen dieser Hierarchie wurden bereits in Abschnitt 1.1.4 auf Seite 15 ausgeführt; kinetische Methoden zur Bestimmung der RNA-Faltung werden in Abschnitten 1.4.2 auf Seite 28 und 1.4.4 auf Seite 29 besprochen.

Besondere Bedeutung besitzt die Kinetik der RNA-Faltung, da die Bildung der Strukturen weit schneller erfolgt als die Synthese der RNA. Während eine Polymerase die RNA synthetisiert, kann der schon synthetisierte Teil bereits falten. Nach der vollständigen Synthese liegt die RNA in einer metastabilen Struktur bzw. Strukturverteilung vor, die weit entfernt sein kann von der thermodynamischen Strukturverteilung. Der anschließende Umlagerungsprozess in die thermodynamische Verteilung hängt von der verfügbaren Aktivierungsenergie und der Zeit ab, bis die RNA degradiert wird. Dieser Prozess wird als „sequentielle Faltung" bezeichnet (Boyle *et al.*, 1980; Nussinov & Tinoco, 1981; Treiber & Williamson, 1999).

Die kinetische Vorhersage des RNA-Faltungswegs kann auf drei Wegen erfolgen:

- Genetische Algorithmen (siehe Kapitel 6) können benutzt werden, um die Suche nach der Endstruktur zu simulieren (Gultyaev *et al.*, 1997, 1995, 1998; Nagel *et al.*, 1999); da solch ein Algorithmus nicht auf biophysikalisch-chemischen Reaktionsschemata beruht, ist ein Vergleich mit experimentellen Ergebnissen problematisch.

- Das komplette Netzwerk an Reaktionen mit allen möglichen Zwischenzuständen kann bei der Vielzahl an Strukturen (siehe Abschnitte 1.2.1 auf Seite 18 und 4.3 auf Seite 76) nur für kurze RNAs berechnet werden (siehe Abschnitt 7.4 auf Seite 132; Flamm *et al.*, 2000).

- Der Faltungsprozess kann mit Monte-Carlo-Methoden simuliert werden (siehe Abschnitt 7.5 auf Seite 135). Ein einzelner Schritt in der Simulation kann dann das Öffnen oder Schließen einer Helix sein (Mironov *et al.*, 1985; Mironov & Lebedev, 1993), was zu extrem hohen Energiebarrieren für die Umlagerung führt, oder das Öffnen oder Schließen einzelner Basenpaare (Breton *et al.*, 1997; Schmitz & Steger, 1996).

In allen Fällen kann zusätzlich die Sequenzverlängerung während der Synthese berücksichtigt werden.

1.4   RNA-Struktur-Bestimmung

Eine Reihe von biophysikalischen und molekularbiologischen Methoden stehen zur RNA-Struktur-Bestimmung zu Verfügung. Sie unterscheiden sich drastisch in ihrem Aufwand, aber ihr Grad an Auflösung und Information ist ebenfalls sehr groß. Optische Methoden wie UV-, CD- oder Raman-Spektroskopie eignen sich, um die thermodynamischen und/oder kinetischen Eigenschaften der RNA zu bestimmen, die dann zur Beschreibung der Struktur benutzt werden können. Die

Parameter-Auswertung aus diesen Methoden ist Modell-abhängig; Kalorimetrie ist Modell-unabhängig. Hydrodynamische Eigenschaften, bestimmbar durch analytische Ultrazentrifugation, geben Information über die grobe Form der Struktur. Gradienten-Gelelektrophorese, wobei ein Temperaturgradient (TGGE) aufgrund des thermodynamischen Parameters günstiger ist als ein Denaturierungsmittelgradient (DGGE), ist im Prinzip eine native Gelelektrophorese, die Makromoleküle nach Form und Ladung trennt; dies erlaubt die Analyse von Strukturverteilungen einer RNA-Spezies und die Bestimmung von thermodynamischen Parametern ähnlich wie die optischen Methoden. Kernmagnetische Resonanzspektroskopie (NMR) und Röntgenstrukturanalyse liefern Atomkoordinaten der Struktur; beide Methoden haben jedoch ihre schwerwiegenden Probleme aufgrund der benötigten Substanzmengen und des Aufwands. Die chemischen und/oder molekularbiologischen Methoden – enzymatisches und chemisches Mapping, Oligonukleotid-Mapping oder Nukleotidsubstitution – erlauben die Unterscheidung zwischen gestapeltem, gepaartem oder ungepaartem Zustand eines Nukleotids in der Struktur. Alle erwähnten Methoden werden im Folgenden kurz angerissen, um eine Beurteilung der Qualität ihrer Ergebnisse in Hinsicht auf den Vergleich mit informationstechnischen Vorhersagen zu erlauben. Insbesondere ist zu beachten, dass praktisch alle experimentellen Methoden ein Strukturmodell zur Interpretation ihrer Ergebnisse voraussetzen.

1.4.1   Optische Denaturierungskurven

Helix-Knäuel-Theorie beschreibt den Übergang von einer nativen, helikalen Struktur in einer denaturierten "random coil"-Zustand. Dieser Übergang kann durch eine thermodynamische Variable induziert werden; im Fall von Nukleinsäure ist dies z. B. Temperatur oder Konzentration eines Denaturierungsmittels. Der Übergang als Funktion der thermodynamischen Variablen kann durch eine physikalische Eigenschaft verfolgt werden, die von der Struktur abhängt; im Fall von Nukleinsäure sind dies z. B. hydrodynamischer Radius (siehe Abschnitte 1.4.2 auf Seite 28 und 1.4.7 auf Seite 32) oder UV-Absorption. Der denaturierte Zustand der Nukleinsäure hat eine höhere Absorption als der native Zustand; dieser Effekt, der als Hypochromie bezeichnet wird, beruht auf der elektronischen Wechselwirkung benachbarter, gestapelter Basen. Der Grad der Hypochromie ist eine lineare Funktion der Zahl der Basenstapel. Die experimentellen Hypochromie-Kurven (für Beispiele siehe Abb. 1.15 auf der nächsten Seite und 2.2 auf Seite 50) ähneln Kristall-Schmelzkurven; daher werden sie oft als Schmelzkurven bezeichnet, obwohl Nukleinsäure-Denaturierung nicht mit einem Phasenübergang verbunden ist.

Da alle thermodynamischen Parameter (siehe Abschnitt 4.6 auf Seite 84; Mathews *et al.*, 1999, und dort gegebene Zitate), die für Strukturberechnungen benutzt werden, aus solchen optischen Denaturierungskurven ermittelt wurden, wird deren Auswertung im Folgenden etwas detaillierter erklärt. Für eine kurze Helix H ist

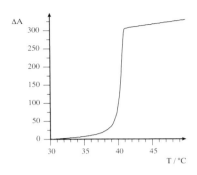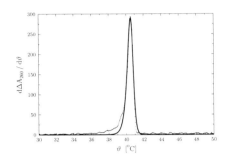

Abbildung 1.15: Optische Denaturierungskurve von polyA:polyU.
Links: Die Kurve ist normiert auf 1 $A_{260\mathrm{nm}}$ dsRNA. Experimentelle Bedingungen:
0,6 $A_{260\mathrm{nm}}$ dsRNA in 100 mM NaCl, 1 mM NaCacodylat, 0,1 mM EDTA, pH 7,0; Heizrate 0,2 °C/min; 30 Meßpunkte/ °C.
Rechts: Eine direkte Anpassung von $K = \exp\{-\Delta H^0(1/T_m - 1/T)/R\}$ an die experimentelle Kurve dargestellt in differenzierter Form, um die Abweichung zwischen gefit-
teter und experimenteller Kurve zu betonen. Die Anpassung ergibt $T_m = 40,4$ °C und
$\Delta H^0 = 4500\mathrm{kJ/mol}$.

die Denaturierung in zwei Einzelstränge C_A und C_U ein Alles-oder-Nichts-Prozess

$$H \rightleftharpoons C_A + C_U. \tag{1.1}$$

Bei gleicher Konzentration der Stränge $[C_A] = [C_U]$ ist der Dissoziationsgrad Θ
definiert als

$$\Theta(T) = \frac{[C_A]}{[C_A] + [H]} = \frac{A_T - A_0}{A_\infty - A_0},$$

wobei A_0 und A_∞ die Absorptionen der Helix bei niedriger Temperatur bzw. der
Einzelstränge bei hoher Temperatur sind. Bei der Mittelpunkstemperatur T_m sind
50 % der Helix denaturiert und folglich ist $\Theta(T_m) = 0,5$. Mit Gleichung (1.1) lässt
sich die Gleichgewichtskonstante K berechnen:

$$K_{\mathrm{Diss}}(T) = \frac{\Theta^2}{1 - \Theta}[H]_0.$$

$[H]_0$ ist die maximale Konzentration der Helix bzw. die Konzentration der Doppelstränge bei $T \ll T_m$. Die thermodynamischen Parameter $\Delta G^0 = -RT \ln K$, ΔH^0
und $\Delta S^0 = (\Delta H^0 - \Delta G^0)/T$ ergeben sich dann über die van't Hoff-Gleichung:

$$\Delta H^0 = -R \frac{\mathrm{d}\,(\ln K)}{\mathrm{d}\,(1/T)} \tag{1.2}$$

$$\ln K = -\frac{1}{T}\frac{\Delta H^0}{R} + \frac{\Delta S^0}{R}. \tag{1.3}$$

Tabelle 1.2: Gleichungen zur Auswertung von Alles-oder-Nichts-Übergängen von Nukleinsäuren. Für weitere Reaktionstypen siehe Marky & Breslauer (1987) und Puglisi & Tinoco (1989).

Reaktion	Gleichgewichtskonst.	$\Delta H^{0\,a}$	ΔS^0
Monomolekular $\text{H} \rightleftharpoons \text{C}$	$K = \dfrac{[\text{C}]}{[\text{H}]} = \dfrac{\Theta}{1-\Theta}$	$\Delta H^0 = \dfrac{4RT_m^2}{\Delta T_{1/2}}$	$\Delta S^0 = \dfrac{\Delta H^0}{T_m}$
Bimolekular[b] $\text{H} \rightleftharpoons \text{C}_\text{A} + \text{C}_\text{U}$	$K = \dfrac{[\text{C}^2]}{[\text{H}]} = \dfrac{\Theta^2}{1-\Theta}[\text{H}]_0$	$\Delta H^0 = \dfrac{6RT_m^2}{\Delta T_{1/2}}$	$\Delta S^0 = \dfrac{\Delta H^0}{T_m} + R\ln\dfrac{2}{[\text{H}]_0}\,^c$

[a] Gleichungen gelten für Auswertung von Denaturierungskurven in differenzierter Form mit einer Halbwertsbreite des Übergangs $\Delta T_{1/2}$.

[b] Beachte die Nicht-Selbstkomplementarität der Einzelstränge.

[c] Diese Gleichung impliziert die T_m-Abhängigkeit von der Konzentration.

In Tab. 1.2 sind weitere Gleichungen zur Auswertung von Denaturierungsprozessen angegeben.

Die Datenauswertung zur Bestimmung von ΔH^0 und ΔS^0 kann dann auf vier verschiedenen Wegen erfolgen: (i) entsprechend der Geradengleichung (1.3) wird $\ln K$ *versus* $1/T$ aufgetragen (van't Hoff-Plot); (ii) die Ableitung $d\Theta/dT$ der Denaturierungskurve wird gegen T aufgetragen und über die Formeln aus Tab. 1.2 ausgewertet; (iii) die experimentellen Daten können über eine nicht-lineare Marquardt-Anpassung (Petersheim & Turner, 1983) bestimmt werden; solch eine Anpassung ist in Abb. 1.15 auf der vorherigen Seite gezeigt; (iv) falls die Reaktion konzentrationsabhängig ist, wird $\ln[\text{H}]_0$ *versus* $1/T_m$ aufgetragen. In allen Fällen können sich Probleme durch steigende Grundlinien in den Rohdaten aufgrund von Temperaturabhängigkeit der Extinktionskoeffizienten, durch Verunreinigungen der Proben oder auch durch unkritische Anwendung des Alles-oder-Nichts-Modells bei mehrstufigen Übergängen ergeben.

1.4.2 Von Elektrophorese bis Gradienten-Gelelektrophorese

Ein Molekül mit einer Nettoladung wandert im elektrischen Feld; dies ist die Basis für alle elektrophoretischen Techniken. Arne W. K. Tiselius bekam 1948 für seine Forschung und Entwicklung von Elektrophorese den Nobelpreis.

Elektrophorese

An einem Partikel mit Ladung Q im elektrischen Feld mit einer Potentialdifferenz U zwischen den Elektroden in einer Distanz d wirkt eine Kraft $\vec{F}_e = U \cdot Q/d$.

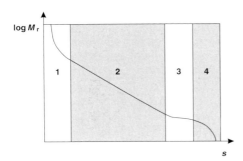

Abbildung 1.16: Empirische Beziehung zwischen Wanderungsdistanz s und Molekulargewicht M in der Gelelektrophorese. In der auswertbaren Region 2 existiert ein linearer Zusammenhang; in Regionen 1 bzw. 3 sind die Moleküle zu groß bzw. zu klein für eine Auftrennung in der Matrix.

Zusätzlich wirkt eine Reibungskraft $\vec{F}_r = f_r\,\vec{v}$ in die entgegengesetzte Richtung am Partikel, das mit einer Geschwindigkeit $\vec{v}$ wandert. Falls das Partikel kugelförmig mit Radius r ist, dann ist der Reibungskoeffizient $f_r = 6\pi\eta r$ (Stokessches Gesetz). Das Partikel wird beschleunigt, bis beide Kräfte gleich sind; dann hat es eine konstante Geschwindigkeit erreicht:

$$\vec{v} = \frac{U}{6\pi\eta d}\,\frac{Q}{r}.$$

Offensichtlich wandern alle Partikel, die ein konstantes Verhältnis Q/r besitzen, mit der gleichen Geschwindigkeit; also sind Nukleinsäuren in Elektrophorese nicht trennbar.

Gelelektrophorese

Der Trick zur Trennung von Nukleinsäuren (und anderen Makromolekülen) ist die Verwendung eines Gels. Dann hängt die Reibung des Partikels nicht nur von seiner eigenen Größe, sondern auch von der Porengröße des Gels ab. Dieser Prozess ist mathematisch nur für sehr lange DNAs in Agarose-Gelen verstanden ("reptation theory"). Für „normal" lange Nukleinsäuren mit Molekulargewicht M_r gilt experimentell für die Wanderungsdistanz $s \sim 1/\log M_r$ (siehe Abb. 1.16). Man beachte, dass diese Abhängigkeit invers zu der in Hydrodynamik ist (vergleiche Abschnitt 1.4.7 auf Seite 32). Die Bestimmung des Molekulargewichts ist also nur im Vergleich zu Standards möglich, wobei diese die gleiche Form besitzen müssen. Native RNAs mit Sekundär- und Tertiärstruktur können nicht mit dsDNAs verglichen werden; schon dsRNA wandert aufgrund ihrer höheren Steifigkeit anders als dsDNA.

Proteine besitzen kein konstantes Verhältnis Q/r; daher werden für die Bestimmung von Protein-Molekulargewichten denaturierende Bedingungen eingesetzt: Natriumdodecylsulfat (SDS; siehe Abb. 1.17 auf der nächsten Seite) bindet an das hydrophobe Proteinrückgrat (~ 1 SDS pro 2 Aminosäuren bzw. $\sim 1{,}4$ g SDS pro

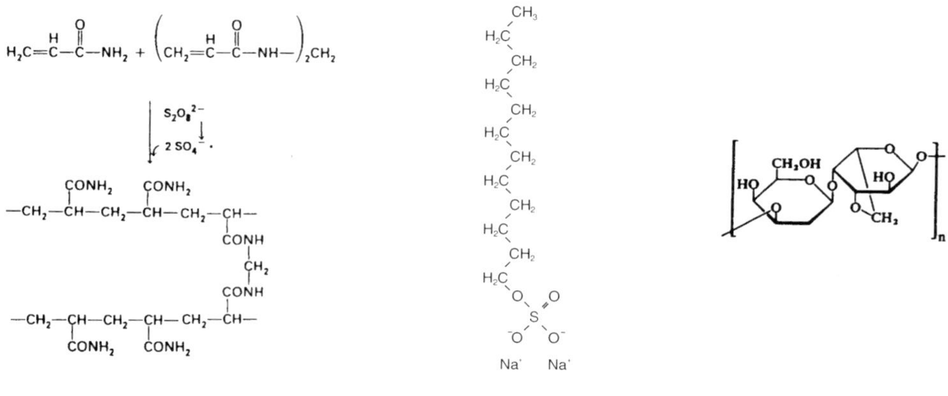

Abbildung 1.17: In der Gelelektrophorese benutzte Chemikalien.
Links: Polymerisation, induziert durch Sulfat-Radikale, aus Acrylamid und dem Cross-linker Methylenbisacrylamid zu Polyacrylamid;
Mitte: NaDodecylsulfat (SDS); **Rechts:** Agarose aus Rotalgen.

1 g Protein), sodass die Nettoladung der SDS-Moleküle die Ladung des Proteins überwiegt und der SDS-Protein-Komplex ein konstantes Verhältnis Q/r besitzt.

Gelelektrophorese muss in gepufferten Lösungen durchgeführt werden, um eine konstante Ionenkonzentration und damit ein homogenes Feld während des Laufs zu haben. Die zwei wichtigsten Gelmaterialien (siehe Abb. 1.17) sind 0,2 bis 4 % Agarose zur Trennung von Nukleinsäuren im Bereich von 100 to 60.000 bp bzw. 3,5 % (100 to 1.000 nt) bis 20 % Polyacrylamid (10 to 100 nt), wobei die Trenneigenschaften auch von der Konzentration des Quervernetzers abhängen. Die mittlere Porengröße von 3,5 % bzw. von 10,5 % Polyacrylamid liegen bei etwa 130 nm bzw. 70 nm (Holmes & Stellwagen, 1991a,b).

Um die Benutzung von Standards zu vereinfachen, werden auch für Nukleinsäuren oft denaturierende Bedingungen eingesetzt. Harnstoff in Konzentrationen bis 8 M denaturiert Strukturen, da er bessere Wasserstoffbrückenbindungen mit Basen eingeht als die Basen untereinander und da er Aromaten gut solvatisiert. Formamid in Konzentrationen bis 90 % besitzt ähnliche Wirkung wie Harnstoff. Formaldehyd reagiert nach Hitzedenaturierung mit Aminogruppen der Basen, sodass die Bildung von Basenpaaren verhindert wird. Glyoxal reagiert mit Guanin unter Ringschluss, der bei pH 6 stabil ist; damit ist die Wirkung stärker als bei Formaldehyd.

Nach der gelelektrophoretischen Trennung müssen die Makromoleküle im Gel sichtbar gemacht werden. Der fluoreszierende Farbstoff Ethidiumbromid (EB) interkaliert in Doppelstränge. Silberfärbung, ein Prozess ähnlich der Filmentwicklung, ist weit sensitiver. Radioaktiv markierte Moleküle lassen sich mit entsprechend empfindlichen Filmen oder mit "phosphor-imaging" sichtbar machen.

Temperatur- und Denaturierungsmittel-Gradienten-Gelelektrophorese

Temperaturgradienten-Gelelektrophorese (TGGE) erlaubt die Trennung verschiedener, Temperatur-abhängiger Konformationen des gleichen Moleküls (Riesner *et al.*, 1991, 1989). Der Temperaturgradient wird entweder durch Wasserkühlung/heizung einer Metallplatte (Rosenbaum & Riesner, 1987) oder durch Peltier-Elemente[6] erzeugt. Ein Konzentrationsgradient eines Denaturierungsmittels (DGGE) hat ähnliche Wirkung (Fischer & Lerman, 1983; Myers *et al.*, 1987). Zumindest für einen Temperaturgradienten im Gel gilt derselbe biophysikalische Ansatz wie für optisch registrierte Denaturierungskurven (siehe Abschnitt 1.4.1 auf Seite 23) mit dem Unterschied, dass die Denaturierung nicht durch Absorptionsänderungen, sondern durch Reibungsunterschiede detektiert werden. Beispiele sind in Abb. 1.12 auf Seite 17 und 1.18 auf der nächsten Seite gezeigt. Im Gegensatz zur optisch registrierten Denaturierung, wo die Summe aller Reaktionen gemessen wird, kann TGGE verschiedene Strukturen bei der gleichen Temperatur trennen. Außerdem brauchen die Proben nicht sauber zu sein, falls die Verunreinigungen nicht zu ähnlichen Positionen wie die zu detektierenden Strukturen/Sequenzen wandern oder wenn spezifische Nachweismethoden wie Hybridisierung oder Antikörperfärbung eingesetzt werden. TGGE kann auch zur Analyse von Proteinkonformationen (Sättler *et al.*, 1996) oder von Protein/Nukleinsäure-Komplexen (Klaff *et al.*, 1997; Wagenhöfer *et al.*, 1988) eingesetzt werden.

1.4.3   Kalorimetrie

In "differential scanning calorimetry" (DSC) wird eine Zelle mit der Probe parallel zu einer Referenzzelle von einer Temperatur T_i unterhalb des Übergangsbereichs bis zu einer Temperatur T_f oberhalb des Übergangsbereichs erwärmt. Während der Denaturierung der Probenmoleküle muss der Probenzelle zusätzliche Wärme gegenüber der Referenzzelle, die das identische Lösungsmittel wie die Probenzelle enthält, zugeführt werden, um beide Zellen auf identischer Temperatur zu halten. Die gesamte Enthalpieänderung ist dann

$$\Delta H_{\text{total}} = \int_{T_i}^{T_f} C_p \, dT,$$

wobei $C_p = (E_s - E_r)/\Delta T$ die Wärmekapazität bei konstantem Druck ist.

Der entscheidende Vorteil von Kalorimetrie gegenüber optischen Denaturierungskurven (siehe Abschnitt 1.4.1 auf Seite 23) ist ihre Modellunabhängigkeit; Denaturierungskurven benötigen für die Verwendung der van't Hoff-Gleichung (1.3) (Seite 24) ein Reaktionsmodell zur Berechnung der Gleichgewichtskonstanten K.

---

[6] http://www.biometra.de/

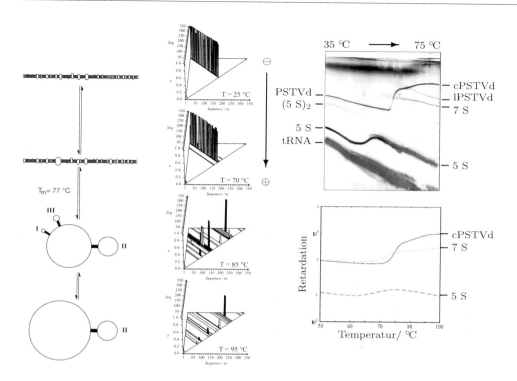

Abbildung 1.18: Denaturierung des Kartoffel-Spindelknollensucht-Viroids (potato spindle tuber viroid; PSTVd).
Links: Vorhergesagter Denaturierungsmechanismus von PSTVd.
Rechts: Experimentelles (oben) und vorhergesagtes (unten) Denaturierungsverhalten eines RNA-Rohextrakts aus Tomatenpflanzen, die mit PSTVd infiziert sind.
cPSTVd, lPSTVd: zirkuläres bzw. lineares PSTVd; 7 S: 7 S RNA;
5 S: 5 S RNA; $(5 S)_2$: bimolekularer Komplex von 5 S RNA.

1.4.4 Temperatur-Sprung und Stopped-flow

Sowohl die Temperatur-Sprung- (T-jump) als auch die Stopped-flow-Methode erlauben die Bestimmung kinetischer Konstanten chemischer Reaktionen.

Der Temperatur-Sprung gehört zu den Relaxationsmethoden (Eigen & de Maeyer, 1963), für deren Entwicklung Manfred Eigen 1966 den Nobelpreis bekam. Dazu wird das Gleichgewicht einer Reaktion durch sprungartige Änderung einer der thermodynamischen Zustandsvariablen – z. B. Temperatur, Druck, elektrisches Feld – gestört. Die Reaktion, falls sie von der Variablen abhängt, muss dann in das neue Gleichgewicht relaxieren. Der Zeitverlauf der Relaxation, die über Absorption oder Fluoreszenz gemessen wird, hängt von den elementaren Ratenkonstanten der Reaktion ab. Die Bildung von Nukleinsäurestrukturen besitzt ein ΔH und ist daher von der Temperatur abhängig, die in 10^{-6} s oder weniger sehr schnell geändert werden kann. Bei einer kleinen Temperaturänderung wird das Gleichgewicht nur geringfügig geändert; dies vereinfacht die Mathematik für die Auswertung der Messkurven erheblich (siehe Lehrbücher für Biophysik oder Physikalische Chemie). Im Vergleich zu optischen Denaturierungskurven ergeben T-jump-Messungen direkt eine differenzierte Kurve und die zusätzliche Zeitinformation erlaubt die Separation von sich überlagernden Übergängen.

Stopped-flow gehört zu den Mischmethoden; d. h., zwei Komponenten einer Reaktion werden gemischt und der Reaktionsverlauf optisch verfolgt. Im Vergleich zu T-jump besitzt Stopped-flow die Vorteile, dass die Reaktion nicht reversibel sein muss und kein ΔH besitzen muss; allerdings muss die Reaktion mindestens zweiter Ordnung sein. Eine leichte Auswertung der Messungen ist nur möglich, wenn die Konzentrationen der Reaktionspartner so gewählt werden können, dass die Reaktion nach Pseudo-erster-Ordnung ausgewertet werden kann (siehe Lehrbücher für Biophysik oder Physikalische Chemie). Reaktionen, die langsamer sind als die Mischzeiten und optischen Klärungszeiten von einigen Mikrosekunden, können mit dieser Methode untersucht werden.

1.4.5 Mapping

Ein sehr genereller, experimenteller Ansatz zur RNA-Strukturbestimmung basiert auf dem Nachweis der chemischen Unterschiede zwischen Nukleotiden in verschiedenen Konformationen. Dieser Ansatz wird als "Mapping" (Kartieren) bezeichnet und umfasst folgende Methoden: (i) Isolierung und Analyse basengepaarter RNA-Fragmente, die durch milden Verdau einer RNA-Struktur mit Endonukleasen erhalten wurden; (ii) Quervernetzung von räumlich naheliegenden Positionen in einer RNA-Struktur und Nachweis der vernetzten Positionen; (iii) Bindung komplementärer Oligonukleotide oder tRNAs an einzelsträngige Bereiche einer RNA-Struktur (Oligonukleotid-Mapping; für ein Beispiel siehe Abb. 7.14 und 7.15 auf Seite 146); (iv) Bestimmung der Schnittpositionen, die in eine RNA-Struktur durch für einzel- oder doppelsträngige Positionen spezifische Nukleasen eingeführt wurden (enzymatisches Mapping; siehe Tab. 1.3 auf der nächsten Seite für Details); (v) Tests auf Reaktivität von Nukleotiden auf spezifische chemische Reagenzien (chemisches Mapping; siehe Tab. 1.3 auf der nächsten Seite und Abb. 1.19 auf Seite 32 für Details). Die meisten dieser Methoden liefern Informationen über den Zustand eines Nukleotids – gepaart oder ungepaart – aber nicht über einen eventuellen Paarungspartner; daher sind sie im Grunde nur geeignet, ein theoretisches Strukturmodell zu bestätigen oder zu widerlegen.

Ein Unterschied in den Ergebnissen zwischen enzymatischem und chemischem Mapping ist insbesondere auf die unterschiedlichen Größen der Reagenzien und damit der Zugänglichkeit der RNA-Struktur für sie zu suchen. Die Ergebnisse

Tabelle 1.3: Chemische und enzymatische Reagenzien für Strukturnachweise. Man beachte die einzelnen Anmerkungen für die benötigten experimentellen Bedingungen, die beim Vergleich mit vorhergesagten Strukturen berücksichtigt werden müssen. Siehe auch Abb. 1.19 auf der nächsten Seite für die Spezifität chemischer Reagenzien. Modifiziert aus Ehresmann *et al.* (1987).

Reagenzien	M/D	Spezifität[a]	Nachweis[b] A	Nachweis[b] B	pH
RNase T1[c]	11 k	ungep. G	+	+	7,5
RNase U2	12 k	ungep. A>G≫C>U	+	+	(7,0)
RNase CL3[d]	16 k	ungep. C≫A>U	+	+	7,5
RNase T2[e]	36 k	ungep. N	+	+	(7,0)
Nuklease S1[f]	32 k	ungep. N	+	+	(7,0)
N. c. Nukl.[g]	55 k	ungep. N	+	+	7,5–8,0
RNase V1[h]	15 k	gep. oder gest. N	+	+	7,0
DMS[i]	126	ungep. N3-C	s	+	7,0
		ungep. N1-A	-	+	
		„freies" N7-G	s	s	
DEPC[j]	174	ungep. N7-A	s	+	7,0
CMCT[k]	424	ungep. N3-U> N1-G	-	+	8,0
Kethoxal	148	ungep. N1-G, N2-G	-	+	6,5
Bisulfit	104	ungep. C→U	s	s	5–6
ENU[l]	117	Phosphat	s	s	
MPE-Fe^{2+}[m]	780	gep. N	s	s	7,5

[a] gep. = gepaart; ungep. = ungepaart; gest. = gestapelt

[b] Nachweis der Spaltung oder Modifikation kann erfolgen durch (**A**) Gel-Analyse von endständig radioaktiv markierten Molekülen oder (**B**) "primer extension"; (+) bzw. (-) bedeuten, dass diese Methode benutzt bzw. nicht benutzt werden kann; (**s**) bedeutet, dass ein zusätzlicher chemischer Spaltungsschritt nötig ist.

[c] Reagiert nicht bei m^1G oder m^7G

[d] Benötigt Mg^{2+}, Spermin

[e] Reagiert nicht in Anwesenheit von Me^{2+}

[f] Benötigt Zn^{2+}

[g] *Neurospora crassa*-Nuklease; benötigt niedrige Ionenstärke, kein EDTA

[h] Benötigt Helices >4 bp und Mg^{2+}

[i] Dimethylsulfat

[j] Diethylpyrocarbonat

[k] 1-Cyclohexyl-3-(2-Morpholinoethyl)-Carbodiimid-Metho-p-toluen-Sulfonat

[l] Ethylnitrosoharnstoff

[m] Methidiumpropyl-EDTA·Fe(II)

aller dieser Methoden sind kritisch zu überprüfen, da sie die RNA modifizieren; d. h., die Modifikation kann die Umlagerung der RNA-Struktur erzwingen. Z. B. kann die Bindung eines Oligonukleotids das Gleichgewicht zu einer RNA-Struktur hin verschieben, in dem der Bindebereich zugänglich ist, oder ein Nuklease-Schnitt in einem einzelsträngigen Bereich kann zur Öffnung benachbarter Helices

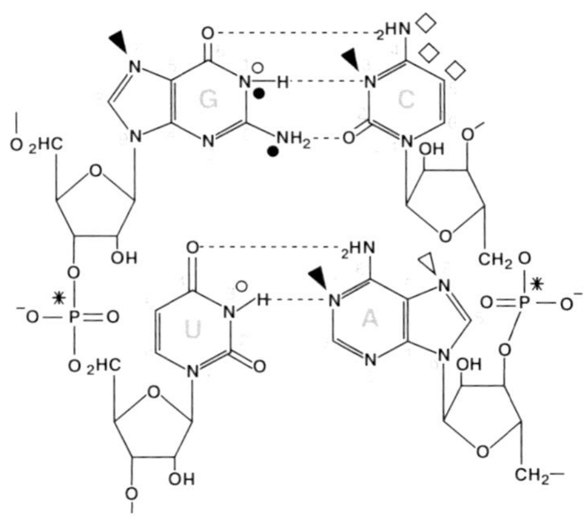

Abbildung 1.19: Zielpositionen chemischer Agenzien in Watson-Crick-Basenpaaren.
(gefüllte ▽) DMS,
(▽) DEPC,
(○) CMCT,
(◇) Bisulfit,
(●) Kethoxal,
(∗) ENU.
Nach Ehresmann *et al.* (1987).

führen. Daher müssen die Reaktionsbedingungen sorgfältig für die Eigenschaften der jeweiligen, zu untersuchenden Struktur optimiert werden. Ein vorbildliches Beispiel ist in Abb. 1.20 auf der nächsten Seite gezeigt.

1.4.6 Mutationsanalyse

Falls ein gutes Strukturmodell für eine RNA aufgestellt wurde und ein Test für die Funktion der RNA existiert, können Basen(paar)-Änderungen zur Überprüfung des Modells eingesetzt werden. Z. B. kann ein G:C-Basenpaar im Zentrum einer wichtigen Helix in einen C·C-Mismatch überführt werden; dies sollte zu einer Destabilisierung der Helix und einem zumindest teilweisen Funktionsverlust der biologischen RNA-Aktivität führen. Eine zweite Mutation zu einem C:G-Basenpaar stellt wieder ein Basenpaar her und sollte wieder die Funktion der RNA herstellen, zumindest solange die Struktur und nicht die Sequenz funktionsentscheidend ist.

1.4.7 Hydrodynamik

Analytische Ultrazentrifugation erlaubt die Messung des Sedimentations- und Diffusionsverhaltens von Makromolekülen in beliebigen Lösungen mittels UV, Fluoreszenz oder Brechungsindex (Schlierenoptik). In Sedimentationsgeschwindigkeitsläufen mit vernachlässigbarer Diffusion gilt folgende Gleichung:

$$s = \frac{v}{r\omega^2} = \frac{m(1 - \bar{v}\rho_0)}{f}.$$

Der Sedimentationskoeffizient s hängt von den experimentellen Parametern wie Geschwindigkeit v des sedimentierenden Teilchens bei einer bestimmten Distanz r

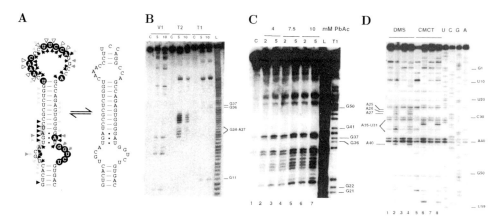

Abbildung 1.20: Enzymatische und chemische Strukturtests am SeCIS-Element (Fagegaltier *et al.*, 2000). Selenocystein wird in Selenoproteine anstelle eines UGA-Stopp-Codons inkorporiert; die Erkennung des speziellen Codons benötigt die sog. **Se**lenocystein-**I**nsertions-**S**equenz (SECIS), einen konservierten Stem-Loop in eukaryotischen Selenoprotein-mRNAs.
A: Experimentell gestütztes Sekundärstrukturmodell der SeCIS-RNA des humanen SelX-Gens. Enzymatische und durch Pb^{+2}-Ionen katalysierte Spaltstellen sind durch Pfeile angegeben: schwarz, Pb^{+2}; dunkelgrau, RNase T1. grau, RNase V1; hellgrau mit Rahmen, RNase T2. Kreise bezeichnen Basen, die reaktiv für DMS oder CMCT unter nativen (schwarz) oder teildenaturierenden (grau) Bedingungen sind. In Fagegaltier *et al.* (2000) wird noch nach unterschiedlichen Spaltintensitäten unterschieden. Die zwei Strukturen zeigen ein mögliches Gleichgewicht an.
B: Enzymatische Tests. Die RNA wurde für 5 bzw. 10 min mit RNase V1, T2 oder T1 gespalten. Spur C, Kontrollreaktion; L, basische Spaltleiter; T1, RNase T1-Leiter.
C: Pb^{+2}-Spaltung. Die RNA wurde bei 20 °C mit 4, 7,5 bzw. 10 mM Pb^{+2}-Acetat für 2 bzw. 5 min (Spuren 2–7) inkubiert.
D: Chemische Tests mit DMS oder CMCT. Die RNA wurde für 5 min bei 20 °C mit 0,5 μl DMS unter nativen (Spur 2) bzw. teildenaturierenden (Spur 4) Bedingungen oder mit 10 mg/ml CMCT für 10 min bei 25 °C unter nativen (Spur 6) bzw. teildenaturierenden (Spur 8) Bedingungen behandelt. Spuren 1, 3, 5 und 7 sind Kontrollen. Mit A, G, C, U sind Sequenzierspuren bezeichnet.

von der Rotorachse und Rotationsgeschwindigkeit ω ab bzw. setzt sich aus den intrinsischen Parametern des Makromoleküls wie Masse m, korrigiert um das Spezifische Volumen $\bar{v}$ des Makromoleküls und die Dichte ρ des Lösungsmittels, und dem Reibungskoeffizienten f zusammen. Für ein sphärisches Partikel lässt sich die Reibung durch das Stokessche Gesetz $f_{sphere} = 6\pi\eta r$ mit der Lösungsmittelviskosität η und dem Radius r des Partikels beschreiben. Je mehr die Partikel-Form von der einer Kugel abweicht, umso größer wird der Reibungskoeffizient, der sich dann durch andere Formeln berechnen lässt. Der s-Wert wird in Svedberg-

Einheiten (S $= 10^{-13}$ s) angegeben; daher der Name vieler RNAs wie z. B. 5 S, 7 S, 16 S oder 23 S RNA. Svedberg bekam 1926 den Nobelpreis. Der s-Wert ist jedoch nicht besonders sensitiv für Strukturänderungen; z. B. besitzt die Kleeblatt-Struktur der tRNA 4,5 S, wohingegen die L-Form mit 4 S sedimentiert.

1.4.8 Kernmagnetische Resonanzspektroskopie

Kernmagnetische Resonanzspektroskopie (NMR) misst die Energieabsorption von Kernen mit einem kernmagnetischen Moment beim Übergang zwischen benachbarten kernmagnetischen Spin-Niveaus. Biologisch relevante Kerne sind z. B. ^{1}H, ^{13}C, ^{15}N, ^{19}F und ^{31}P. Die Sensitivität des Protons ist am höchsten; die natürliche Häufigkeit von ^{13}C oder ^{15}N ist niedrig; ^{19}F muss an gewünschten Positionen chemisch eingeführt werden. Der Abstand der Spin-Niveaus hängt sowohl vom internen als auch vom extern angelegten Magnetfeld ($> 10^3$ Gauß) ab; die Resonanzfrequenzen liegen im MHz-Bereich. Daher ist NMR eine spektroskopische Methode wie UV-Absorption, jedoch mit viel höherer Auflösung, da physikalische gleiche aber chemisch verschiedene Kerne in einem Molekül aufgrund der extremen Empfindlichkeit der Kern-Absorption gegenüber dem lokalen Magnetfeld voneinander unterschieden werden können (chemische Verschiebung). Die Übergangsintensitäten sind jedoch sehr niedrig, da die verschiedenen Energieniveaus nahezu gleich besetzt sind. Daher benötigt man Lösungen mit sehr hohen Konzentrationen (etwa 2 mM). Diese können jedoch zu unerwarteten und unerwünschten Strukturänderungen wie z. B. Dimerisation führen.

Nach Identifizierung individueller Kerne können Distanzen zwischen benachbarten Kernen geschätzt werden; diese Nachbarn können entweder chemisch verbunden sein (skalare Kopplung; "**correlated spectroscopy**", COSY) oder durch den Raum interagieren ("nuclear Overhauser effect", NOESY). Mit Hilfe dieser Abstände und Winkeleinschränkungen wird dann ein anfängliches dreidimensionales Strukturmodell verfeinert.

NMR ist im Unterschied zur Röntgenstrukturanalyse (siehe Abschnitt 1.4.9) auf relativ kleine Moleküle beschränkt, ansonsten Überlappen sich strukturell ähnliche Kerne zu sehr. Bei Nukleinsäuren besitzen aufgelöste Strukturen Größen unterhalb 50 nt, bei Proteinen liegt der Größenbereich bis etwa 100 aa. Die Strukturbestimmung von Nukleinsäuren ist schwieriger als die von Proteinen, da in Nukleinsäuren weitreichende Wechselwirkungen, die die Geometrie bestimmen, sehr selten sind.

1.4.9 Röntgenstrukturanalyse

Röntgenstrukturanalyse ist die mächtigste Technik zur Strukturaufklärung. Voraussetzung ist ein Kristall; d. h., die zu analysierenden Moleküle müssen in regelmäßiger Art und Weise interagieren, um Einheitszellen aufzubauen, ohne ihre native Struktur zu ändern. Aus diesen Einheitszellen wird der Kristall aufgebaut und dazu muss jede absolut identisch zu jeder anderen sein. Eine Nukleinsäure ist ein Polyelektrolyt, der ungern Wechselwirkungen mit einer weiteren eingeht; daher die relativ geringe Anzahl an hoch-aufgelösten RNA-Strukturen im Vergleich zu Protein-Strukturen. Gute Kristalle haben Dimensionen knapp unter Millimetern; daher benötigt man mindestens Milligramm an Substanz.

Röntgenstrahlen sind Photonen im Wellenlängenbereich von 0,1 bis 100 Å (10^{-2} bis 10 nm); typischerweise wird die K_α-Linie von Kupfer (K bezeichnet die innerste Elektronschale eines Atoms; α bezeichnet die Emission beim Übergang eines Elektrons von der nächsten (L) Schale in die K-Schale) mit $\lambda = 1,54$ Å oder Synchrotron-Strahlung eingesetzt. Die Röntgenstrahlen werden von den Atomen bzw. genauer von den Elektronendichten des Kristalls gestreut, was ein Beugungsbild ergibt. Kurze Abstände zwischen Atomen des Kristalls ergeben lange Abstände im Beugungsmuster und umgekehrt. Das Beugungsmuster enthält Informationen über alle Atom-Abstände der Einheitszelle; insbesondere wenn die Einheitszelle mehr als ein Makromolekül enthält, sind das enorme Datenmengen.

Neben der Herstellung des Kristalls ist die Auswertung des Beugungsmusters zu einer dreidimensionalen Elektronendichte-Karte der Einheitszelle das Hauptproblem: Nur das Quadrat der Amplituden ist messbar, daher verliert man das Vorzeichen der Phasen (siehe Biophysik-Lehrbücher). Dieses Problem lässt sich durch regelmäßige Anlagerung von Schwermetallatomen an die Moleküle im Kristall und Bestimmung/Raten deren Phasen lösen (mehrfache isomorphe Schwermetallsubstitution).

In der Elektronendichte-Karte, die aus den gemessenen Intensitäten und „geschätzten" Phasen berechnet wird, beginnt die Interpretation durch Hineinlegen der Primärstruktur. Man beachte, dass eine Auflösung besser als 5 Å benötigt wird, um die Bausteine des Makromoleküls zu erkennen, besser als 2 Å, um Atome zu erkennen, und besser als 1,5 Å um Protonen lokalisieren zu können.

1.5 RNA-Funktionen

RNA-Moleküle haben Funktionen in einem sehr breiten biologischen Bereich. Schlüsselmoleküle bei der Proteinbiosynthese sind die messenger RNA (mRNA), die ribosomale RNA (rRNA) in Ribosomen und die Adaptermoleküle (tRNA) zwischen Aminosäuren und der mRNA. RNA ist am Prozess des RNA-Spleissens und der RNA-Maturierung beteiligt ("small nuclear RNA", snRNA, bzw. "small nucleolar RNA", snoRNA). RNA kann enzymatische Funktion besitzen; Beispiele hierfür sind rRNA, selbst-spleissende Introns oder natürliche Ribozyme. Im Folgenden werden einige herausragende aber typische Funktionen von RNA beschrieben, die in den nächsten Kapiteln als Beispiele benutzt werden.

Ungefähr 1 bis 3 % der gesamten RNA einer Zelle ist mRNA, 10 bis 15 % sind tRNA und der Hauptteil, bis zu 85 %, ist rRNA. Die restlichen, sehr vielen verschiedenen RNAs kommen in kleineren Mengen vor.

1.5.1   Transfer RNA (tRNA)

Die tRNA ist bei der Proteinbiosynthese der Vermittler zwischen den Codons der Boten-RNA (mRNA) und der Aminosäuresequenz. Ein Beispiel für eine tRNA-Struktur ist in Abb. 1.10 auf Seite 14 gezeigt. Polymerase III transkribiert tRNA-Gene an einem Promotor, der in der tRNA-Sequenz liegt. Das 5'-Ende der tRNA wird von RNase P prozessiert, einem Komplex aus einer katalytischen RNA und einem Protein; das 3'-Ende wird von konventionellen RNasen prozessiert. Der Akzeptor-Stamm der tRNA besteht aus einer sieben Basenpaare langen Helix, die 5'- und 3'-Ende verbindet; das 3'-überstehende Ende hat die Sequenz CCA mit einer freien OH-Gruppe, an die durch Aminoacylsynthetasen die Aminosäure verestert wird. Das Anticodon liegt in einem sieben Nukleotide großen Hairpin-Loop, der durch den Anticodon-Stamm geschlossen wird. Der 5'-Hairpin Loop ist der sog. Dihydrouridin-Loop (D-Loop). Der 3'-Hairpin besteht aus fünf Basenpaaren und einem sieben Nukleotide großen Loop, der die Sequenz TΨCG enthält; daher wird er T- oder ΨCG-Arm genannt. Zwischen dem Anticodon- und dem ΨCG-Arm liegt ein Bereich variabler Länge (V-Region). Die tRNA-Sequenz enthält eine Reihe verschiedener modifizierter Nukleotide, deren biologische Rolle z. T. nicht klar ist; auf eine mögliche Bedeutung bei der tRNA-Faltung wird in Abschnitt 7.4.1 auf Seite 134 näher eingegangen. Die "tRNA Database"[7] enthält eine Zusammenstellung von tRNA- und tRNA-Gen-Sequenzen.

1.5.2   Viroide

Viroide sind eine Gruppe von Pflanzen-Pathogenen, die nur aus einer 240 bis 450 nt langen, einzelsträngigen, zirkulären RNA bestehen; weder diese, *per definitionem* (+)-strängige RNA noch das (−)-strängige Replikationsintermediäre sind kodogen. Für eine Übersicht über den Replikationszyklus von PSTVd (potato spindle tuber viroid), dem Namensgeber der Hauptgruppe *Pospiviroidae*, ist in Abb. 1.21 auf der nächsten Seite gezeigt.

Zirkuläres, maturiertes PSTVd wird durch die wirtskodierte DNA-abhängige RNA-Polymerase II in multimere, lineare (−)-Stränge transkribiert. Die native, thermodynamisch optimale Struktur dieser (−)-Stränge ähnelt der optimalen stäbchenförmigen Struktur der (+)-Zirkel. Allerdings konnte durch Mutationsanalysen und Infektionsstudien (Loss *et al.*, 1991; Qu *et al.*, 1993) gezeigt werden, dass die (−)-Stränge aufgrund sequentieller Faltung während der Synthese

---

[7] http://www.uni-bayreuth.de/departments/biochemie/sprinzl/trna/

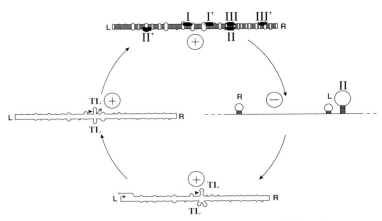

Abbildung 1.21: Replikationszyklus von Viroiden der PSTVd-Klasse. Das maturierte zirkuläre Viroid liegt unter nativen Bedingungen in einer stäbchenförmigen Sekundärstruktur vor (oben); durch thermische Denaturierung werden besonders stabile Haarnadelstrukturen (Hairpins HP I, II und III) gebildet, die nicht Bestandteil der nativen Struktur sind (siehe Abb. 1.18 auf Seite 29). Die natürliche Transkription durch die DNA-abhängige RNA-Polymerase II der Wirtspflanze führt auf Grund sequentieller Faltung der (−)-strängigen Oligomeren zu einer thermodynamisch metastabilen Konformation, die HP II enthält (rechts). Dieser Hairpin ist als Strukturelement entscheidend für die Transkription in (+)-strängige Oligomere durch Polymerase II. Die (+)-Oligomere lagern in Strukturen mit den Termini L und R um, die prinzipiell denen der maturierten RNA ähnlich sind; in der zentralen Region liegt allerdings eine metastabile Konformation vor, die extra-stabile Tetra-Loop-Hairpins (TL) enthält (unten). Diese Region wird durch Wirtsenzyme erkannt und die Oligomeren enzymatisch zu maturierten Zirkeln prozessiert (links; der Spaltungs- bzw. Ligationspunkt ist durch ein Dreieck markiert). Der überwiegende Anteil der maturierten Viroide liegt im Nucleolus infizierter Zellen vor.

zumindest transient in einer verzweigten Struktur vorliegen müssen. Charakteristisches Strukturelement dieser thermodynamisch metastabilen Strukturen ist der sog. Hairpin II (HPII), von dem angenommen wird, dass er biologisch funktional für die Transkription in den multimeren (+)-Strang ist. Auf die Vorhersage der verschiedenen thermodynamisch stabilen und metastabilen Strukturverteilungen wird in Abschnitt 7.5 auf Seite 135 näher eingegangen.

2

Kooperative Gleichgewichte in doppelsträngigen Nukleinsäuren

Ziel: Beschreibung von kooperativen Gleichgewichten in doppelsträngigen Nukleinsäuren (dsNA) bzw. Beschreibung der Denaturierung von dsNA

Problem: Für zwei komplementäre Einzelstränge der Länge N gibt es N Möglichkeiten, das erste Basenpaar zu bilden; dies ist die eigentliche Reaktion zweiter Ordnung. Für die Bildung des zweiten Basenpaares gibt es im Prinzip $(N-1)$ Möglichkeiten. Aus dieser Überlegung folgt, dass insgesamt $N!$ Reaktionen bzw. Gleichungen betrachtet werden müssen. Dabei hängt die Position, an der jedes nächste Basenpaare gebildet wird, von den Gleichgewichtskonstanten für die Helix-Verlängerung und die Schließung eines internen Loops ab. Die Helix-Verlängerung ist dabei stark favorisiert, da Basenstapelung mit dem nächsten Nachbarn günstig ist – daher die Kooperativität der Helix-Bildung –, aber Loop-Bildung ist bei größeren Sequenzlängen keinesfalls vernachlässigbar.

Lösung: Das Problem ist nach Poland (1974) und Poland (1978) exakt lösbar mit Rechenaufwand $\mathcal{O}(N^2)$ und Speicheraufwand $\mathcal{O}(N)$ für Sequenzlänge N; nach Fixman & Freire (1977) lässt sich mit einer Näherung der Rechenaufwand sogar auf $\mathcal{O}(N)$ reduzieren.

Anwendung: Siehe Steger (1994) und Riesner *et al.* (1991) für praktische Anwendungen.

- Vorhersage und Vergleich von Primer-Stabilitäten für PCR
- Vorhersage und Vergleich von Oligonukleotid-Stabilitäten, auch in Hinsicht auf Spezifität, für DNA-Microarrays
- Vorhersage des Denaturierungsverhaltens von dsNA (Lerman & Silverstein, 1987)
- Vorhersage des Verhaltens von dsNA in Temperatur-Gradienten-Gelelektrophorese (TGGE; siehe Abschnitt 1.4.2 auf Seite 28)
- Charakterisierung von Mutationen in NA mit TGGE und DGGE (Costes *et al.*, 1993; Myers *et al.*, 1985, 1987)
- Detektion polymorpher dsNA (Riesner *et al.*, 1992; Steger *et al.*, 1987)

Anhand von drei Beispielen mit einfachen chemischen Reaktionen wird zunächst der für die Lösung des Problems benötigte Formalismus eingeführt. Dieser Formalismus beinhaltet insbesondere die Beschreibung einer Reaktion bzw. einer Serie von Folgereaktionen mit Hilfe von „Zustandssummen"; d. h., der Anteil einer bestimmten Molekülspezies an allen auftretenden Molekülspezies ergibt sich durch eine im Prinzip identische Formel (vergleiche Gleichungen (2.2), (2.4), (2.5), (2.6), (2.16), (2.18) mit (2.8)!).

2.1 Einfaches chemisches Gleichgewicht zwischen Isomeren

Gegeben sei das chemische Gleichgewicht A $\rightleftharpoons$ B zwischen zwei Isomeren A und B mit der Gleichgewichtskonstante

$$K = \frac{[\text{B}]}{[\text{A}]}.$$

Dann gilt die Massenerhaltung:

$$[\text{A}] + [\text{B}] = [\text{A}]_0 + [\text{B}]_0 = c_0$$

und für die Molfraktionen folgt:

$$f_{\text{A}} = \frac{[\text{A}]}{c_0}; \qquad f_{\text{B}} = \frac{[\text{B}]}{c_0}.$$

Mit der Massenerhaltung $f_{\text{A}} + f_{\text{B}} = 1$ folgt die Gleichgewichtskonstante als Funktion der Molfraktionen:

$$K = \frac{f_{\text{B}}}{f_{\text{A}}} \tag{2.1}$$

$T/\,°C$	T/K	$RT/\frac{kJ}{mol}$
-100	173,15	1,440
0	273,15	2,271
25	298,15	2,479
100	373,15	3,102

Tabelle 2.1: Temperatur-Abhängigkeit von RT. (Gaskonstante $R = 8,3143\ J/K \cdot mol$; 1 cal $= 4,1868\ J$)

$\Delta G^0/\frac{kJ}{mol}$	$\Delta G^0/RT$	$f_A = p_A$	$f_B = p_B$
0	0	0,50	0,50
0,62	1/4	0,56	0,44
1,25	1/2	0,62	0,38
2,50	1	0,73	0,27
4,99	2	0,88	0,12
9,98	3	0,95	0,05
∞	∞	1,00	0,00

Tabelle 2.2: Abhängigkeit der Molenbrüche bzw. Besetzungsgrade bzw. Wahrscheinlichkeiten von ΔG^0 für $T = 300\ K$.

und die Molfraktionen als Funktion der Gleichgewichtskonstanten:

$$f_A = \frac{1}{1+K}; \qquad f_B = \frac{K}{1+K}. \tag{2.2}$$

Unter Benutzung der Gibbsschen freien Energie

$$\Delta G^0 = -RT \ln K = \Delta G_B^0 - \Delta G_A^0$$

$$K = \exp(-\frac{\Delta G^0}{RT}) \tag{2.3}$$

ergibt sich der Zusammenhang zwischen den Molbrüchen (2.2) und den thermodynamischen Größen (2.3):

$$f_A = \frac{1}{1+\exp(-\Delta G^0/RT)} = \frac{\exp(-\Delta G_A^0/RT)}{\exp(-\Delta G_A^0/RT)+\exp(-\Delta G_B^0/RT)} \tag{2.4}$$

$$f_B = \frac{\exp(-\Delta G^0/RT)}{1+\exp(-\Delta G^0/RT)} = \frac{\exp(-\Delta G_B^0/RT)}{\exp(-\Delta G_A^0/RT)+\exp(-\Delta G_B^0/RT)}.$$

Wenn ΔG^0 größer ist als RT, dann wird der Anteil (die Wahrscheinlichkeit, der Besetzungsgrad) des Vorkommens von A groß; d. h., dann stellt A den Grundzustand des Systems dar. Zahlenbeispiele sind in Tab. 2.1 und 2.2 gezeigt. Die entscheidende Schlussfolgerung ist, dass sich die Molfraktionen f_i wie Wahrscheinlichkeiten p_i behandeln lassen.

2.2   Protonierungsgleichgewicht

2.2.1   Einfache Säure

Betrachtet wird die Dissoziation einer einfachen organischen Säure:

$$AH \quad \rightleftharpoons \quad A^- + H^+ \qquad \text{mit } K_d$$

bzw. die Assoziation eines Protons an ein Anion:

$$A^- + H^+ \quad \rightleftharpoons \quad AH \qquad \text{mit } K_a = K_d^{-1}.$$

$$K_a = \frac{[AH]}{[A^-][H^+]}$$

$$[AH] + [A^-] = c_0 \qquad \text{(Massenerhalt)}$$

$$[A^-] = [H^+] \qquad \text{(Ladungserhalt)}$$

Die Molfraktionen bzw. Wahrscheinlichkeiten aller Spezies lassen sich dann als Funktionen der Protonenkonzentration ausdrücken:

$$p_{AH} = \frac{[AH]}{c_0} = \frac{[AH]}{[AH] + [A^-]} = \frac{\frac{[AH]}{[A^-]}}{1 + \frac{[AH]}{[A^-]}} = \frac{[H^+]K_a}{1 + [H^+]K_a} \qquad (2.5)$$

$$p_{A^-} = \frac{[A^-]}{c_0} = \frac{[A^-]}{[AH] + [A^-]} = \frac{1}{1 + \frac{[AH]}{[A^-]}} = \frac{1}{1 + [H^+]K_a}$$

$$p_{AH} + p_{A^-} = 1$$

Vergleiche mit Gleichung (2.2) auf S. 41 bzw. (2.8) auf S. 44!

Messung von $pH = -\log[H^+]$ ergibt alle Spezies-Konzentrationen.

2.2.2 Polyphosphat

Der Formalismus des vorherigen Abschnitts 2.2.1 lässt sich zwanglos auf komplexere Systeme wie z. B. eine mehrbasische Säure übertragen:

$$
\begin{array}{rcll}
A_0 & \rightleftharpoons & A_0 & K_0 = 1 \\
A_0 + H^+ & \rightleftharpoons & A_1 & K_1 \\
A_0 + 2H^+ & \rightleftharpoons & A_2 & K_2 \\
& \cdots & & \\
A_0 + nH^+ & \rightleftharpoons & A_n & K_n \\
& \cdots & & \\
A_0 + NH^+ & \rightleftharpoons & A_N & K_N
\end{array}
$$

$$
p_{A_n} = p_{A_0} \cdot [H^+]^n \cdot K_n
$$

$$
\sum_{n=0}^{N} p_{A_n} = 1 \qquad \text{(Massenerhalt)}
$$

$$
p_{A_0} \sum_{n=0}^{N} [H^+]^n K_n = 1
$$

Die Messung des pH-Wertes erlaubt dann die Berechnung aller Molekülspezies:

$$
p_{A_n} = \frac{[H^+]^n K_n}{\displaystyle\sum_{n=0}^{N} [H^+]^n K_n} \tag{2.6}
$$

Vergleiche mit Gleichungen (2.2) auf S. 41, (2.5) auf S. 42 bzw. (2.8) auf S. 44!

$$
\tag{2.7}
$$

Die mittlere Zahl der gebundenen Protonen beträgt entsprechend:

$$
\langle n \rangle = \sum_{n=0}^{N} n\, p_{A_n} = \frac{\displaystyle\sum_{n=0}^{N} n[H^+]^n K_n}{\displaystyle\sum_{n=0}^{N} [H^+]^n K_n}
$$

2.2.3　Schlussfolgerung

Die Gleichgewichtskonstanten sind so zu formulieren, dass sie alle auf den gleichen Grundzustand bezogen sind.

Falls die Gleichungen sich auf den jeweiligen Vorgängerzustand beziehen, dann sind sie durch Addition so umzurechnen, dass alle Gleichungen auf den Grundzustand bezogen sind, wie z. B. im vorigen Abschnitt 2.2.2 gezeigt:

$$
\begin{array}{rl}
\mathrm{A}_0 + \mathrm{H}^+ &\rightleftharpoons \mathrm{A}_1;\quad K_{01} \\
+ \quad \mathrm{A}_1 + \mathrm{H}^+ &\rightleftharpoons \mathrm{A}_2;\quad K_{12} \\
\hline
\mathrm{A}_0 + 2\,\mathrm{H}^+ &\rightleftharpoons \mathrm{A}_2;\quad K_2 = K_{01} \cdot K_{12}
\end{array}
$$

Dann ergeben sich die Molfraktionen immer wie folgt:

$$
p(\text{Spezies}) = \frac{\exp(-\Delta G_0(\text{Spezies})/RT)}{\displaystyle\sum_{\text{Spezies}} \exp(-\Delta G_0(\text{Spezies})/RT)} \tag{2.8}
$$

wobei

$$
\xi = Z = q = \sum \exp(-\Delta G_0/RT)
$$

als die **Zustandssumme** bezeichnet wird.

2.3　Modell für Denaturierung von doppelsträngiger Nukleinsäure

Dieses Modell berücksichtigt alle möglichen Zwischenzustände bei der Denaturierung einer dsNA ("long range correlation"); d. h., die Nukleinsäure kann von den Enden her, aber auch durch Bildung von internen, symmetrischen Loops beliebiger Größe denaturieren. Daher ist auch die Simulation von nicht-perfekten Doppelsträngen möglich, die Fehlpaarungen enthalten. Asymmetrische Loops wie z. B. bulge loops dürfen nicht auftreten.

Mit s_i werden die Sequenz-abhängigen Gleichgewichtskonstanten für die Verlängerung einer Helix um ein Basenpaar bezeichnet (Reaktion $c_i \rightleftharpoons h_i$).

Mit $\delta(n)$ werden die Gleichgewichtskonstanten für die Bildung von Loops aus $2n$ Nukleotiden bezeichnet. Leicht vereinfachend wird angenommen, dass mit $\delta(n) = \sigma n^{-1,75}$ die Loopentropie berücksichtigt wird; komplexere Modelle sind hier ebenfalls möglich (siehe Steger, 1994).

Def.: Alles-1-Zustand ist der Grundzustand des Moleküls, wobei 1=helikal und 0=coil bedeuten.

$p(1_m)$, $p(0_m)$ **à-priori-Wahrscheinlichkeit** für Einheit m im 1- bzw. 0-Zustand

Bedingte Wahrscheinlichkeiten: Wenn Einheit m im Zustand 1 ist, dann:

$P(1_m|1)$ ist Einheit $m+1$ ebenfalls im Zustand 1;

$P(1_m|n0|1)$ folgt eine Einheit im Zustand 1 nach n Einheiten im Zustand 0;

$P(1_m|(N-m)0)$ folgen bis zum rechten Ende des Moleküls nur Einheiten im Zustand 0.

$P(0_1|n0|1)$ Am linken Ende des Moleküls liegen n Einheiten im Zustand 0 vor, gefolgt von der Einheit $(n+1)$ im Zustand 1.

Erhaltungsbeziehungen:

$$p(1_m) + p(0_m) = 1 \qquad (2.9)$$

$$P(1_m|1) + \sum_{n=1}^{N-m-1} P(1_m|n0|1) + P(1_m|(N-m)0) = 1 \qquad (2.10)$$

$$\sum_{n=1}^{N-1} P(0_1|n0|1) = 1 \qquad (2.11)$$

Theorem: Alle bedingten Wahrscheinlichkeiten lassen sich durch $P(1_m|1)$ ausdrücken.

In den folgenden drei Zuständen einer dsNA, die als Beispiele zu verstehen sind, bezeichnen die Pünktchen am 5'-Ende übereinstimmende Struktur, während sich die Zustände am 3'-Ende entsprechend unterscheiden. Durch die Verhältnisse der Zustandssummen der Zustände I und III bzw. II und III lässt sich zwanglos ein Zusammenhang zwischen bedingten Wahrscheinlichkeiten und den Gleichgewichtskonstanten herleiten:

		m			$(m+n)$			N
Zustand I:	$\cdots$	1	0	0	0	0	0	0
Zustand II:	$\cdots$	1	0	0	0	1	1	1
Zustand III:	$\cdots$	1	1	1	1	1	1	1

$$\frac{q_{\mathrm{I}}}{q_{\mathrm{III}}} = P(1_m|(N-m)0) / \prod_{k=m}^{N-1} P(1_k|1) = q_R(N-m) = \prod_{k=m+1}^{N} 1/s_k$$
$$(2.12)$$

$$\frac{q_{\mathrm{II}}}{q_{\mathrm{III}}} = P(1_m|n0|1) \quad / \prod_{k=m}^{m+n} P(1_k|1) = q_I(m,n) = \delta(n) \prod_{k=m+1}^{m+n} 1/s_k$$
$$(2.13)$$

$$q_L(n) = \prod_{k=1}^{n} 1/s_k$$

Aus Gleichungen (2.12) bzw. (2.13) folgen:

$$P(1_m|(N-m)0) = P(1_m|1)q_R(N-m) \prod_{k=m+1}^{N-1} P(1_k|1)$$

$$P(1_m|n0|1) = P(1_m|1)q_I(m,n) \prod_{k=m+1}^{m+n} P(1_k|1) \qquad (2.14)$$

woraus mit Gleichung (2.10) folgt:

$$P(1_m|1) = \left\{ 1 + \sum_{n=1}^{N-1-m} \left[q_I(m,n) \prod_{k=m+1}^{m+n} P(1_k|1) \right] + q_R(N-m) \prod_{k=m+1}^{N-1} P(1_k|1) \right\}$$
$$(2.15)$$

Dies ist eine rekursive Beziehung, die es erlaubt, $P(1_{N-2}|1)$ aus $P(1_{N-1}|1)$, $P(1_{N-3}|1)$ aus $P(1_{N-2}|1)$, usw. zu berechnen.

Zum Start der Rekursion fehlt noch eine Beziehung für $P(1_{N-1}|1)$, die sich aus den folgenden zwei Zuständen erhalten lässt:

$$
\begin{array}{lcccc}
 & & & & N \\
\text{Zustand I:} & \cdots & 1 & 0 \\
\text{Zustand II:} & \cdots & 1 & 1
\end{array}
$$

$$P(1_{N-1}|1) = \frac{q_{II}}{q_I + q_{II}} = \frac{P(1_{N-1}|1)}{P(1_{N-1}|1) + P(1_{N-1}|0)}$$

$$= [1 + q_R(1)]^{-1} \qquad (2.16)$$

$$= \frac{s_N}{1 + s_N} \qquad \text{(Vergleiche mit (2.2) bzw. (2.8)!)}$$

Theorem: Alle *à-priori*-Wahrscheinlichkeiten lassen sich durch $P(1_m|1)$ ausdrücken.

Aus den folgenden Zuständen des Doppelstrangs

1		$(m-2)$	$(m-1)$	m	$(m+1)$	
					1	$\cdots$
				1	1	$\cdots$
			1	0	1	$\cdots$
				$\vdots$		
1	$\cdots$	0	0	0	1	$\cdots$
0	$\cdots$	0	0	0	1	$\cdots$
1	$\cdots$	1	1	1	1	$\cdots$

folgt

$$p(1_{m+1}) = \frac{q_{(\cdots 1 \cdots)}}{q}$$

$$= p(0_1)P(0_1|m0|1) + \sum_{j=1}^{m-1} p(1_j)P(1_j|(m-j)0|1) + p(1_m)P(1_m|1).$$

(2.17)

Dies ist eine rekursive Beziehung für $p(1_{m+1})$ aus $P(1_1|1)$ bis $P(1_m|1)$.

Berechnung von $p(1_1)$ zum Start der Rekursion:

$$
\begin{array}{cccccccc}
& & 1 & & & & (n+1) & \\
\text{Zustand I:} & 0 & 0 & 0 & 0 & 0 & 1 & \cdots \\
\text{Zustand II:} & 1 & 1 & 1 & 1 & 1 & 1 & \cdots
\end{array}
$$

$$\frac{q_I}{q_{II}} = \frac{p(0_1)P(0_1|n0)}{p(1_1)\prod_{k=1}^{n} P(1_k|1)} = q_L(n) = \prod_{k=1}^{n} 1/s_k$$

Mit Gleichungen (2.9) und (2.11) folgt

$$p(1_1) = \left[1 + \sum_{n=1}^{N} q_L(n) \prod_{k=1}^{n} P(1_k|1) \right]^{-1}.$$

(2.18)

Mit Gleichungen (2.14), (2.17) und (2.18) folgt

$$p(1_{m+1}) = p(1_1)q_L(m) \prod_{k=1}^{m} P(1_k|1) +$$

$$+ \sum_{j=1}^{m-1} p(1_j)q_I(j, m-j) \prod_{k=j}^{m} P(1_k|1) + p(1_m)P(1_m|1)$$

(2.19)

Algorithmus:

1. Berechne mit Gleichung (2.16) bedingte Wahrscheinlichkeit für $(N-1)$.
2. Berechne mit Gleichung (2.15) bedingte Wahrscheinlichkeiten für $m$te Einheiten aus denen der $(m+1)$ten Einheiten beginnend mit $m = (N-2)$ bis $m = 1$.
3. Berechne mit Gleichung (2.18) *à-priori*-Wahrscheinlichkeit für $m = 1$.
4. Berechne mit Gleichung (2.19) *à-priori*-Wahrscheinlichkeiten für $(m+1)$te Einheiten aus denen der $m$ten Einheiten beginnend mit $m = 1$ bis $m = (N-1)$.

Damit lässt sich ein Wahrscheinlichkeitsprofil $p(T, N)$ wie in Abb. 2.1 bis 2.6 auf Seiten 49–52 gezeigt erstellen.

Achtung: Die Strangtrennung, also die eigentliche Reaktion zweiter Ordnung, wird in diesen Wahrscheinlichkeitsprofilen nicht berücksichtigt (siehe Strangtrennung auf dieser Seite)!

Mittlere Zahl von Zuständen:

Mittlere Zahl von helikalen Zuständen:

$$\langle N_1 \rangle = \sum_{m=1}^{N} p(1_m) \tag{2.20}$$

Mittlere Zahl von Loop-Zuständen:

$$\langle N_0 \rangle = 1 - \langle N_1 \rangle$$

Mittlere Zahl von Loop-Zuständen vom linken Ende:

$$\langle N_0 \rangle_L = p(1_1) \sum_{m=1}^{N-1} m q_L(m) \prod_{k=1}^{m} P(1_k|1)$$

Mittlere Zahl von Loop-Zuständen vom rechten Ende:

$$\langle N_0 \rangle_R = \sum_{m=1}^{N-1} (N - m) q_R(N - m) p(1_m) \prod_{k=m}^{N-1} P(1_k|1)$$

Mittlere Zahl von Loop-Zuständen im Inneren:

$$\langle N_0 \rangle_I = \langle N_0 \rangle - \langle N_0 \rangle_L - \langle N_0 \rangle_R$$

Strangtrennung: Alle bisherigen Gleichungen basieren auf den Gleichgewichtskonstanten zur Helixverlängerung; d. h., die Dissoziation des Doppelstrangs, der nur noch über ein Basenpaar zusammenhängt, in zwei Einzelstränge

$$H \quad \rightleftharpoons \quad 2C$$

wurde noch nicht berücksichtigt. Mit dem Massenerhalt

$$[C] + 2[H] = c_0$$

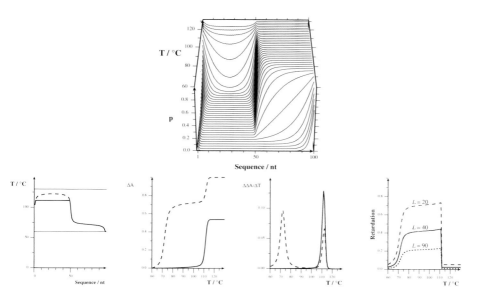

Abbildung 2.1: Wahrscheinlichkeitsprofil einer synthetischen dsDNA. Berechnetes Denaturierungsverhalten[1] von $(GC)_{25}(AT)_{25}$ mit thermodynamischen Parametern nach Allawi & SantaLucia (1997) und $\beta * c_0 = 10^{-9}$ und $\sigma = 10^{-3}$.

Oben: Aus dem Wahrscheinlichkeitsprofil $p(T, N)$ (Gleichungen (2.18) und (2.19) auf Seite 47) ist erkennbar, dass die NA in zwei kooperativen Übergängen denaturiert, wobei der erste Übergang die 50 A:T-Basenpaare am 3'-Ende umfasst und bei höherer Temperatur die 50 G:C-Basenpaare am 5'-Ende denaturieren.

Links: Der $(T(p = 0.5)$ *vs.* Sequenz)-Plot ist als Höhenliniendiagramm durch das Wahrscheinlichkeitsprofil aufzufassen (gestrichelte Kurve). Unter Berücksichtigung der Reaktion 2. Ordnung (siehe „Strangtrennung" auf S. 48) erniedrigt sich die Übergangstemperatur des letzten Übergangs (durchgezogene Kurve). In den Bereichen, die nicht durch die Reaktion 2. Ordnung beeinflusst werden, fallen die beiden Kurven zusammen. Die Geraden bei 60 bzw. 130 °C geben die Temperaturgrenzen an, innerhalb derer gerechnet wurde.

Mitte: Unter Berücksichtigung der Reaktion 2. Ordnung und der Extinktionskoeffizientenänderungen bei Denaturierung (siehe „Vergleich mit Experiment" auf S. 52) folgen aus dem Wahrscheinlichkeitsprofil die Wellenlängen-abhängigen optischen Denaturierungskurven. Bei 260 nm (gestrichelte Kurve) ist die Hyperchromie, die durch die G:C-Paare bedingt ist, wesentlich kleiner als die der A:T-Paare, während die Denaturierung der A:T-Paare bei 280 nm (durchgezogene Kurve) nicht zu beobachten ist.

Rechts: Unter Berücksichtigung der Reaktion 2. Ordnung und der Normierungskonstanten L (siehe Vergleich mit Experiment auf S. 52) folgt aus dem Wahrscheinlichkeitsprofil der Mobilitätsplot als Vorhersage für TGGE bei verschiedenen Gelprozentigkeiten. Hier wurde $L = 20$ (gestrichelte Kurve), $L = 40$ (durchgezogene Kurve) und $L = 90$ (gepunktete Kurve) gesetzt. Nach der Strangtrennung wird die Mobilität einfach auf die Ausgangsmobilität zurückgesetzt.

---

[a] http://www.biophys.uni-duesseldorf.de/local/POLAND/poland.html

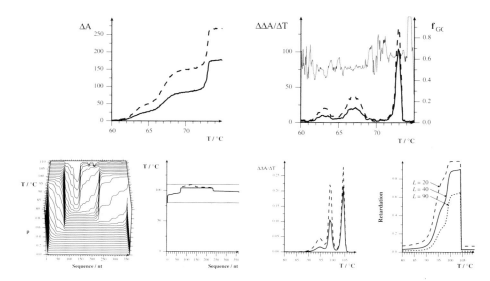

Abbildung 2.2: Denaturierungsverhalten einer natürlichen dsDNA.
Oben: Experimentelle integrierte und differenzierte Denaturierungskurve bei 260 und 280 nm mit G:C-Gehalt berechnet aus den differenzierten Kurven. Bedingungen: 0,3 A_{260nm}; Puffer 10 mM NaCl, 1 mM NaCacodylat, 0,1 mM EDTA, pH 6,9; 20 Messpunkte/ °C, Heizrate 0,2 °C/min.
Unten: Berechnetes Denaturierungsverhalten. Bedingungen wie in Abb. 2.1 auf der vorherigen Seite.

Sequenz: 5' AATACACGGA ATTCGTTTTG TTTGTTAGAG AATTGCGTAG AGGGGTTATA TCTACGTAAG GATCTATCAT
CGGCGGTGTG GGTTACCTCC CTGCTACGGC GGGTTGAGTT GACGCGCCTC GGACTGGGGA CCGCTGGCTG
CGAGCTATGT CCGCTACTCT CAGCACCACG CACTCATTTG AGCCCCCGCT CAGTTTGCTA GCAAAACCGG
CCCGTGGTTT GCCGTTACCG CGGAAATTTC GAAAGAAACA CTCTGTAAGG TGGTATCAGT GATGACCACG
CAGGGAGAAG CTAAAACCTA TAAGGTCATG CCGATCTCCG TGAATGTCTA ACATTCCATT ACAGGCCCGA
ATTCGAGCTC GCCC 3'

folgt

$$K = \frac{[C]^2}{[H]} = \frac{2[C]^2}{c_0 - [C]} = \frac{q_L(N)}{\beta q}. \qquad (2.21)$$

Dabei ist β die eigentliche Gleichgewichtskonstante für die Strangtrennung und q ist die Zustandsfunktion des Komplexes. Diese lässt sich aus der Wahrscheinlichkeit des Alles-1 Zustandes herleiten:

$$p(\text{Alles-1}) = \frac{1}{q} = p(1_1) \prod_{k=1}^{N-1} P(1_k|1) \qquad (2.22)$$

wobei $p(\text{Alles-1}) = 1$ gilt, da dies als Grundzustand des Systems gewählt wurde.

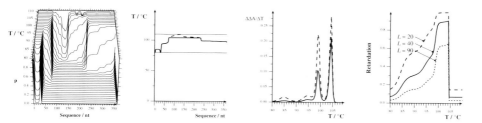

Abbildung 2.3: Denaturierungsverhalten einer dsDNA mit Mutation im ersten Übergang.
Die Sequenz enthält eine Mutation bei Position 30; d. h. das Basenpaar 30 bildet eine
Fehlpaarung. Diese Fehlpaarung führt zu einer Destabilisierung des kurzen, kooperati-
ven Bereichs am 5'-Ende. Beachten Sie die Aufspaltung und Verschiebung des ersten
Übergangs im Vergleich zu Abb. 2.2 auf der vorherigen Seite.

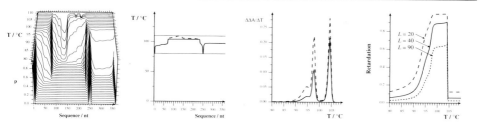

**Abbildung 2.4: Denaturierungsverhalten einer dsDNA mit Mutation im zweiten Über-
gang.** Siehe Abb. 2.2 auf der vorherigen Seite. Die Sequenz enthält eine Mutation bei
Position 250; d. h. das Basenpaar 250 bildet eine Fehlpaarung. Diese Fehlpaarung führt
zu einer geringen Destabilisierung des 3'-Endes und damit zu einer Verschiebung des
zweiten Übergangs im Vergleich zu Abb. 2.2 auf der vorherigen Seite.

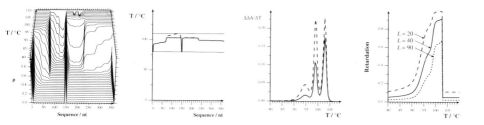

**Abbildung 2.5: Denaturierungsverhalten einer dsDNA mit Mutation im Übergang, der
zur Strangtrennung führt.** Die Sequenz enthält eine Mutation bei Position 150; d. h., das
Basenpaar 150 bildet eine Fehlpaarung. Diese Fehlpaarung führt zu einer Destabilisierung
des Übergangs bei höchster Temperatur; vergleichen Sie mit Abb. 2.2 auf der vorherigen
Seite.

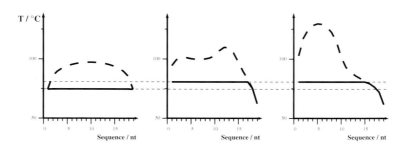

Abbildung 2.6: Denaturierungsverhalten von Primern. Die doppelsträngigen Primer besitzen die Sequenzen $^{5'}$GAGAGAGAGAGAGAGAGAGAGA$^{3'}$ (links), $^{5'}$GGGGGAAAAAGGGGGAAAAA$^{3'}$ (Mitte) und $^{5'}$GGGGGGGGGGAAAAAAAAAA$^{3'}$ (rechts); sie haben also alle die gleiche Basenzusammensetzung. Thermodynamischen Parameter nach Allawi & SantaLucia (1997), kettenlängenabhängiger Dissoziationskonstante und $\sigma = 10^{-3}$.
Hieraus sollte offensichtlich sein, dass alle Faustformeln zur Abschätzung von Primer-Stabilität mit äußerster Vorsicht zu genießen sind. Man beachte auch die unterschiedliche Stabilität am 3'-Ende, das die Polymerase verlängern soll.

Mit der Definition des Anteils ζ der dissoziierten Einzelstränge

$$\zeta = [\text{C}]/c_0$$

folgt aus Gleichungen (2.21) und (2.22)

$$\frac{2\zeta^2}{1-\zeta} = \frac{q_L(N)}{\beta c_0} p(1_1) \prod_{k=1}^{N-1} P(1_k|1).$$

Vergleich mit Experiment: Der Dissoziationsgrad Θ eines Doppelstrangs wird definiert über den Anteil an assoziierten Basenpaaren $\langle N_1 \rangle$ in (noch) partiell doppelsträngigen Molekülen $(1 - \zeta)$:

$$\Theta = 1 - (1 - \zeta)\left(\frac{\langle N_1 \rangle}{N}\right)$$

Wird bei der Berechnung von $\langle N_1 \rangle$ (Gleichung (2.20)) die Extinktionskoeffizientenänderung $\Delta\varepsilon_\lambda(X{:}Y)$ für das jeweilige Basenpaar berücksichtigt, ergeben sich entsprechend Absorptionsänderungen, die direkt vergleichbar sind mit experimentell gemessenen Denaturierungskurven.

Mobilitätsänderungen μ zum Vergleich mit Wanderungsgeschwindigkeiten in Temperaturgradienten-Gelelektrophorese lassen sich ebenfalls mit Hilfe der mittleren Zahl an helikalen Zuständen angeben:

$$\mu = 1 - \exp\left(-\frac{N - \langle N_1 \rangle}{L}\right)$$

wobei die Normierungskonstante L entweder als Steifigkeit der Nukleinsäure oder als Porengröße des Gels interpretiert werden kann.

Beispiele für berechnete Denaturierungs- und Retardationskurven sind in Abb. 2.1 bis 2.5 auf Seiten 49–51 gezeigt. Ein Vergleich zwischen experimenteller TGGE und berechneter Mobilität für ein Gemisch aus Hetero- und Homoduplices ist in Abb. 1.12 auf Seite 17 gezeigt.

Programmiertechnik: Die Gleichungen (2.15), (2.16), (2.18) und (2.19) auf Seiten 46–47 enthalten Produkte bzw. Summen mit Indizes, die sich bei aufeinanderfolgenden Rekursionsschritten um einen Offset von 1 ändern. Daher ist es praktisch, diese Formeln wie folgt umzuschreiben:

$$r_k = 1/s_k$$

Definiere:
$$t_k = r_k P(1_k|1).　(2.23)$$

Mit (2.23), (2.15) folgt:
$$t_m = r_m \left(1 + \sum_{n=1}^{N-m-1} \alpha_m(n) + \beta_m \right)^{-1}$$
$$(2.24)$$
$$\text{für} \quad (N-1 > m \geq 1)$$

wobei
$$\alpha_m(1) = \delta(1)t_{m+1}$$

$$\alpha_m(n) = \frac{\delta(n)}{\delta(n-1)} t_{m+1} \alpha_{m+1}(n-1) \quad (2.25)$$
$$\text{für} \quad (2 \leq n \leq N-m-1)$$

und
$$\beta_m = t_{m+1} \beta_{m+1} \quad (2.26)$$

beginnend mit
$$\alpha_{N-2}(1) = \delta(1)t_{N-1}$$

$$\beta_{N-2} = r_N t_{N-1}$$

$$t_{N-1} = r_{N-1}(1 + r_N)^{-1}.$$

Mit (2.19) folgt:
$$p(1_{m+1}) = p(1_1)\gamma_m + \sum_{n=1}^{m} p(1_n)\mu_m(n) \quad (2.27)$$
$$\text{für} \quad (1 \leq m \leq N-1)$$

wobei
$$\mu_m(m) = t_m/r_m$$

$$\mu_m(m-1) = \delta(1) t_m \mu_{m-1}(m-1)$$

$$\mu_m(n) = \frac{\delta(m-n)}{\delta(m-n-1)} t_m \mu_{m-1}(n) \qquad (2.28)$$

$$\text{für} \quad (1 \le n \le m-2)$$

$$\gamma_m = t_m \gamma_{m-1} \qquad (2.29)$$

beginnend mit $\qquad \mu_1(1) = t_1/r_1$

$$\gamma_1 = t_1$$

$$p(1_1) = \left(1 + \sum_{n=1}^{N-1} \prod_{k=1}^{n} t_k\right)^{-1}. \qquad (2.30)$$

Programmierprobleme: Die durch die Gleichungen (2.24), (2.27) und (2.30) impli-zierten Rekursionen sind anfällig für Rundungsfehler, da bei Temperaturen außerhalb der Denaturierungsübergänge Werte Nfach multipliziert werden, die entweder sehr nahe 0 oder 1 sind. Dies ist auch in den Wahrscheinlich-keitsplots der Beispiele in Abb. 2.2 bis 2.5 auf Seiten 50–51 erkennbar durch scheinbare „Renaturierung" im Sequenzbereich 200 bis 350 bei Tempera-turen nahe 110 °C. Dieses Problem lässt sich auch nicht durch Erhöhung der Rechengenauigkeit beseitigen (z. B. durch Verwendung von `double` bzw. `REAL*8` anstelle von `float` bzw. `REAL*4` in Fortran). Beachten Sie auch, dass sich keinesfalls alle reellen Zahlen digital darstellen lassen.

Aufwand für Original-Algorithmus: Der benötigte Speicherplatz für die Felder t_m (Gleichung (2.24)), $\alpha_m(n)$ (Gleichung (2.25)), $p(1_m)$ (Gleichung (2.27)) und $\mu_m(n)$ (Gleichung (2.28)) hängt linear von der Sequenzlänge N ab. Formal haben sowohl $\alpha_m(n)$ als auch $\mu_m(n)$ zwar zwei Indizes; der zweite Index, der in Klammern gesetzt ist, bezieht sich aber immer auf die vorherige Iteration, sodass die Werte bei jeder Iteration überschrieben werden können.

Die Variablen γ_m (Gleichung (2.29)) und β_m (Gleichung (2.26)) hängen nur vom direkten Vorgänger γ_{m-1} bzw. β_{m-1} ab, sodass hier keine Felder benötigt werden.

Der Speicheraufwand ist also $\mathcal{O}(N)$.

Die Berechnung von jeweils einem t_m (Gleichung (2.24)) bzw. einem $p(1_{m+1})$ (Gleichung (2.27)) erfordert jeweils N Rechenschritte, sodass der Aufwand für eine Temperatur insgesamt $\mathcal{O}(N^2)$ beträgt.

Näherung nach Fixman & Freire (1977): Die Gleichung (2.24) auf Seite 53 enthält den Term

$$Q_m = \sum_{n=1}^{N-m-1} \alpha_m(n) = \sum_{n=1}^{N-m-1} \delta(n) \prod_{k=m+1}^{m+n} t_k \qquad (2.31)$$

und die Gleichung (2.27) den Term

$$W_m = \sum_{n=1}^{m} p(1_n)\mu_m(n) = \sum_{n=1}^{m} p(1_n)\,\delta(m-n) \prod_{k=m-n}^{m} t_k. \qquad (2.32)$$

Beide Terme implizieren $\mathcal{O}(N^2)$ für die Berechnung der N Werte. Wenn sich $\delta(n)$ durch einen Summenterm der Form

$$\delta(n) = \sum_{i=1}^{I} a_i \mathrm{e}^{-b_i n} \qquad (2.33)$$

ersetzen lässt – was solange möglich ist, wie δ nicht von der Sequenz abhängt –, kann der Aufwand von $\mathcal{O}(N^2)$ auf $\mathcal{O}(N)$ reduziert werden:

$$(2.33),\ (2.31) \longrightarrow \qquad Q_m = \sum_{i=1}^{I} a_i E_i(m) \qquad (2.34)$$

$$\text{mit} \qquad E_i(m) = \sum_{n=1}^{N-m-1} \mathrm{e}^{-b_i n} \prod_{k=m+1}^{m+n} t_k$$

wobei sich durch Gleichsetzen überprüfen lässt, dass gilt:

$$E_i(m) = t_{m+1}\mathrm{e}^{-b_i}\left(1 + E_i(m+1)\right)$$

$$\text{und} \qquad E_i(N-1) = 0.$$

D. h., der $\mathcal{O}(N^2)$-Aufwand zur Berechnung von N Werten nach Gleichung (2.31) reduziert sich auf $\mathcal{O}(I \cdot N)$ bei der Berechnung nach Gleichung (2.34). Analog lässt sich Gleichung (2.32) umschreiben.

Für Gleichung (2.33) lassen sich mit der von Fixman & Freire (1977) angegebenen Methode $I = 10$ Koeffizienten a_i und b_i finden, sodass sich für Sequenzlängen $N \leq 1000$ die mit und ohne Näherung berechneten Wahrscheinlichkeitsplots optisch nicht unterscheiden lassen (Fehler in $p(1_m) < 0{,}1\,\%$).

3

Graphen und Alignments

Dieses Kapitel soll primär dazu dienen, Graphentheorie bzw. Dynamische Programmierung einzuführen, die im folgenden Kapitel zur Vorhersage von RNA-Struktur benötigt werden. Es wird also kein vollständiger Überblick über den großen Themenkomplex Alignments, phylogenetische Bäume und Evolution gegeben. Für eine generelle Einführung in Graphentheorie sind Informatik-Lehrbücher wie z. B. Horowitz & Sahni (1981) oder Ottmann & Widmayer (1996) zu empfehlen. Das Sequenzalignment-Problem wird sehr ausführlich in Gusfield (1999) und vorbildhaft über Grammatiken von Evers & Giegerich (2000)[1] behandelt; Sehr schön ist auch die Übersicht von Gotoh (1999). Die folgende Darstellung hält sich eng an Shamir (2001)[2].

3.1 Globales paarweises Alignment

Ein Sequenzalignment ist typischerweise dargestellt als eine spaltenweise Anordnung der alignierten („optimal angeordneten") Positionen.

```
A   C   G   C   T   G   -
-   C   A   -   T   G   T
```

Die tatsächliche Aussage, die hinter solchen Anordnungen steckt, lässt sich gut (?) an folgendem Schema erkennen:

---

[1] http://bibiserv.techfak.uni-bielefeld.de/dynprog/tutorial/
[2] http://www.math.tau.ac.il/~rshamir/algmb/01/scribe02/lec02.ps.gz

wobei die Operationen **M**atch (Übereinstimmung), **R**eplacement (Substitution, Ersetzung), **I**nsertion und **D**eletion die obere Sequenz in die untere Sequenz überführen. Die Qualität des Alignments hängt dann davon ab, welche Kosten (**scores**) man den einzelnen Editier-Operationen zuordnet. Ein optimales Alignment ist dann ein Alignment, das minimale Kosten verursacht.

Um dieses Optimierungsproblem zu behandeln, werden jetzt eine Reihe von Begriffen definiert:

- Die zu vergleichenden Zeichenketten enthalten Symbole aus einem gemeinsamen **Alphabet** $\mathcal{A}$, einem Satz an Zeichen. Beispiele sind

  - der vier Buchstaben umfassende DNA-Nukleotid-Code

  - der vier Buchstaben umfassende RNA-Nukleotid-Code

  - der 15 Buchstaben umfassende IUPAC-Code (ambiguity code), der es erlaubt, Positionen mit zweifelhaften Nukleotiden ein Zeichen zuzuordnen.

  - die 20 Zeichen des Ein-Buchstaben-Aminosäure-Codes.

- Mit a, b, c sind Variablen bezeichnet, die einzelne Zeichen aus einem Alphabet bedeuten.

- s und t sind Variablen, die Zeichenketten bedeuten.

- $|s|$ bezeichnet die Länge der Zeichenkette s.

- Um **Subsequenzen** und einzelne Zeichen einer Zeichenkette zu bezeichnen, werden die Zwischenräume zwischen den Zeichen mit Ziffern markiert.

$$s = \text{ACGCTG} = {}_0\text{A}_1\text{C}_2\text{G}_3\text{C}_4\text{T}_5\text{G}_6$$

  - ${}_i\!:\!s\!:_j$ bezeichnet die Subsequenz von s zwischen i und j für $0 \leq i \leq j \leq |s|$.

  - Subsequenzen ${}_0\!:\!s\!:_j$ werden als **Präfixe** von s bezeichnet, ${}_j\!:\!s\!:_{|s|}$ als **Suffixe**.

  - ${}_i\!:\!s\!:_i$ bezeichnet eine leere Sequenz.

  - ${}_{j-1}\!:\!s\!:_j$ bezeichnet das $j$te Zeichen aus s und wird mit s_j abgekürzt.

- Die **Edit-Distanz** zwischen zwei Zeichenketten ist definiert als die minimale Zahl an Edit-Operationen – Insertion, Deletion, Substitution –, die nötig ist, um die erste Zeichenkette in die zweite zu verwandeln. Da Insertionen meist wie Deletionen behandelt werden, ist oft von **Indels** die Rede.

Achtung:

– Übereinstimmungen werden nicht gezählt.

– Distanzen sind nie negativ.

Die **Ähnlichkeit** (similarity) zwischen zwei Zeichenketten ist definiert über eine Ähnlichkeitsfunktion, so dass hohe, positive Werte höhere Ähnlichkeit bedeuten. In den meisten Fällen sind Distanz und Ähnlichkeit gleichwertig in dem Sinn, dass eine kleine Distanz hohe Ähnlichkeit bedeutet und umgekehrt.

Die **Hamming-Distanz** zählt nur die Anzahl der Positionen, in denen sich die zwei Sequenzen unterscheiden, ohne Lücken in die Sequenzen einzuführen.

- Ein (**globales**) **Alignment** zwischen zwei Zeichenketten s und t wird erzeugt durch Insertion von Lücken oder Minus-Zeichen an den Enden oder in das Innere von s und t und Gegenüberstellung der resultierenden Zeichenketten, so dass jedes Zeichen (inkl. Lücke) von s einem Zeichen aus t gegenübersteht.

  „Global" bedeutet hier, dass beide Zeichenketten komplett betrachtet werden und die Enden nicht gesondert behandelt werden. Das Standardzitat für diese Art von Alignment ist Needleman & Wunsch (1970), da diese Autoren das Problem zuerst diskutiert haben; der in Needleman & Wunsch (1970) gegebene Algorithmus hat allerdings einen Aufwand von $\mathcal{O}(|s|^3)$, während im Folgenden eine $\mathcal{O}(|s|^2)$ benötigende Lösung des Problems beschrieben wird.

- Für zwei Zeichenketten s und t wird die **Edit-Distanz** mit $d_w(0:s:_i, 0:t:_j)$ für $0:s:_i$ und $0:t:_j$ bezeichnet; d. h., $d_w(0:s:_i, 0:t:_j)$ bezeichnet die minimale Anzahl an Edit-Operationen, um die ersten i Zeichen aus s in die ersten j Zeichen von t zu verwandeln.

- Als **Edit-Operationen** werden vier Operationen definiert, die in der Lage sind, die Zeichenkette s in t zu überführen. Außerdem wird ein Lückenzeichen „-" (**gap**) eingeführt. Die geklammerten Zeichenpaare bezeichnen dann:

(a, a)	eine Übereinstimmung ("match" zwischen s und t);
(a, b)	eine Ersetzung von a in s durch b in t wobei $a \neq b$;
$(a, -)$	eine Deletion des Zeichens a aus s;
$(-, b)$	eine Insertion des Zeichens b in s.

- Jeder Edit-Operation wird als Distanz-Maß ein **Gewicht** w (weight oder cost) zugewiesen; z. B.:

$$w(a, a) = 0; \qquad \text{(Match)}$$
$$w(a, b) = 1 \quad \text{für } a \neq b; \qquad \text{(Replacement)}$$
$$w(a, -) = 1; \qquad \text{(Deletion)}$$
$$w(-, b) = 1. \qquad \text{(Insertion)}$$

Dies ist das sog. **Einheitskostenmodell** oder die **Levenshtein-Distanz**; beliebt wegen Einfachheit.

Im Prinzip kann man, je nach gewünschtem Ergebnis, stark verschiedene **scoring functions** benutzen. Z. B. könnte es sinnvoll sein, Sequenzabweichungen an Beginn und Ende anders zu wichten als Abweichungen im Inneren; die Ersetzungskosten können von den zu ersetzenden Zeichen abhängig sein; Deletions- bzw. Insertionskosten können von der Länge der erzeugten Lücke (**gap**) abhängig sein; usw.

- Die **Kosten** eines Alignments zwischen zwei Sequenzen s und t sind die Summe aller Edit-Operationen, die s in t überführen.

- Ein **optimales Alignment** von s und t ist das Alignment mit den geringsten Kosten aller möglichen Alignments.

- Die **Edit-Distanz** von s nach t beträgt die Kosten des optimalen Alignments von s nach t unter Berücksichtigung einer bestimmten Kostenfunktion, die als $d_w(s, t)$ bezeichnet wird.

In folgender Tabelle sind drei verschiedene Alignments zweier Sequenzen mit den resultierenden Kosten für drei verschiedene Kostenfunktionen gezeigt.

s:		A C G C T G			A C G C T G –			A C G C T G –		
t:		C A T G T –			– C – A T G T			– C A – T G T		
Operationen:		R R R R M D			D M D R M M I			D M R D M M I		
Edit-Kosten:											
Match	0	0	0,0	0	0	0,0	0	0	0,0
Replacement	1	1	0,5	1	1	0,5	1	1	0,5
Deletion	1	2	2,0	1	2	2,0	1	2	2,0
Insertion	1	2	2,0	1	2	2,0	1	2	2,0
Kosten:	5	6	4,0	4	7	6,5	4	7	6,5

Also hängt einerseits die Qualität eines Alignments vom Kostenmodell ab; andererseits können verschiedene Alignments bei gegebenem Kostenmodell die gleichen Kosten verursachen.

Um ein optimales Alignment zu finden, muss man folglich alle möglichen Alignments erzeugen und bewerten. Wenn das Optimalitätsprinzip gilt, dann folgt ein einfaches Rekursionsschema:

$$\left| \begin{array}{c|c} \text{ACGCTG} \\ \hline \text{CATGT} \end{array} \right| = \min \begin{cases} \left| \begin{array}{c|c} - & \text{ACGCTG} \\ \hline \text{C} & \text{ATGT} \end{array} \right| = \min \begin{cases} \left| \begin{array}{c|c} -- & \text{ACGCTG} \\ \hline \text{CA} & \text{TGT} \end{array} \right| = \ldots \\ \left| \begin{array}{c|c} -\text{A} & \text{CGCTG} \\ \hline \text{CA} & \text{TGT} \end{array} \right| = \ldots \\ \left| \begin{array}{c|c} -\text{A} & \text{CGCTG} \\ \hline \text{C}- & \text{ATGT} \end{array} \right| = \ldots \end{cases} \\ \left| \begin{array}{c|c} \text{A} & \text{CGCTG} \\ \hline \text{C} & \text{ATGT} \end{array} \right| = \ldots \\ \left| \begin{array}{c|c} \text{A} & \text{CGCTG} \\ \hline - & \text{CATGT} \end{array} \right| = \ldots \end{cases}$$

In der Funktion |links|rechts| werden also systematisch alle Kombinationen von ersten Zeichen (inkl. gap) im rechten Teil betrachtet und in den linken Teil geschoben, wobei die Bewertung stattfindet. Im linken Teil werden dabei alle möglichen Alignments erzeugt. Man beachte, dass gewisse Alignments mehrfach untersucht werden.

Damit ist ein simpler Algorithmus gefunden, der üblicherweise als „**Dynamischer Programmier-Algorithmus**" bezeichnet wird. Dieser ist anwendbar, wenn der Suchraum für die Optimierung in aufeinanderfolgende Stufen zerlegt werden kann, so dass:

- die Initialisierungsphase nur triviale Lösungen beinhaltet,
- jede Teillösung in einem späteren Schritt aufbaut auf einer eingeschränkten Menge an Teillösungen aus früheren Schritten, und
- der letzte Schritt die Komplettlösung erzielt.

Dies ist hier erfüllt:

- Wenn mindestens einer der beiden Präfixe leer ist, dann gilt:

$$d_w(0:s:_0, 0:t:_0) = 0$$

$$d_w(0:s:_i, 0:t:_0) = d_w(0:s:_{(i-1)}, 0:t:_0) + w(s_i, \text{-}) \qquad \text{für } 1 \le i \le |s|$$

$$d_w(0:s:_0, 0:t:_j) = d_w(0:s:_0, 0:t:_{(j-1)}) + w(\text{-}, t_j) \qquad \text{für } 1 \le j \le |t|$$

- Ein optimales Alignment ist dann die Verlängerung dieser Präfixe um
  - eine Ersetzung (s_i, t_j) oder eine Übereinstimmung (s_i, t_j) je nachdem ob $s_i = t_j$ oder nicht;
  - eine Deletion $(s_i, \text{-})$; oder
  - eine Insertion $(\text{-}, t_j)$.

Zum optimalen Alignment führt dann das Minimum dieser Operationen:

$$d_w(0:s:_i, 0:t:_j) = \min \begin{cases} d_w(0:s:_{(i-1)}, 0:t:_{(j-1)}) + w(s_i, t_j) \\ d_w(0:s:_{(i-1)}, 0:t:_j) + w(s_i, \text{-}) \\ d_w(0:s:_i, 0:t:_{(j-1)}) + w(\text{-}, t_j) \end{cases} \qquad (3.1)$$

- Entsprechend diesem Algorithmus definieren die Edit-Distanzen aller Präfixe eine $(|s| + 1) \times (|t| + 1)$ Distanzmatrix $D = (d_{i,j})$ mit $d_{i,j} = d_w(0:s:_i, 0:t:_j)$ für alle i und j und gegebenen Distanzmaßen w. Uff!

Die dreifache Alternative in Gleichung (3.1) führt bei der Berechnung von $d_{i,j}$ zu folgendem Muster der Abhängigkeiten:

$$\begin{array}{ccc} d_{i-1,j-1} & & d_{i-1,j} \\ & \searrow & \downarrow \\ d_{i,j-1} & \rightarrow & d_{i,j} \end{array} \qquad (3.2)$$

t (links)

	C	A	T	G	T
0	1	2	3	4	5
A	1	1	1	2	3	4
C	2	1				
G	3					
C	4					
T	5					
G	6					

$s\downarrow$

t (Mitte)

	C	A	T	G	T
0	1	2	3	4	5
A	1	1	1	2	3	4
C	2	1	2	2	3	4
G	3	2	2	3	2	3
C	4	3	3	3	3	3
T	5	4	4	3	4	3
G	6	5	5	4	3	4

t (rechts)

	C	A	T	G	T
0	1	2	3	4	5
A	1	1	1	2	3	4
C	2	1	2	2	3	4
G	3	2	2	3	2	3
C	4	3	3	3	3	3
T	5	4	4	3	4	3
G	6	5	5	4	3	4

Abbildung 3.1: Distanzmatrix bei globalem Alignment mit Einheitskostenmodell.
Links: Matrix während der Erstellung.
Mitte: Vollständige Matrix.
Rechts: Zwei mögliche Backtracks, die verschiedene Alignments mit gleichen, minimalen Kosten erzeugen. Diese zwei extremen Wege werden üblicherweise mit "high road" bzw "low road" bezeichnet.

- Die Edit-Distanz von s nach t steht in der rechten unteren Ecke der Distanz matrix:

$$d_{|s|,|t|} = d_w(0\!:\!s\!:\!|s|, 0\!:\!t\!:\!|t|) = d_w(s,t)$$

Ein Beispiel für eine Distanzmatrix ist in Abb. 3.1 gezeigt. Das Ausfüllen de Matrix ist hier zeilenweise von links nach rechts durchgeführt; prinzipiell ist e ebenfalls möglich, die Matrix spaltenweise zu füllen. Aus der Matrix ist primä nur die Edit-Distanz $d_{|s|,|t|}$ bekannt. Das optimale Alignment – oder auch mehrer optimale Alignments – kann aus dieser Matrix extrahiert werden, in dem entwede während des Ausfüllens zusätzlich Pfeile für den optimalen Weg gespeichert werde oder dieser optimale(n) Weg(e) durch ein "Backtracking" rekonstruiert wird. Di durch Pfeile verbundenen Kreise in Abb. 3.1(rechts) bezeichnen zwei optimal Wege für einen "backtrack" durch die Matrix; diese sind

```
      -ACGCTG              ACGCTG-
      CATG-T-    und       -C-ATGT
      IMRMDMD              DMDRMMI
```

          ("high road")   ("low road").

Ein diagonaler Pfeil bedeutet dabei ein Replacement oder einen Match, ein vert kaler Pfeil eine Deletion und eine horizontaler Pfeil eine Insertion.

3.2 Varianten des paarweisen Alignments

Im vorigen Abschnitt 3.1 wurde folgende Aufgabe gelöst:

Problem: **Globales Alignment**
Eingabe: Zwei Zeichenketten s und t mit vergleichbarer Länge
Frage: Was ist der minimale Abstand zwischen den beiden Zeichenketten?

In den folgenden Unterabschnitten sollen Varianten dieses Alignments behandelt werden.

3.2.1 Lokales Alignment

Eingabe: Zwei Zeichenketten $_0:s:_{|s|}$ und $_0:t:_{|t|}$.
Frage: Was ist der minimale Abstand zwischen einem Substring von s und einem Substring von t?
Welches sind die Substrings mit minimalem Abstand?
D. h., suche $_i:t:_j$, so daß $d_w(s,\,_i:t:_j)$ minimal ist für $0 \le i \le j \le |t|$.

Diese Alignment-Variante soll also geeignet sein, ein Motiv wie z. B. die TATAAT-Box in einer langen Sequenz zu suchen. Lokales Alignment wird auch als "approximative pattern matching" bezeichnet. Dieses Problem, das z. B. auch bei lexikalischer Suche auftritt, lässt sich mit anderen Methoden als Dynamischer Programmierung effizienter behandeln (z. B. mit Suffixbäumen); hier soll dieser Ansatz aber erläutert werden, um die Ähnlichkeit zu globalem Alignment zu verdeutlichen. Das Standardzitat für lokales Alignment ist Smith & Waterman (1981).

Entsprechend der Frage sollen Präfixe und Suffixe von t nicht bewertet werden, solange sie nicht den Abstand der beiden Zeichenketten minimieren. Also können Präfixe $_0:t:_j$ gelöscht werden mit $d_w(_0:s:_0, _0:t:_j) = 0$; d. h., die erste Zeile der Distanzmatrix kann mit Null initialisiert werden ($d_{0,j} = 0$ für $0 \le j \le |t|$). Die dann anwendbare Rekursionsformel entspricht der des globalen Alignments (siehe Gleichung (3.1)), außer dass Insertionen am Ende von s nicht berücksichtigt werden müssen:

$$d_w(_0:s:_i, _0:t:_j) = \min \begin{cases} d_w(_0:s:_{(i-1)}, _0:t:_{(j-1)}) + w(s_i, t_j) \\ d_w(_0:s:_{(i-1)}, _0:t:_j) + w(s_i, \text{-}) \\ d_w(_0:s:_i, _0:t:_{(j-1)}) + w(\text{-}, t_j) \quad \textit{bei global} \end{cases}$$

Wie im globalen Fall enthält $d_{|s|,|t|}$ die Kosten des Alignments. Allerdings muss die Suche nach dem optimalen Substring $_i:t:_j$ mit einem j starten, für das

$$j = \min\{k \mid d_{|s|,k} = d_{|s|,|t|}\}$$

gilt und i ist der Index, bei dem der optimale Weg für $d_{|s|,j}$ die erste Reihe trifft. Ein Beispiel für eine Distanzmatrix ist in Abb. 3.2 auf der nächsten Seite gezeigt.

t
$\longrightarrow$

	G	G	T	T	T	G	G
	0	0	0	0	0	0	0	0
$s\downarrow$ A	-1	-1	-1	-1	-1	-1	-1	-1
T	-2	-2	-2	1	1	1	1	1
T	-3	-3	-3	0	3	3	3	3
T	-4	-4	-4	-1	2	5	5	5
A	-5	-5	-5	-2	1	4	4	4
T	-6	-6	-6	-3	0	3	3	3
T	-7	-7	-7	-4	-1	2	2	2
A	-8	-8	-8	-5	-2	1	1	1
A	-9	-9	-9	-6	-3	0	0	0

Abbildung 3.2: Distanz-Matrix bei lokalem Alignment.

Mit Kreisen ist der Backtrack bezeichnet, der folgendes Alignment ergibt:

```
-aTTTattaa-
ggTTT----gg
IRMMMDDDDRI
```

Die benutzten Distanzmaße sind $w(a,a) = 2$ für einen Match und $w(a,b) = w(a,-) = w(-,a) = -1$ für Replacement, Deletion bzw. Insertion.

3.2.2 Lokale Ähnlichkeit

Eingabe: Zwei Zeichenketten s und t

Frage: Welches sind die Substrings von s und t, die lokale Ähnlichkeit aufweisen?

Eine Anwendungsmöglichkeit für diese Alignment-Variante wäre der Vergleich von Multidomänen-Proteinen, die nur eine homologe Domäne besitzen.

Gewichte:
$$w(a,b) > 0 \quad \text{wenn } a \text{ und } b \text{ ähnlich sind,}$$
$$w(a,b) < 0 \quad \text{wenn } a \text{ und } b \text{ nicht ähnlich sind,}$$
$$w(a,\text{-}) < 0 \quad \text{Deletion,}$$
$$w(\text{-},b) < 0 \quad \text{Insertion.}$$

Initialisierung:
$$d_{0,j} = 0 \quad \text{für } 0 \leq j \leq |t|,$$
$$d_{i,0} = 0 \quad \text{für } 0 \leq i \leq |s|,$$

Rekursion:
$$d_w(0:s:_i, 0:t:_j) = \max \begin{cases} 0 \\ d_w(0:s:_{(i-1)}, 0:t:_{(j-1)}) + w(s_i, t_j) \\ d_w(0:s:_{(i-1)}, 0:t:_j) + w(s_i, \text{-}) \\ d_w(0:s:_i, 0:t:_{(j-1)}) + w(\text{-}, t_j) \end{cases}$$

Der Cut-Off-Wert von Null in der Rekursion führt dazu, dass unähnliche Subsequenzen in der Matrix als Regionen von Nullen auftreten, während Stellen mit lokaler Ähnlichkeit als Inseln positiver Werte herausragen.

3.2.3 Längste gemeinsame Subsequenz

Eingabe: Zwei Zeichenketten s und t

Frage: Welches sind die längsten identischen Substrings von s und t?

Dies mag z. B. zur Bestimmung von Primern für die PCR von homologen Sequenzen interessant sein.

Gewichte:
$$w(a,b) = \begin{cases} 1 & \text{für } a = b \\ 0 & \text{für } a \neq b \end{cases}$$
$$w(a,\text{-}) = 0$$
$$w(\text{-},b) = 0$$

Initialisierung:
$$d_{0,j} = 0 \qquad \text{für } 0 \leq j \leq |t|$$
$$d_{i,0} = 0 \qquad \text{für } 0 \leq i \leq |s|$$

Rekursion:
$$d_w\big({}_0\!:\!s\!:\!{}_i, {}_0\!:\!t\!:\!{}_j\big) = \max \begin{cases} d_w\big({}_0\!:\!s\!:\!{}_{(i-1)}, {}_0\!:\!t\!:\!{}_{(j-1)}\big) + w(s_i, t_j) \\ d_w\big({}_0\!:\!s\!:\!{}_{(i-1)}, {}_0\!:\!t\!:\!{}_j\big) \\ d_w\big({}_0\!:\!s\!:\!{}_i, {}_0\!:\!t\!:\!{}_{(j-1)}\big) \end{cases}$$

3.3 Kosten für Lücken

Die Bewertung von Lücken (gap) beliebiger Länge als direkt proportional zur Länge des Gaps mag in vielen Fällen unpassend sein: Unter evolutiven Aspekten mag ein einzelnes Gap extrem ungünstig sein, während ein Gap der Länge drei durchaus akzeptabel sein kann; aufgrund von Sequenzduplikationen mögen lange Gaps nicht wesentlich unwahrscheinlicher als kürzere sein. Daher werden oft komplexere Kostenfunktion für Gaps der Länge n benutzt als bisher gezeigt:

- Konstante Gap-Kosten: $gapCost(n) = n \cdot g$

  Der Rechenaufwand $\mathcal{O}(|s| \cdot |t|)$ ist, wie in den vorigen Abschnitten gezeigt, durch das Füllen der Distanzmatrix bedingt; der Speicheraufwand ist, wie gezeigt, ebenfalls $\mathcal{O}(|s| \cdot |t|)$, kann aber auf $\mathcal{O}(|t|)$ für $|t| \geq |s|$ reduziert werden.

- Affine Gap-Kosten: $gapCost(n) = g_i + (n-1)g_e$ mit $g_i > g_e \geq 0$

  Die Kosten g_i für das erste Gap (initiation) werden höher gewichtet als die Kosten g_e für die Verlängerung (extension) eines Gaps. Aufwand $\mathcal{O}(|s| \cdot |t|)$

- Konvexe Gap-Kosten: $gapCost(n) = g_i + \log(n)$

  Hier soll jede zusätzliche Lücke innerhalb eines Gaps ein geringeres Gewicht haben als die vorausgehende Lücke. Aufwand $\mathcal{O}(|s| \cdot |t| \cdot \log(|t|))$ für $|t| \geq |s|$

- Beliebige Gap-Kosten: Aufwand $\mathcal{O}(|s| \cdot |t|^2 + |s|^2 \cdot |t|)$

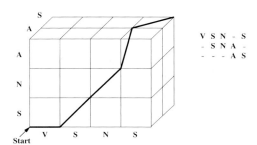

Abbildung 3.3: Alignment-Weg für drei Sequenzen.
Links: Quader mit Weg.
Rechts: Die drei alignierten Sequenzen.
Kopiert aus Fuellen, G. (1997).

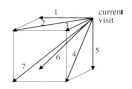

Abbildung 3.4: Nachbar-Ecken zur rekursiven Berechnung der Distanzen bei drei Sequenzen.
Kopiert aus Fuellen, G. (1997).

3.4   Multiple Alignments

Einleuchtenderweise sollte ein (simultanes) Alignment von mehr als zwei Sequenzen die Aussagekraft bzw. Genauigkeit eines Alignments von nur zwei Sequenzen übertreffen. Ein paarweises Alignment lässt sich durch einen Weg in einer zweidimensionalen Distanzmatrix, einem Rechteck, darstellen (siehe Abb. 3.1 auf Seite 62). Analog ist dann ein Alignment von drei Sequenzen gegeben durch einen Weg in einer dreidimensionalen Matrix, einem Quader (siehe Abb. 3.3), bzw. ein Alignment von k Sequenzen durch einen Weg in einem k-dimensionalen Hyperkubus. Entsprechend der Dynamischen Programmierung für zwei Sequenzen, wo jeweils die drei Nachbarwerte der Matrix benutzt wurden, um den nächsten Wert in der Distanzmatrix zu berechnen (siehe Schema (3.2) auf Seite 61), müssen bei drei Sequenzen im Quader die sieben Nachbarecken verwertet werden (siehe Abb. 3.4). Dies fortgesetzt ergibt einen Aufwand für k Sequenzen von

$$\mathcal{O}(2^k \cdot \prod_{i=1,\ldots,k} |s_i|).$$

Wenn für jeden Rechenschritt 1 μs benötigt wird, dann beträgt die Rechenzeit für zwei Sequenzen der Länge 100 nur $2^2 * 100^2 = 40$ ms; für vier Sequenzen schon $2^4 * 100^4 = 1600$ s und für acht Sequenzen exorbitante $2^8 * 100^8 \approx 3 \cdot 10^{12}$ s $\approx$ 83 Jahre. Zusätzlich ist der Speicherbedarf nicht unerheblich: ~ 10 kB für zwei Sequenzen, $10^8 \approx 95$ MB für vier Sequenzen und $10^{16} \cdot 2$ byte ≈ 18 TB für acht Sequenzen.

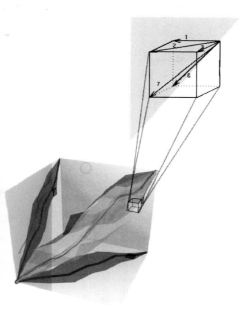

Abbildung 3.5: Suchraum-Reduktion zur Beschleunigung der Dynamischen Programmierung.
Oben: Die sieben Nachbar-Ecken zur rekursiven Berechnung der Distanzen bei drei Sequenzen sind im Beispiel durch die Einschränkung auf den Raum des grauen Polyeders auf fünf Ecken verringert.
Unten: Quader, der die Distanzmatrix für drei Sequenzen umfasst. Der eingeschränkte Suchraum ist durch das graue Polyeder dargestellt. Die Projektionen des Polyeders auf die drei paarweisen Alignment-Matrizen sind als schwarze unregelmäßige Flächen eingezeichnet.
Kopiert aus Fuellen, G. (1997).

3.4.1 MSA und OMA

Um sowohl den Rechen- als auch Speicher-Aufwand für das multiple Alignment-Problem zu reduzieren, hilft folgende Überlegung (Carrillo & Lipman, 1988; Gupta *et al.*, 1995): Für alle Paare von Sequenzen lässt sich mit Hilfe der in Abschnitten 3.1 bis 3.2 auf Seiten 57–63 erläuterten Algorithmen ein optimales Alignment produzieren; diese paarweise optimalen Alignments geben eine untere Grenze für die Qualität des optimalen multiplen Alignments. Mit einem heuristischen multiplem Alignment (siehe Abschnitt 3.4.2 auf der nächsten Seite) wird sodann eine obere Grenze für die Qualität des optimalen multiplen Alignments berechnet. Im Fall von drei Sequenzen definieren diese Grenzen einen Polyeder im Quader (siehe Abb. 3.5). Nur innerhalb dieses Polyeders muss jetzt das optimale multiple Alignment durchgeführt werden. Daraus folgt, dass der Polyeder umso kleiner ist und folglich das Alignment mit umso geringerem Aufwand berechnet werden kann, je kürzer und umso ähnlicher die Sequenzen sind. Von Fuellen, G. (1997) gibt es eine gut verständliche Beschreibung des Algorithmus.

MSA 2.1 (multiple sequence alignment) ist eine Implementation dieses Algorithmus; der Quellcode[3] ist verfügbar und mit Einschränkungen per WWW[4] benutz-

---

[3] http://www.ncbi.nlm.nih.gov/CBBresearch/Schaffer/msa.html
[4] http://xylian.igh.cnrs.fr/msa/msa.html

bar; ein ähnliches Programm namens OMA (optimal multiple alignment) ist im Quellcode[5] verfügbar.

3.4.2 Heuristische multiple Alignments

Im Folgenden sollen einige wenige multiple Alignment-Programme erwähnt werden, die heuristische Methoden benutzen, um den Aufwand zu reduzieren, so dass die Programme auch für viele Sequenzen großer Länge eingesetzt werden können. Verschiedene Programme und die von ihnen eingesetzten Algorithmen wurden von Thompson *et al.* (1999a) kurz beschrieben und in ihrer Aussagequalität verglichen; dieser Artikel ist sehr lesenswert, um Ideen zu bekommen, wann welches Programm anwendbar ist bzw. wann es versagt. Zwei weitere Vergleiche von Alignment-Programmen sind außerdem in der Literatur zu finden (Briffeuil *et al.*, 1998; McClure *et al.*, 1994).

ClustAlW und ClustAlX

Um den Aufwand für ein optimales multiples Alignment zu umgehen, reduziert man das Problem gewöhnlich auf die progressive Anwendung des paarweisen multiplen Alignments mit einer Erweiterung auf paarweises Alignment von Alignments bzw. Profilen. Daraus folgt folgendes Vorgehen (siehe Abb. 3.6 auf der nächsten Seite):

- Berechne alle paarweisen Alignments.
- Berechne aus den Kosten der paarweisen Alignments einen Baum (den sog. guide tree) z. B. per Cluster-Analyse, um eine günstige Reihenfolge für die im nächsten Schritt folgenden Alignments festzulegen.
- Berechne paarweise Alignments von Sequenzen bzw. Alignments in der Reihenfolge, die durch den guide tree vorgegeben ist. Dabei ist der erste Schritt ein Alignment von zwei Sequenzen zu einem „Profil". Die Folgeschritte sind dann solange Alignments von jeweils einer Sequenz mit dem schon erstellten Profil, wie die Sequenzen relativ ähnlich sind; dies wird als iteratives Alignment bezeichnet. Mit divergenten Sequenzen oder einem divergenten Teilbaum kann unabhängig mit einem Alignment von zwei Sequenzen begonnen werden, bis dann die entsprechenden Profile aligniert werden müssen; dies wird als progressives Alignment bezeichnet.

Vorteile des Verfahrens:

- Es ist anwendbar für viele und lange Sequenzen.
- Falls die Sequenzen tatsächlich nah verwandt sind, wird auch ein multiples Alignment erzeugt, das nahe am Optimum liegt.

---

[5] http://bibiserv.techfak.uni-bielefeld.de/oma/

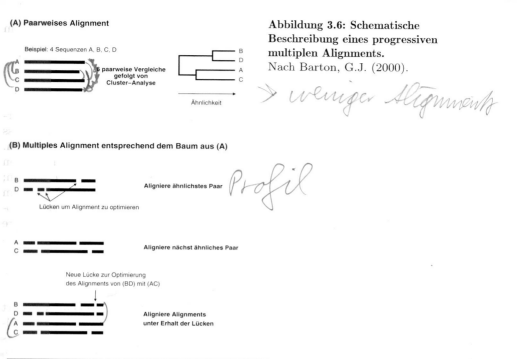

(A) Paarweises Alignment

Beispiel: 4 Sequenzen A, B, C, D

6 paarweise Vergleiche gefolgt von Cluster-Analyse

Ähnlichkeit

(B) Multiples Alignment entsprechend dem Baum aus (A)

Aligniere ähnlichstes Paar

Lücken um Alignment zu optimieren

Aligniere nächst ähnliches Paar

Neue Lücke zur Optimierung des Alignments von (BD) mit (AC)

Aligniere Alignments unter Erhalt der Lücken

Abbildung 3.6: Schematische Beschreibung eines progressiven multiplen Alignments. Nach Barton, G.J. (2000).

→ weniger Alignments

Profil

- Falls die Sequenzen viele ähnliche und nur wenige Außenseiter beinhalten, wird für die ähnlichen Sequenzen ein gutes Alignment erzeugt, während für die Außenseiter, die zuletzt dem multiplen Alignment zugefügt werden, nur konservierte Motive aligniert werden.

Nachteile des Verfahrens:

- Falls anfänglich eine Lücke eingeführt wird, die für die bis dahin berücksichtigten Sequenzen optimal ist, kann diese zu einem späteren Zeitpunkt nicht mehr entfernt werden, auch wenn sie dann suboptimal ist. Feng & Doolittle (1987): "Once a gap, always a gap."

- Die Methode ist prinzipiell ungeeignet, um evolutionäre Stammbäume zu rekonstruieren.

Die Standardprogramme für progressives multiples Alignment sind ClustAlW (Thompson *et al.*, 1994), das Kommandozeilen-orientiert arbeitet, und ClustAlX (Jeanmougin *et al.*, 1998), ein auf ClustAlW aufbauendes Werkzeug mit graphischem Interface. ClustAl ist für viele Betriebssysteme erhältlich (Thompson & Jeanmougin, 1998) und auch per WWW[6] benutzbar.

---

[6] http://www.ebi.ac.uk/clustalw/

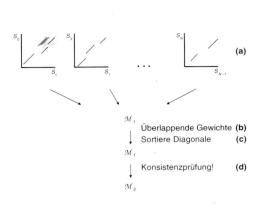

Abbildung 3.7: Schema des Algorithmus von DIALIGN. Zuerst werden für alle Paare von Sequenzen eine Kollektion von „Diagonalen" gesucht (a). Der in allen paarweisen Alignments gefundene Satz an Diagonalen ist mit $\mathcal{M}_1$ bezeichnet. Aus $\mathcal{M}_1$ wird ein konsistenter Subsatz $\mathcal{M}_2 \subset \mathcal{M}_1$ extrahiert: Dazu werden Gewichte für alle Diagonalen aus $\mathcal{M}_1$ berechnet (b) und die Diagonalen entsprechend sortiert (c). Die Diagonalen werden dann der Reihe nach in $\mathcal{M}_2$ übernommen, solange sie konsistent mit den schon in $\mathcal{M}_2$ vorhandenen sind (d). Die Schritte (a) bis (d) werden solange wiederholt, bis keine zusätzlichen Diagonalen gefunden werden.
Nach Morgenstern (1999).

DIALIGN

Einen Weg zur Konstruktion von multiplen Alignments, der nicht auf der Verwendung eines guide trees beruht, wird von **DIALIGN** (Morgenstern, 1999) beschritten. Zuerst werden Regionen mit starker lokaler Homologie in allen Pärchen von Sequenzen gesucht (siehe Abschnitt 3.2.2 auf Seite 64), wobei keine Lücken in die Sequenzen eingeführt werden (siehe Abb. 3.7). Solche homologen Regionen werden als Fragmente oder Diagonalen bezeichnet. Jeder möglichen Diagonalen wird ein Gewicht zugeordnet, das der Ähnlichkeit der Regionen entspricht. Das Programm versucht dann ein multiples Alignment zu bauen, das aus einer konsistenten Ansammlung solcher Diagonalen mit maximalem Gesamtgewicht besteht. Dabei werden wiederum keine Lücken in die Diagonalen eingefügt.

Das Programm kann per WWW[7] benutzt werden. Ausführbarer Programmcode[8] ist für eine Reihe von Betriebssystemen verfügbar.

DCA

Eine andere Möglichkeit, ein nahezu optimales multiples Alignment zu berechnen, ist das sog. "Divide and Conquer" Alignment (Stoye, 1998; Stoye *et al.*, 1997). Hier

---

[7] http://bibiserv.techfak.uni-bielefeld.de/dialign/;
http://www.genomatix.de/cgi-bin/dialign/dialign.pl

[8] http://www.gsf.de/biodv/dialign.html

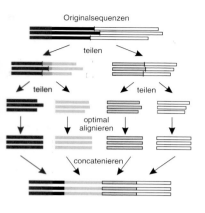

Originalsequenzen

teilen

teilen   teilen

optimal
alignieren

concatenieren

Abbildung 3.8: "Divide and Conquer"-Alignment (DCA).
Links: Schema des Algorithmus.
Unten: Reduktion des Suchraums für das optimale Alignment von drei Sequenzen in (a) auf kleinere Suchräume bei der Aufteilung in zwei Subsequenzen in (b) bzw. vier Subsequenzen in (c). Nach Stoye (1998).

(a)   (b)   (c)

werden die Sequenzen an „günstigen" Stellen nahe ihrer Mitte zerschnitten (siehe Abb. 3.8), so dass nach eventueller wiederholter Anwendung der Teilung die dann kurzen Sequenzen optimal aligniert werden können (siehe Abschnitt 3.4.1 auf Seite 67). Die Teilalignments können dann zu einem Alignment der Komplettsequenzen zusammengesetzt werden. Damit wird das Problem des optimalen multiplen Alignments auf das Problem verschoben, die optimalen Schnittpunkte zu finden; falls alle Schnittpunkte getestet werden, wird der Aufwand gegenüber dem optimalen multiplen Alignment-Problem nicht verringert. Daher wird hier eine heuristische Methode eingesetzt, die gute Schnittpunkte sucht. Der Aufwand wird dann so reduziert, dass meistens ein Dutzend Sequenzen mit einer Länge von wenigen hundert Nukleotiden bzw. Aminosäuren behandelt werden können; d. h. es können bei gegebener Hardware erheblich mehr und auch längere Sequenzen als mit MSA oder OMA behandelt werden.

Eine komplette Beschreibung des Programms, der Quellcode und ein WWW-Zugang[9] sind verfügbar.

---

[9] http://bibiserv.techfak.uni-bielefeld.de/dca/

4

RNA-Sekundärstruktur-Vorhersage per Graphentheorie

Ziel: Vorhersage der thermodynamisch optimalen Struktur und der thermodynamischen Strukturverteilung für einzelsträngige RNA. (Die optimale Struktur bzw. "structure with minimum of free energy" wird manchmal abgekürzt als "mfe structure".)

Problem: Ein RNA- oder DNA-Einzelstrang der Länge N kann durch intramolekulare Basenpaarung und Basenstapelung sehr viele verschiedene Strukturen ausbilden. Da sich die verschiedenen Strukturen meist durch nur relativ geringe Energiedifferenzen unterscheiden, hat man es in den meisten Fällen nicht mit einer Struktur, sondern mit thermodynamisch kontrollierten Strukturverteilungen zu tun. Das Problem ist erheblich komplexer als die Vorhersage für Doppelstränge (siehe Kapitel 2), da hier nicht nur interne Loops, sondern alle Looptypen auftreten können.

Lösung: Das Problem lässt sich per Graphentheorie (Dynamische Programmierung plus Backtracking) mit Aufwand $\mathcal{O}(N^3)$ und Speicherbedarf $\mathcal{O}(N^2)$ lösen; dies gilt für die Bestimmung sowohl der thermodynamisch optimalen Sekundärstruktur als auch der thermodynamisch kontrollierten Sekundärstrukturverteilung. Tertiärstrukturvorhersage ist für den Fall kurzreichweitiger Pseudoknoten mit $\mathcal{O}(N^6)$ Rechenaufwand und $\mathcal{O}(N^4)$ Speicherbedarf nur für kurze Sequenzlängen lösbar.

Anwendung: Vorhergesagte Strukturverteilungen und – unter glücklichen Umständen – auch optimale Strukturen können direkt mit experimentellen Strukturanalysen wie z. B. chemischem oder enzymatischem "mapping" (siehe Abschnitt 1.4.5 auf Seite 30) verglichen und bestätigt oder widerlegt werden. Vorhersagen von Strukturverteilungen bei verschiedenen Temperaturen erlauben den Vergleich mit optischen Denaturierungsanalysen (siehe Abschnitt 1.4.1 auf Seite 23), Temperaturgradienten-Gelelektrophorese (siehe in Abschnitt 1.4.2 auf Seite 28) und Kalorimetrie (siehe Abschnitt 1.4.3 auf Seite 28). Kenntnis der Sekundär- oder auch höherer Struktur erlaubt dann u. U. Betrachtungen über die biologische Funktion des analysierten Moleküls.

Literaturhinweise: Waterman (1995); Zuker (2000)

Im Folgenden werden schrittweise komplexere Algorithmen für die Sekundärstrukturvorhersage vorgestellt. Das Problem der Tertiärstrukturvorhersage wird im letzten Abschnitt erwähnt.

4.1   Definition von Sekundär- und Tertiärstruktur

Eine RNA-Sekundärstruktur der Sequenz R besteht aus Basenstapeln und Loops und ist wie folgt definiert:

$$R = r_1, r_2, \ldots, r_N$$

wobei die Indizes $1 \leq i \leq N$ die Nukleotide in 5'→3'-Richtung nummerieren;

$$r_i \in \{\mathrm{A, U, G, C}\};$$
$$r_i : r_j = i : j \qquad \text{bezeichnet ein Basenpaar mit } 1 \leq i < j \leq N.$$

Erlaubte Basenpaare sind A:U, G:U und G:C. Dann ist eine RNA-Sekundärstruktur von R ein Graph $G = (V, E)$ aus Knoten V (vertex, vertices), den Nukleotiden, und den Kanten E (edges), die entweder Nukleotide miteinander verbinden (r_{i-1}, r_i, r_{i+1}) oder Basenpaare beschreiben. Für den Satz von Basenpaaren gelten folgende Einschränkungen:

    1. $j - i \geq 4$,   was die minimale Hairpin-Loop-Größe ist,

und die Reihenfolge von zwei Basenpaaren $i{:}j$ und $k{:}l$ ist beschränkt, sodass

    2. $i = k$ und $j = l$ oder
    3. $i < j < k < l$ oder
    4. $i < k < l < j$.

Die zweite Bedingung erlaubt benachbarte Basenpaare, verbietet aber jegliche Tripel-Strang-Bildung. Die dritte Bedingung hat zur Folge, dass eine Struktur mehrere Hairpins enthalten darf. Die vierte Bedingung verbietet explizit jegliche Art von Tertiärstruktur, die durch sich überkreuzende Linien in einem Graph erkennbar ist. Bei dieser Definition ist nicht explizit angegeben, dass Basenstapel die thermodynamisch günstigen Elemente sind, sondern es ist nur die Rede von Basenpaaren; die (absolute) Präferenz von Basenstapeln gegenüber einzelnen Basenpaaren wird implizit durch die Berücksichtigung der thermodynamischen Parameter bedingt.

Eine Tertiärstruktur muss Basenpaare $i\!:\!j$ und $k\!:\!l$ enthalten, für die mindestens eine der folgenden Bedingungen gilt:

$$i < k < j < l \qquad \text{oder}$$

$$i \neq k \text{ oder } j \neq l.$$

Die erste Bedingung führt zu den sich überkreuzenden Linien im Graph (vergleiche Abb. 1.7 (unten links) auf Seite 13 mit Abb. 1.2C auf Seite 7). Die zweite Bedingung erzwingt ein Tripel-Basenpaar.

Für weitere Beschreibung und Abbildungen vergleiche Abschnitt 1.1.2 auf Seite 6.

4.2 Tinoco-Plot

Die einfachste Art, sich alle Möglichkeiten zur Sekundärstrukturbildung einer RNA anzusehen, ist eine grafische Methode (Tinoco *et al.*, 1971). In einem zweidimensionalen Schema werden horizontal und vertikal die Nukleotide in 5'→3'-Richtung aufgetragen. In diese Matrix werden dann alle möglichen Basenpaarungen eingetragen. Prinzipiell muss dabei folgendes beachtet werden:

1. Eine Diagonale der Matrix trennt zwei spiegelsymmetrische Hälften; für die Strukturbestimmung **einer** Nukleinsäure braucht daher nur eine Hälfte berücksichtigt zu werden.
2. Auf der Diagonalen, die die spiegelsymmetrischen Hälften trennt, und in den drei benachbarten Parallelen ergeben sich keine Basenpaarungen, da dies in Basenpaarungen mit dem ersten, zweiten oder dritten Nachbarn resultieren würde, die aus sterischen Gründen nicht möglich sind.
3. Helices erscheinen in der Matrix als Senkrechte zur Spiegeldiagonalen. Da einzelne Basenpaarungen aufgrund fehlender Stapelwechselwirkungen kaum möglich sind, brauchen diese nicht in die Matrix eingetragen werden, solange nur Sekundärstruktur betrachtet wird.
4. Interne und Bulge-Loops zwischen benachbarten Helices sind durch Unterbrechungen und entsprechende Versetzungen in der Matrix zu erkennen. Hairpin-Loops liegen direkt an der Spiegeldiagonalen. Verzweigungsloops führen zu parallel versetzten Helices.

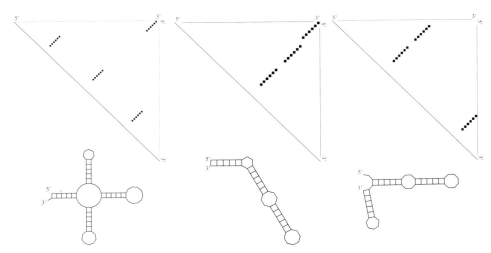

Abbildung 4.1: Dotplots verschiedener RNA-Sequenzen. Die Sequenzen wurden so ausgesucht und unter Bedingungen gezeichnet, dass nur die jeweils unter dem Plot gezeichnete Struktur gebildet werden kann; dies ist absolut unrealistisch! Dotplots für „richtige" Sequenzen können unter `http://www.biophys.uni-duesseldorf.de/local/ TINOCO/tinoco.html` erstellt werden.

Drei Basenpaarungsschemata sind in Abb. 4.1 dargestellt. Das Erkennen der verschiedenen Strukturtypen sollte man sich unbedingt klar machen, da sonst die weiteren mathematischen Beschreibungen unverständlich sind.

Da in dem beschriebenen Tinoco-Diagramm natürlich alle prinzipiell möglichen Basenpaarungen dargestellt sind, muss anschließend die stabilste, d. h. energetisch günstigste Gesamtstruktur herausgefunden werden. Dies wird in den folgenden Abschnitten besprochen. Der Vorteil der grafischen Darstellung liegt im relativ geringen Aufwand und in der Möglichkeit, sehr stabile Teilstrukturen mit langen Helices leicht erkennen zu können.

4.3   Zahl möglicher Strukturen

Annahme: Jede Base kann mit jeder ein Paar bilden; Stacking sei nicht relevant. Die minimale Hairpin-Loop-Größe sei ein Nukleotid (Dies sind drei unsinnige Annahmen! Für andere Annahmen siehe Hofacker *et al.*, 1998b).

$S(n)$ sei die Zahl der Sekundärstrukturen für eine Sequenz der Länge n.

$S(0) = 0$; ohne Nukleotid keine Struktur.

$S(1) = 1$; mit einem Nukleotid kann man halt nur eine Struktur kriegen.

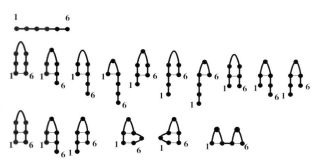

Abbildung 4.2: Die möglichen Strukturen einer Sequenz aus sechs Nukleotiden. Annahme: Alle Nukleotide können mit allen paaren; Stapel sind nicht relevant; minimale Hairpin-Loop-Größe ist ein Nukleotid.

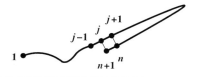

Abbildung 4.3: Strukturmöglichkeiten nach Kettenverlängerung.

$S(2) = 1$; mit zwei Nukleotiden wird's auch nichts.

Aber jetzt passiert's (siehe Abb. 4.2):

$$S(n+1) = S(n) + S(n-1) + \sum_{k=1}^{n-2} S(k)S(n-k-1)$$

Bis zur Sequenzlänge n seien die Strukturen bekannt und gesucht ist die Zahl der Strukturen für die auf $(n+1)$ Nukleotide verlängerte Sequenz. Wenn das $(n+1)$te Nukleotid nicht gepaart ist, dann ist $S(n+1) = S(n)$. Andernfalls ist das $(n+1)$te Nukleotid mit einem Nukleotid j gepaart (siehe Abb. 4.3), für das gilt $1 \leq j \leq (n-1)$. Jeder der Teilbereiche $[1,(j-1)]$ bzw. $[(j+1),n]$ kann dann noch $S(j-1)$ bzw. $S(n-j)$ Strukturen bilden.

$$S(n+1) = S(n) + S(n-1) + S(1) \cdot S(n-2) + \cdots + S(n-2) \cdot S(1)$$

$$= S(n) + S(n-1) + \sum_{j=2}^{n-1} S(j-1)S(n-j)$$

$$= S(n) + S(n-1) + \sum_{k=1}^{n-2} S(k)S(n-k-1).$$

Tabelle 4.1: Zahl möglicher Strukturen. Für die Annahmen siehe Abb. 4.2.

n	3	4	5	6	10	20	40	80	100	316
$S(n)$	2	4	8	17	423	$2{,}5{\cdot}10^{6}$	$2{,}1{\cdot}10^{14}$	$4{,}1{\cdot}10^{30}$	$6{,}8{\cdot}10^{38}$	$2{,}9{\cdot}10^{128}$

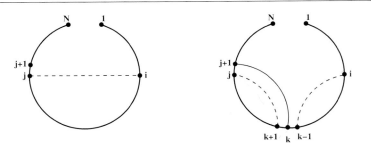

Abbildung 4.4: Prinzip der Maximierung der Basenpaaranzahl einer Sequenz. Die Graphen symbolisieren eine Sequenz der Kettenlänge N. Für die angegebenen Indizes gilt $1 \leq i \leq k < j < N$; dabei muss noch die minimale Größe eines Hairpin-Loops beachtet werden.
Links: Ausgangssituation; die maximale Anzahl Basenpaare $M_{i,j}$ im Sequenzabschnitt i,j und für jede Subsequenz dieses Bereichs ist bekannt.
Rechts: Der Sequenzabschnitt wurde auf $i,(j+1)$ verlängert und ein Basenpaar $(j+1):k$ mit $i \leq k \leq (j-3)$ soll existieren.

Für große Nukleotidzahlen $n \to \infty$ lässt sich zeigen (Waterman, 1995), dass

$$S(n) \sim \sqrt{\frac{15 + 7\sqrt{5}}{8\pi}}\; n^{-3/2} \left(\frac{3 + \sqrt{5}}{2}\right)^{n}.$$

Für Zahlenbeispiele siehe Tab. 4.1.

4.4   Struktur mit maximaler Zahl Basenpaare

Das Problem der Suche nach energetisch optimalen Sequenzen per Graphentheorie bzw. Dynamischer Programmierung (Bellman & Kalaba, 1960) soll extrem simplifiziert eingeführt werden; d. h., hier soll nicht die Energie optimiert werden, sondern nur die Zahl der Basenpaare maximiert werden. Dieses Problem wurde zuerst von Nussinov et al. (1978) und Waterman & Smith (1978) algorithmisch behandelt und gelöst.

Das Prinzip ist in Abb. 4.4 auf der vorherigen Seite dargelegt. Der Algorithmus nutzt die Zerlegbarkeit des Optimierungsproblems in Teilprobleme aus. Es sei $M_{i,j}$ die maximale Anzahl Basenpaare im Sequenzabschnitt i, j mit $1 \leq i < j < N$ bekannt; zusätzlich sei ebenfalls für jede Subsequenz dieses Bereichs die maximale Basenpaaranzahl bekannt. Dann gilt folgende Rekursion:

$$M_{i,j+1} = \max \left\{ M_{i,j}, \max_{i \leq k \leq (j-3)} [M_{i,k-1} + 1 + M_{k+1,j}] \cdot \rho(r_k, r_{j+1}) \right\} \quad (4.1)$$

wobei

$$r_k, r_{j+1} \in \{A, U, G, C\} \qquad \text{und}$$

$$\rho(r_k, r_{j+1}) = \begin{cases} 1 & \text{wenn } r_k \text{ und } r_{j+1} \text{ ein Basenpaar bilden können,} \\ 0 & \text{sonst.} \end{cases}$$

Die maximale Anzahl Basenpaare $M_{i,j+1}$ für den um ein Nukleotid verlängerten Sequenzabschnitt $i, (j + 1)$ ist das Maximum von $M_{i,j}$, was gleichbedeutend mit einem nicht-basengepaarten Nukleotid $(j + 1)$ ist, und dem Maximum von allen Möglichkeiten, in denen $(j + 1)$ mit einem Nukleotid k zwischen i und $(j - 3)$ basengepaart ist. Die maximale Anzahl Basenpaare, die die Sequenz erlaubt, ist dann $M_{1,N}$. Die zugehörige Struktur wird über Backtracking gefunden; d. h., ausgehend von dem Wert $M_{1,N}$ kann die Struktur aus den bekannten Matrixwerten für M rekonstruiert werden.

Der Aufwand für die Rekursion (4.1) ist $\mathcal{O}(N^3)$; der Speicheraufwand ist $\mathcal{O}(N^2/2)$, da $1 \leq i < j < N$.

4.5 Strukturen mit submaximaler Zahl Basenpaare

Strukturen mit submaximaler Zahl an Basenpaaren lassen sich mit der Rekursion (4.1) nicht finden, da submaximale Lösungen durch die maximale Lösung überschrieben werden. Der „Trick", diese nicht zu überschreiben, besteht darin, die Sequenz zu verdoppeln und zwei Matrizen V und W der Größe N^2 anstelle von M der Größe $N^2/2$ zu benutzen.

- Bei einer Matrix mit der Größe der einfachen Sequenzlänge N ist es nur möglich, einen Backtrack von $M_{1,N}$ in Richtung zur Hauptdiagonalen der Matrix zu starten. Aber jedes Basenpaar $i : j$ teilt eine Struktur in zwei Hälften, das sog. "included fragment" von r_i bis r_j und das sog. "excluded fragment" von r_j bis r_i. Die zwei Teilstrukturen, die optimal für die Teilsequenzen $r_i, \ldots, r_j$ und $r_j, \ldots, r_i$ sind, ergeben dann die optimale Gesamtstruktur für die Komplettsequenz $r_1, \ldots, r_N$ (Steger *et al.*, 1984; Zuker, 1989a):

$$V_{\max} = \max \{V_{i,j} + V_{j,i}\}$$

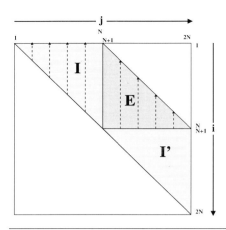

Abbildung 4.5: Speicherallokierung für Matrizen V und W des Algorithmus zur Vorhersage von submaximalen Strukturen. Die grauen Teile der Matrix werden im Ggs. zu den weißen Teilen benutzt. **I**: Dieser Teil der Matrix $V_{i,j}$ enthält Werte für das "included fragment" von r_i bis r_j. **I'**: Exakte Kopie der Werte in **I**; nur zur Vereinfachung des Programmcodes. **E**: Dieser Teil der Matrix $V_{i,j}$ enthält Werte für das "excluded fragment" von r_j über r_N bis $r_{(N+i)} = r_i$. Die Matrix wird in Richtung der Pfeile gefüllt.

- Um entsprechend dem vorigen Punkt die Werte der optimalen Teilstrukturen für $r_i, \ldots, r_j$ und $r_j, \ldots, r_i$ abspeichern zu können, muss eine Matrix V der Größe N^2 benutzt werden, die dies erlaubt (siehe Abb. 4.5).

- Um Verzweigungen (bifurcations, junctions) berücksichtigen zu können, ist es notwendig, zwei Matrizen zu benutzen. In der Matrix V werden an der Position i, j Strukturen gespeichert, die optimal sind und ein Basenpaar $i{:}j$ enthalten; in der Matrix W werden entsprechend Strukturen gespeichert, die optimal für das Sequenzstück $r_i \ldots r_j$ sind, aber nicht das Basenpaar $i : j$ enthalten müssen.

- Der im Folgenden vorgestellte Algorithmus, der die Zahl der Basenpaare maximiert, ist weitgehend identisch zu dem, der für Minimierung der freien Energie benötigt wird. Für Energie-Minimierung müssen die ρ-Werte durch die dem jeweiligen Loop-Typ entsprechenden Energien ersetzt werden, was u. U. zusätzlichen Rechen- und/oder Speicheraufwand erfordert (siehe Abschnitt 4.7 auf Seite 86).

Für eine Sequenz der Kettenlänge N und die minimale Hairpin-Loop-Größe $h = 3$ folgt dann:

1. $V_{i,j} = 0$, wenn das Paar $i{:}j$ nicht möglich ist, ansonsten wird über die drei möglichen Strukturtypen maximiert (vergleiche Tab. 4.2):

$$V_{i,j} = \max\{M1, M2, M3\} \tag{4.2}$$

$$\text{für } 1 < j \leq 2N \quad \textbf{und}$$

$$\text{für } \begin{cases} (j - h - 1) \geq i > 0, & \text{wenn } j \leq N, \\ N \geq i > (j - N + h), & \text{wenn } j > N, \end{cases}$$

Tabelle 4.2: Schemazeichnungen zur Herleitung von Gleichung (4.2).

	$1 \leq i < j \leq N$	$1 \leq i \leq N < j \leq 2N$
$i\!:\!j$		
4.2b) Hairpin-Loop $j - i > h$		$j - i > 0$
4.2c) Loop $i < k < l < j;$ $l - k > h$ 1. **Stack:** $k = i + 1 \wedge$ $l = j - 1$ 2. **Bulge loop:** $(k = i + 1 \wedge$ $l < j - 1) \ \vee$ $(k > i + 1 \wedge$ $l = j - 1)$ 3. **Interior loop:** $k > i + 1 \wedge$ $l < j - 1$		$l - k > 0$
4.2d) Closed bifurcation (junction) $i < k < j - 1$		

mit

$$M1 = \rho_{i,j} \qquad\qquad\qquad \text{Hairpin} \qquad (4.2b)$$

$$M2 = \max_{\substack{(i+2)\leq l < j \\ (i+1)\leq k < l}} \left\{ \rho_{i,j} + V_{k,l} \right\} \qquad \text{BP oder Loop} \quad (4.2c)$$

$$M3 = \max_{(i+1)\leq k < (j-2)} \left\{ \rho_{i,j} + W_{i+1,k} + W_{k+1,j-1} \right\} \qquad \text{closed bifurcation}$$

$$(4.2d)$$

Tabelle 4.3: Schemazeichnungen zur Herleitung von Gleichung (4.3).

2. Die maximale Wahrscheinlichkeit für Strukturen der Subsequenz $i \ldots j$ ist (vergleiche Tab. 4.3):

$$W_{i,j} = \max\{V_{i,j}, M4, M5, M6\} \tag{4.3}$$

$$\text{für } 1 < j \leq 2N \quad \textbf{und}$$

$$\text{für } \begin{cases} (j - h - 1) \geq i > 0, & \text{wenn } j \leq N \\ N \geq i > (j - N + h), & \text{wenn } j > N. \end{cases}$$

mit

$$W_{i,j} = V_{i,j} \qquad\qquad\qquad \text{base pair } i{:}j \tag{4.3a}$$

$$M4 = \max_{(j-2) \geq k > i}\left\{ W_{i,k} + W_{k+1,j} \right\} \qquad \text{open bifurcation} \tag{4.3b}$$

$$M5 = W_{i+1,j} \qquad\qquad\qquad \text{dangling } i \tag{4.3c}$$

$$M6 = W_{i,j-1} \qquad\qquad\qquad \text{dangling } j \tag{4.3d}$$

Der Rechenaufwand des skizzierten Algorithmus ist $\mathcal{O}(N^4)$ aufgrund der Loop-Schleife (4.2c); die Verzweigungsloop-Schleifen (4.2d) und (4.3b) bedingen einen Aufwand von $\mathcal{O}(N^3)$.

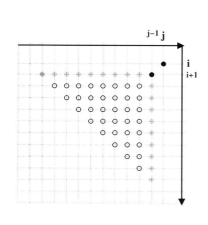

Abbildung 4.6: Matrixbereich für die Suche nach dem nächsten Basenpaar, das eine Helix verlängert oder einen Loop schließt. Aktuell wird Basenpaar $i{:}j$ untersucht. Die Alternativen für die zugehörigen Strukturelemente mit Indizes im unteren Dreieck beinhalten das Nachbar-Basenpaar $(i+1){:}(j-1)$ (schwarzer Punkt), einen Bulge-Loop (graue Punkte) mit $k = (i+1)$ und $l < (j-1)$ (over row) oder $k > (i+1)$ und $l = (j-1)$ (down column) oder einen internen Loop (Kreise) mit $k > (i+1)$ und $l < (j-1)$. Für die Suche nach dem besten Bulge-Loop muss nur der beste Bulge-Loop zum schon untersuchten Basenpaar $i{:}(j-1)$ mit dem erst jetzt möglichen Paar $(i+1){:}(j-2)$ (over row) verglichen werden oder der beste Bulge-Loop zum schon untersuchten Basen-paar $(i+1){:}j$ mit dem erst jetzt möglichen Paar $(i+2){:}(j-1)$ (down column). Entsprechend muss für die Bestimmung des besten internen Loops nur das Paar $(i+2){:}(j-2)$ neu verglichen werden.

Der Aufwand für die Suche nach Bulge-Loops lässt sich auf $\mathcal{O}(N^2)$ reduzieren (Waterman, 1995), da bei $i{:}j$, $k{:}(l = (j-1))$, $(k - i) > 1$ (down column) und bei $i{:}j$, $((i+1) = k){:}l$, $(j - l) > 1$ (over row) nur immer der nächstgrößere Loop verglichen werden muss, wenn auf die maximalen bulge-Werte des vorigen Index $(j-1)$ zurückgegriffen werden kann, ohne wieder die Suche über die komplette Subsequenz durchführen zu müssen (siehe Abb. 4.6). Der Aufwand für die Suche nach internen Loops bzw. geschlossenen Verzweigungsloops lässt sich analog mit Hilfe eines zusätzlichen Vektors ebenfalls auf $\mathcal{O}(N^2)$ reduzieren. Die Verzweigungsloop-Schleife (4.3b) lässt sich im Aufwand nicht reduzieren, da hier Matrix-Werte addiert werden, deren i- und j-Index sich bei jedem Schleifendurchlauf ändern.

Der Speicherplatzbedarf ist unter Berücksichtigung eines simplen Backtracks, in dem nicht permanent die Indexgrenzen auf Überschreitung überprüft werden müssen, etwa $\mathcal{O}(8N^2)$ für die Matrizen $V_{i,j}$ und $W_{i,j}$. Da von den Matrizen jeweils weniger als eine Hälfte mit Werten belegt sein kann (siehe Abb. 4.5 auf Seite 80), lässt sich der Speicheraufwand auf $\mathcal{O}(3N^2)$ reduzieren, wenn man den erhöhten Aufwand bei der Berechnung der Indizes in Kauf nimmt.

Die Beschleunigung des Algorithmus von $\mathcal{O}(N^4)$ auf $\mathcal{O}(N^3)$ bedingt einen geringfügigen Speicher-Mehraufwand von $\mathcal{O}(1)$ für die Speicherung des Bulge-down-column-Wertes und von je $\mathcal{O}(2N)$ für die Speicherung der Bulge-over-row-, der internen-Loop- und der geschlossenen Verzweigungsloop-Werte.

Tabelle 4.4: Freie Energiewerte für Stapel-Wechselwirkung von Basenpaaren und Mismatches bei 37 °C in kJ/mol. Z. B. ist für ein $^{5'}GG^{3'}/^{3'}CC^{5'}$ Basenstapel $\Delta G^0_{37\,°C} = -12,1$ kJ/mol.

	Y					Y					Y			
X	A	C	G	U		A	C	G	U		A	C	G	U
	5'→3'					5'→3'					5'→3'			
	AX UY					CX GY					GX CY			
	3'←5'					3'←5'					3'←5'			
A	.	.	.	−3,8		.	.	.	−7,5		.	.	.	−9,6
C	.	.	−8,8	.		.	.	−12,1	.		.	.	−14,2	.
G	.	−8,3	.	−2,1		.	−8,4	.	−5,0		.	−12,1	.	−5,9
U	−3,8	.	−4,2	.		−7,1	.	−8,0	.		−8,8	.	−8,8	.

	Y					Y					Y			
X	A	C	G	U		A	C	G	U		A	C	G	U
	5'→3'					5'→3'					5'→3'			
	GX UY					UX AY					UX GY			
	3'←5'					3'←5'					3'←5'			
A	.	.	.	−4,6		.	.	.	−4,6		.	.	.	−3,3
C	.	.	−8,8	.		.	.	−9,6	.		.	.	−5,9	.
G	.	−8,0	.	−1,7		.	−7,5	.	−3,3		.	−5,0	.	−0,8
U	−4,2	.	−6,3	.		−3,8	.	−4,6	.		−2,1	.	−1,7	.

4.6   Energie-Werte für RNA-Sekundärstrukturen

Für die Suche nach Strukturen mit minimaler freier Energie ΔG^0 (mfe-Struktur oder thermodynamisch optimale Struktur) werden natürlich die Energie-Parameter für alle Loop-Typen und Basenpaar-Wechselwirkungen benötigt. Diese werden im Folgenden kurz besprochen. Die Parameter wurden in den letzten Jahren hauptsächlich von der Arbeitsgruppe D. Turner (Uni Rochester) gemessen und sind im[1] WWW[2] verfügbar; hier finden sich auch die entsprechenden Zitate. Man beachte dabei, dass alle Parameter für Loops größer fünf Nukleotide nur extrapoliert sind und dass für viele Loops keine Sequenz-abhängigen Parameter bekannt sind. Aus mehr oder minder zufälligen Gründen werden die ΔG^0-Werte meist für 37 °C angegeben.

Erfahrungstatsache ist, dass die Basenpaar-Wechselwirkungen (base pair stacking) in erster Näherung nur von den nächsten Nachbarn abhängig sind; folglich werden hierfür 12 verschiedene Werte benötigt (siehe Tab. 4.4).

Die Energien von Hairpin-Loops hängen primär von der Größe des Loops (siehe Tab. 4.5 auf der nächsten Seite) und dem Typ des schließenden Basenpaares ab. In der Mehrzahl der gemessenen Fälle besteht die Energie nur aus einem entropischen Anteil ($\Delta H^0_{hairpin} \approx 0$). Die Ausnahme sind die thermodynamisch extrastabilen

---

[1] http://bioinfo.math.rpi.edu/~zukerm/rna/energy/

[2] http://bioinfo.math.rpi.edu/~zukerm/rna/energy/node2.html

Tabelle 4.5: Freie Energiewerte für Loop-Bildung ohne Einfluss der schließenden Basenpaare bei 37 °C in kJ/mol.

Größe	Intern	Bulge	Hairpin
1	.	16,3	.
2	17,2	13,0	.
3	21,4	14,7	17,2
4	20,5	17,6	20,5
5	22,2	20,1	18,4
10	26,4	23,0	22,2
30	31,0	28,1	27,2

Tabelle 4.6: Energiewerte für Hairpin-Loops aus vier Nukleotiden spezieller Sequenz (Tetraloops). Erstes und sechstes Nukleotid bilden ein Basenpaar; Y = Pyrimidin; R = Purin; N = beliebiges Nukleotid.

Loopsequenz	$\Delta G^0_{25\ °C}$ [kJ/mol]	$-\Delta H^0$ [kJ/mol]	$-\Delta S^0$ [kJ/mol*K]	Zitat
Y(UNCG)R	0,9	84,6	0,286	Antao & Tinoco (1992)
R(UNCG)Y	2,3	49,0	0,197	Antao & Tinoco (1992)
N(GNRA)N	10,5	54,0	0,217	Antao & Tinoco (1992)
N(CUUG)N	2,7	60,3	0,240	Antao *et al.* (1991)
N(UUUU)N	2,7	36,0	0,159	Antao & Tinoco (1992)
N(UUUG)N	4,8	25,5	0,153	Antao *et al.* (1991)
N(GCUU)N	2,5	38,9	0,165	Antao & Tinoco (1992)
N(RRRR)N	3,3	2,9	0,057	Groebe & Uhlenbeck (1988)

Tetraloops (siehe Tab. 4.6), wobei hier die Sequenz des Loops und das schließende Basenpaar wichtig sind (siehe in Abschnitt 1.1.2 auf Seite 9).

Die Energien von Bulge- und internen Loops hängen primär von der Größe der Loops (siehe Tab. 4.5) und den Typen der schließenden Basenpaare ab. Teilweise sind für kleine Loops Energien für bestimmte Loopsequenzen bekannt; hier handelt es sich meist um Fehlbasenpaarungen und Stapel von Nicht-Watson-Crick-Basenpaaren (siehe Tab. 4.4 auf der vorherigen Seite).

Einzelne Basen in Nachbarschaft zu Helices (dangling ends) werden z. T. durch stabilisierende Beiträge berücksichtigt.

Für Verzweigungsloops stehen nur sehr wenige Messwerte zur Verfügung. Daher wird in den Algorithmen meist eine sehr simple, empirische Näherung eingesetzt. Danach ist die Energie E eines Verzweigungsloops

$$E = a + n_1 \cdot b + n_2 \cdot c$$

abhängig von der Zahl der einzelsträngigen Nukleotide n_1 im Loop und von der Zahl der Helices n_2, die den Loop schließen; a, b und c sind empirisch bestimmte Konstanten. Der entscheidende Vorteil dieser Näherung liegt darin, dass sie den Aufwand für die Dynamische Programmierung gering hält.

Offene Verzweigungsloops besitzen definitionsgemäß $\Delta G^0 = 0$.

Prinzipiell müssten bei Verzweigungsloops Stapel-Wechselwirkungen von Helices (welchen?) über den Loop berücksichtigt werden. Dies wird, z. T. wegen mangelnder Parameter und z. T. wegen des Rechen-/Speicheraufwands, i. A. nicht gemacht; siehe aber Walter & Turner (1994) und Walter *et al.* (1994).

4.7   Thermodynamisch optimale Sekundärstrukturen

Die erste Beschreibung eines Algorithmus zur Bestimmung einer RNA-Sekundärstruktur mit minimaler freier Energie stammt von Zuker & Stiegler (1981). Das Prinzip, wie es z. B. von M. Zuker[3] beschrieben ist, sollte nach dem Abschnitt 4.5 auf Seite 79 leicht ;-) verständlich sein.

Das Hauptproblem bei der Erweiterung von Maximierung der Basenpaare auf thermodynamisch optimale Strukturen ist, die Sequenzabhängigkeiten der Loop-Parameter zu berücksichtigen und gleichzeitig den Aufwand von $\mathcal{O}(N^3)$ beizubehalten. Z. B. würde eine generelle Funktion für Verzweigungsloops exponentielle Kosten verursachen, da die Funktion mögliche Stapelwechselwirkungen aller Randbasenpaare und Stapelung der ungepaarten Nukleotide im Verzweigungsloop berücksichtigen müsste. Folglich wird hier eine lineare Approximation eingesetzt (Zuker, 1989a,b). Für interne bzw. Hairpin-Loops wird nur der zu den Helices bzw. zu der Helix benachbarte "Mismatch" speziell behandelt, sodass auch hier kein zusätzlicher Aufwand nötig ist.

4.8   Bestimmung von Strukturverteilungen

Die Erweiterung des im vorigen Abschnitts vorgestellten Algorithmus zur Berechnung der Struktur mit minimaler freier Energie auf Berechnung von thermodynamisch suboptimalen Strukturen erfolgt analog zu der in Abschnitt 4.5 auf Seite 79 beschriebenen Maximierung der Basenpaare; die entsprechende Beschreibung stammt von M. Zuker[4].

Der Wunsch nach Kenntnis nicht nur der optimalen sondern auch der suboptimalen Strukturen hat mindestens zwei Gründe:

- Die Strukturbildung einer RNA ist eine chemische Reaktion; d. h., zumindest die Basenpaare am Rand von Helices haben immer eine Tendenz, nicht geschlossen zu bleiben, da die Energiedifferenz zwischen dem Zustand mit Stapelung des Paares am Rand des Loops oder eines offenen Endes und dem Zustand mit geöffneten Paar und vergrößertem Loop oder verlängertem offenen Ende

---

[3] http://bioinfo.math.rpi.edu/~zukerm/Bio-5495/RNAfold-html/node5.html

[4] http://bioinfo.math.rpi.edu/~zukerm/Bio-5495/RNAfold-html/node6.html

nicht wesentlich oberhalb RT liegt. Vergleiche hierzu die Werte aus Tab. 2.1 bis 2.2 auf Seite 41 mit denen aus Tab. 4.4 bis 4.6 auf Seiten 84–85.

Es können sogar komplett verschiedene Strukturen existieren, die aber praktisch identische freie Energie besitzen; dann liegen in Lösung diese beiden Strukturen zu gleichen Anteilen vor. Dies kann sogar ein funktioneller Aspekt der RNA sein, da nur geringe Umgebungsänderungen zu einer Umlagerung der RNA entsprechend einem Schalter führen (siehe Abschnitt 1.2.2 auf Seite 19).

Also: Man sollte **nie** davon ausgehen, dass eine RNA in Lösung nur **eine** Struktur einnimmt.

- Die Vorhersage der optimalen Struktur ist natürlich nur dann korrekt, wenn alle benötigten thermodynamischen Parameter mit der erforderlichen Genauigkeit bekannt sind. Dies sind sie aber nicht; leider ...

Im Programmpaket mfold (siehe folgenden Abschnitt 4.8.1) wird insbesondere Wert auf den zweiten Punkt gelegt; d. h., man kann sich Sekundärstrukturen anzeigen lassen, die sich von der optimalen Struktur durch vorgebbare Energiedifferenzen und durch bestimmte Strukturunterschiede unterscheiden (siehe auch Abschnitt 4.9 auf Seite 92).

Im Programmpaket RNAfold (siehe Abschnitt 4.8.2 auf Seite 89) wird tatsächlich die thermodynamische Strukturverteilung aller Strukturen bei einer Temperatur berechnet. Nachteilig ist, dass dann neben der optimalen Struktur nur noch diese Verteilung angezeigt werden kann, aber nicht mehr einzelne suboptimale Strukturen ausgegeben werden können. Für die temperaturabhängige Berechnung von Strukturverteilungen, die z. B. für Vorhersage von Kalorimeter-Messungen notwendig sind, müssen alle benötigten Temperaturen einzeln berechnet werden.

Im Programmpaket LinAll (siehe Abschnitt 4.8.3 auf Seite 90) werden Eigenschaften von mfold und RNAfold kombiniert. Wenn bei verschiedenen Temperaturen die ΔH^0- und ΔS^0-Werte einer Reihe von Strukturen bekannt sind und die Temperaturabstände nicht zu groß sind, kann mit dieser Kenntnis für beliebige Zwischentemperaturen die Strukturverteilung angenähert werden. Folglich lassen sich dann mit relativ geringem Aufwand optische Denaturierungskurven und Mobilitätsänderungen in TGGE vorhersagen. Durch den Vergleich mit experimentellen Ergebnissen können dann die zugrundeliegenden vorhergesagten Sekundärstrukturen verifiziert bzw. widerlegt werden.

4.8.1 mfold 3.1

Das meist benutzte Programm zur Vorhersage von RNA-Sekundärstruktur heißt mfold und wurde von M. Zuker und Mitarbeitern programmiert. Das übliche Zitat ist Zuker (1989a); die heute verfügbare Version ist mfold 3.1 (Mathews *et al.*, 1999; Zuker *et al.*, 1999), das sich von den Vorgängerversionen durch die Verwendung von neueren, besseren Energieparametern unterscheidet und leider nicht mehr frei

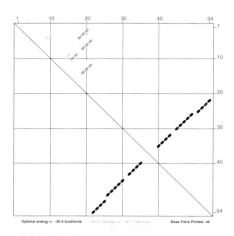

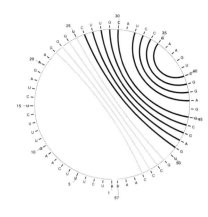

dG = -20.4 [initially -20.4] pmug7a2

Abbildung 4.7: Strukturvorhersage für
Psammechinus miliaris **U7 RNA bei 37 °C mit**
mfold 3.1.
EMBL-ID der Sequenz: PMUG7A2.
Energieangaben sind in kcal/mol.
Oben links: Strukturverteilung. Die schwarzen Punkte
stellen Basenpaare der mfe-Struktur dar. Der
„Suboptimalitätswert" p ist auf 0,2 gesetzt; d. h., der Plot
enthält alle (?) Strukturen, die bis zu 20 % schlechter als
die mfe-Struktur sind. Mit abnehmender Schwärzung sind
Basenpaare dargestellt, die in Strukturen vorkommen, die
innerhalb eines Bereichs von $p/3$ %, $2p/3$ % bzw. p % der
mfe-Struktur vorkommen. Die hellgrauen Punkte stellen
also Basenpaare dar, deren Bildungswahrscheinlichkeit am
geringsten ist.
Oben rechts: Optimale Sekundärstruktur in circles-
Darstellung. In den schematischen Strukturdarstellungen
ist die Wahrscheinlichkeit $p_{i:j}$ der Basenpaarbildung über
Farben kodiert; $p = 0,999 =$ schwarz und $p = 0,995 =$ grau.
Links: Optimale Sekundärstruktur. Im Original sind die
Basen bzw. Bsenpaare entsprechend ihrer Wahrschein-
lichkeit eingefärbt, ungepaart bzw. gepaart zu sein (siehe
Abschnitt 4.9.1 und 4.9.2 auf Seite 92).

verfügbar ist. Es kann allerdings im WWW[5] benutzt werden; Erläuterungen zu
den einzelnen Programmoptionen sind dort verfügbar. Ein Ausgabebeispiel ist in
Abb. 4.7 gezeigt. Traditionellerweise ist im GCG-Paket (GCG, 2002) eine ältere
Version von mfold verfügbar.

---

[5] http://www.bioinfo.rpi.edu/applications/mfold/old/rna/form1.cgi

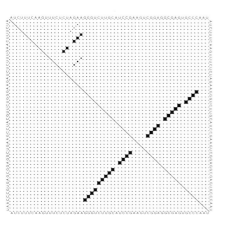

Abbildung 4.8: Strukturvorhersage für *Psammechinus miliaris* U7 RNA bei 37 °C mit RNAfold. Energieangaben sind in kcal/mol.

links: Strukturverteilung; die Wahrscheinlichkeit $p_{i:j}$ ein bestimmtes Basenpaar $i:j$ zu bilden, ist proportional der Fläche des Punktes an der Position i, j.

Unten links: "Mountain"-Darstellung; die gepunktete Kurve zeigt die mfe-Struktur, die durchgezogene Kurve die Basenpaarungswahrscheinlichkeit; je dichter die zwei Kurven liegen, umso wohl definierter ist die Struktur.

Unten rechts: Optimale Sekundärstruktur. Achtung: Im Ggs. zur Konvention werden Strukturen gegen den Uhrzeigersinn dargestellt.

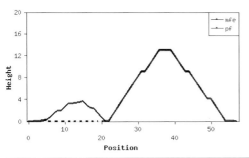

4.8.2 RNAfold v1.4

In der Gruppe von P. Schuster (Institut für theoretische Chemie, Uni Wien) wurde ein umfangreiches Programmpaket (Hofacker *et al.*, 1994) entwickelt, das u. a. folgende Teile umfasst:

- Vorhersage der optimalen Sekundärstruktur per Energieminimierung entsprechend dem Algorithmus von Zuker & Stiegler (1981),

- Vorhersage der Sekundärstrukturverteilung entsprechend dem Algorithmus von McCaskill (1990),

- Bestimmung aller (!) suboptimalen Strukturen innerhalb eines vorgebbaren Abstands zur optimalen Struktur (Wuchty *et al.*, 1999),

- Vergleich von Sekundärstrukturen per String-Alignment oder Tree-Editing (Shapiro & Zhang, 1990) und

- Vorhersage von Sequenzen, die in der Lage sind, eine vorgegebene Struktur auszubilden (inverse folding).

Der Quellcode[6] ist erhältlich. Das eigentliche RNAfold kann im WWW[7] benutzt werden; ein Ausgabebeispiel ist in Abb. 4.8 auf der vorherigen Seite gezeigt.

4.8.3 LinAll

Aufbauend auf der ersten Version von mfold (Zuker & Stiegler, 1981) wurde ein Programmpaket namens LinAll zur Vorhersage von optimalen und suboptimalen Sekundärstrukturen, Strukturverteilungen, optischen Denaturierungskurven und Mobilitäten in TGGE entwickelt (Mundt, 1993; Schmitz & Steger, 1992; Steger *et al.*, 1984). Dieses Programmpaket leidet z. Z. unter veralteten thermodynamischen Parametern. Ein Ausgabebeispiel ist in Abb. 4.9 auf der nächsten Seite gezeigt.

Um einen knappen Überblick über die zur Berechnung der Denaturierungskurven und Mobilitäten zu geben, folgen hier die dazu notwendigen thermodynamischen Gleichungen:

Basenpaar-Wahrscheinlichkeitsplot:

Struktur i mit
$$\Delta G_i^0(T) = \Delta H_i^0 - T\Delta S_i^0$$

Boltzmann-Faktor
$$p_i(T) = \exp(-\Delta G_i^0(T)/(\mathrm{R}T))$$

Zustandssumme der Strukturverteilung
$$q(T) = \sum_i [p_i(T)]$$

Die Strukturen i inkl. ihrer freien Energie $\Delta G_i^0(T)$ werden durch den Backtrack ermittelt; zu jeder Struktur lässt sich dann ΔH_i^0 und ΔS_i^0 bestimmen. Jede Struktur kommt entsprechend ihrem Boltzmann-Faktor anteilsmäßig vor.

Optische Denaturierungskurven:

Mittlere Eigenschaft v_i
$$\langle V(T)\rangle = \sum_i [v_i p_i(T)]/q(T)$$

Hypochromie der Struktur i
$$\Delta A_i^\lambda = \sum_{\mathrm{A:U,G:U,G:C}} n_m \Delta A_m^\lambda$$

Hypochromie der Strukturverteilung
$$\langle \Delta A^\lambda(T)\rangle = \Delta A_0^\lambda - \sum_i \left[\Delta A_i^\lambda p_i(T)\right]/q(T)$$

mit
$$\Delta A_0^\lambda = \sum_i \left[\Delta A_i^\lambda p_i(T_0)\right]/q(T_0)$$

Eine Eigenschaft der Strukturverteilung lässt sich analog ermitteln, in dem zuerst jede Struktur mit ihrer Eigenschaft bewertet und dann gemittelt wird.

---

[6] http://www.tbi.univie.ac.at/~ivo/RNA/

[7] http://www.tbi.univie.ac.at/cgi-bin/RNAfold.cgi

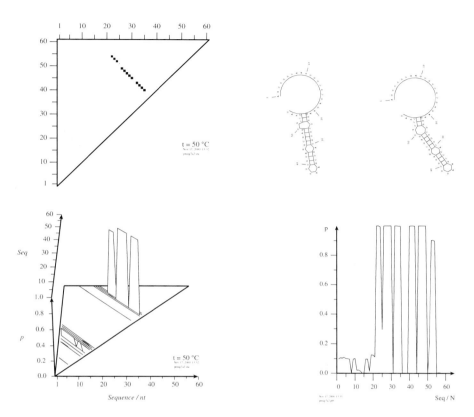

Abbildung 4.9: Strukturvorhersage für *Psammechinus miliaris* U7 RNA bei 50 °C mit LinAll.

Energieangaben sind in kJ/mol.

Oben links: Strukturverteilung; die Wahrscheinlichkeit $p_{i:j}$, ein bestimmtes Basenpaar $i{:}j$ zu bilden, ist proportional der Fläche des Punktes an der Position i, j.

Oben rechts: Optimale Sekundärstruktur in zwei verschiedenen Darstellungen.

Unten links: Dreidimensionale Darstellung der Strukturverteilung.

Unten rechts: Wahrscheinlichkeit jedes Nukleotids, basengepaart zu sein (sog. P-num-plot (siehe 4.9.1 auf der nächsten Seite) mit Berücksichtigung der Paarungswahrscheinlichkeiten).

Für die Berechnung der Hypochromie muss die Absorptionsänderung auf einen Grundzustand bezogen werden.

Mobilitätskurven in TGGE:

Retardation der Struktur i $$ret_i = \sum_j g_j \sum_k l_k$$

mit Größe l des Strukturelements k und

Gewicht g entsprechend Typ j des Strukturelements k

Retardation der Strukturverteilung $$\langle ret(T)\rangle = \sum_i \left[ret_i * p_i(T)\right] / q(T)$$

Zur Bestimmung der Mobilität werden jedem Strukturelement heuristische Eigenschaften zugeordnet.

4.9 Qualität der Vorhersage von Strukturen und Strukturverteilungen

Bei der heute gegebenen Qualität der thermodynamischen Parameter liegt die „Erfolgsquote" für die Vorhersage der richtigen Struktur bei etwa 70 %, wenn Sequenzlängen oberhalb 1000 nt betrachtet werden; die „Erfolgsquote" bei der Vorhersage für kürzere Sequenzen liegt höher. (Auf den Einfluss von Kinetik auf die Strukturbildung wird in Kapiteln 6 und 7 eingegangen.) Im Folgenden sollen Versuche vorgestellt werden, die Korrektheit der Vorhersagen anhand der Energie-Dotplots zu beurteilen (Zuker & Jacobson, 1998). Bei den Deskriptoren *P-num*, *S-num* und *H-num* ist zu beachten, dass diese Summationen über das Auftreten von Basenpaaren im Energie-Plot von mfold definiert sind; d. h., die ermittelten Zahlenwerte hängen von den Programmoptionen ab!

4.9.1 „*P-num*"

P-num(i) ist ein Maß, wie sehr das Nukleotid i dazu neigt, mit anderen Nukleotiden zu paaren. Dabei werden Strukturen in einem Abstand $\Delta\Delta G^0$ von der optimalen Struktur mit ΔG^0 betrachtet.

$$\delta(a) = \begin{cases} 1 & \text{wenn der Ausdruck } a \text{ wahr ist,} \\ 0 & \text{sonst} \end{cases}$$

$$P\text{-}num(i) = \sum_{k<i} \delta(\Delta G^0_{k,i} \leq \Delta G^0 + \Delta\Delta G^0) + \sum_{i<j} \delta(\Delta G^0_{i,j} \leq \Delta G^0 + \Delta\Delta G^0).$$

Damit ist *P-num*(i) einfach die Zahl der Punkte in der $k$ten Zeile und $j$ten Spalte des Energie-Plots. Wenn *P-num*(i) groß ist, dann kann Nukleotid i mit vielen Nukleotiden basenpaaren, es liegt also keine wohl-definierte Situation vor. Wenn *P-num*$(i) = 0$, dann ist Base i einzelsträngig.

4.9.2 „S-num"

In einer Gruppe von m Strukturen ist *S-num*(i) die Zahl der Strukturen, in denen Base i einzelsträngig ist, dividiert durch m. Wenn *S-num*$(i) \approx 0$ bzw. *S-num*$(i) \approx 1$ ist, dann liegt Base i mit hoher Sicherheit gepaart bzw. einzelsträngig vor.

4.9.3 „H-num"

H-num(i, j) ist ein Maß, wie sehr das Nukleotid i dazu neigt, mit einem bestimmten anderen Nukleotid j zu paaren:

$$\text{H-num}(i, j) = (\text{P-num}(i) + \text{P-num}(j) - 1)/2.$$

Es ist also der Mittelwert der zwei *P-num*-Werte vermindert um das gewünschte Paar $i{:}j$.

4.9.4 "well-definedness"

Die "well-definedness" einer Sekundärstruktur bzw. eines bestimmten Basenpaares in allen möglichen Strukturen wird definiert als (Huynen *et al.*, 1996)

$$d(k) = \max\left\{ \max_i\{P_{i,k}, P_{k,i}\},\ 1 - \sum_i P_{i,k} \right\} \tag{4.4}$$

wobei

$$P_{i,k} = \text{Wahrscheinlichkeit der Bildung des Basenpaars } i{:}k$$

$$= \sum_{\substack{\Phi \\ i,j \in \Phi}} P(\Phi) = \sum_{\substack{\Phi \\ i,j \in \Phi}} \frac{\exp(\frac{E(\Phi)}{kT})}{Z}.$$

$P(\Phi)$ ist die Wahrscheinlichkeit der Bildung der Struktur Φ mit der Energie $E(\Phi)$ und Z ist die Zustandssumme. Die optimale Struktur (Struktur mit minimaler freier energie) hat entsprechend einen Anteil von

$$f_{\text{mfe}} = \exp(\frac{E_{\text{mfe}}}{kT})\ /\ Z$$

an allen möglichen Strukturen. Gleichung (4.4) liefert also die Wahrscheinlichkeit, mit der Base k in irgend einem Basenpaar involviert ist oder die Wahrscheinlichkeit mit der Base k ungepaart ist, je nachdem welches der größere Wert ist. Eine Auftragung von $d(k)$ als Funktion der Sequenz mit $1 \leq k \leq N$ zeigt also Regionen, die mit „Sicherheit" entweder basengepaart oder ungepaart sind. Die Hoffnung ist natürlich, dass die wohl-definierten Regionen funktional wichtig sind. Falls allerdings Strukturschalter vorliegen, werden gerade solche Regionen als schlecht-definiert zugeordnet.

4.10   Tertiärstrukturvorhersage

Von Rivas & Eddy (1999) wurde der erste Dynamische Programmier-Algorithmus zur Bestimmung der thermodynamisch optimalen RNA-Tertiärstruktur entwickelt, d. h., der Algorithmus erlaubt das Auftreten von kurzreichweitigen Pseudoknoten. Da für Pseudoknoten praktisch keine experimentellen Werte existieren, wurden die benötigten Parameter so optimiert, dass mit dem Programm für bekannte Pseudoknoten die richtigen Strukturen vorhergesagt wurden (siehe auch Gultyaev *et al.*, 1999). Zusätzlich berücksichtigt der Algorithmus die bisher bekannten koaxialen Stacking-Parameter zwischen Helices in Verzweigungsloops (Walter & Turner, 1994; Walter *et al.*, 1994). Der Rechenaufwand des Algorithmus ist $\mathcal{O}(N^6)$; der Speicheraufwand ist $\mathcal{O}(N^3)$.

4.11   Simultane Optimierung von Struktur und Alignment

Für die Strukturbestimmung einer speziellen RNA stehen heute oft nicht nur eine Sequenz, sondern die Sequenzen eines Sets von homologen RNAs zur Verfügung. Die einzelnen Sequenzen unterscheiden sich aufgrund ihres gemeinsamen Ursprungs durch Mutationen, Deletionen und/oder Insertionen; trotzdem sollten sie eine gemeinsame, homologe Struktur ausbilden können, um ihre homologe Funktion erfüllen zu können. Diese Mutationen sollten also entweder in nicht-funktionalen Loop-Bereichen liegen oder, wenn sie in helikalen Bereichen liegen, durch weitere Mutationen kompensiert sein. Hier kann man sich auch komplexere Möglichkeiten überlegen: z. B. sind Loopbereiche oft hoch konserviert, da sie für Wechselwirkung mit anderen Makromolekülen oder Liganden zuständig sind; ein Stem-Loop-Bereich mag als solcher konserviert sein, es müssen aber nicht die Längen einzelner Helices und Loops innerhalb des Stem-Loops konserviert sein, um die gleiche Über-alles-Geometrie zu erreichen.

Ein Sequenzalignment der homologen RNAs kann natürlich die gemeinsame Sekundär- oder Tertiärstruktur nicht berücksichtigen; Strukturrechnungen für die einzelnen RNAs können das Sequenzalignment nicht berücksichtigen. Also wäre es wünschenswert, beide Probleme simultan zu optimieren und zu lösen. Auf dem Papier wurde ein entsprechender Algorithmus schon 1985 von Sankoff entwickelt; der entscheidende Nachteil dieses Dynamischen Programmier-Algorithmus ist allerdings sein Zeitaufwand von $\mathcal{O}(N^{3M})$ für M Sequenzen der Länge N. Verzichtet man auf die Berücksichtigung von Verzweigungsloops und optimiert nicht die Energie, sondern maximiert nur die Zahl der Basenpaare, ergibt sich Algorithmus mit einem schon eher vertretbaren Zeitaufwand von $\mathcal{O}(M^4 N^4)$ (Gorodkin *et al.*, 1997c).

5

RNA-Sekundärstruktur-Vorhersage per Informationstheorie

Ziel: Vorhersage von Sekundär- und möglichst höherer Struktur ohne Kenntnis von thermodynamischen Parametern. Ein durchaus übliches Argument: Die Biologie (gemeint ist eigentlich: BiologIn oder BioinformatikerIn) kennt auch keine thermodynamischen Parameter.

Problem: Für die Strukturbestimmung einer speziellen RNA stehen heute oft nicht nur eine Sequenz, sondern die Sequenzen eines Sets von homologen RNAs zur Verfügung. Die einzelnen Sequenzen unterscheiden sich aufgrund ihres gemeinsamen Ursprungs durch Mutationen; trotzdem sollten sie eine ähnliche Struktur ausbilden können, um ihre Funktion erfüllen zu können. Diese Mutationen sollten also entweder in nicht-funktionalen Loop-Bereichen liegen oder, wenn sie in helikalen Bereichen liegen, durch weitere Mutationen kompensiert sein. Ist es möglich, nur aus der Kenntnis der homologen Sequenzen eine gemeinsame Struktur dieser RNAs vorherzusagen?

Lösung: In der phylogenetischen Strukturanalyse (auch vergleichende Sequenzanalyse oder Kovarianzanalyse genannt) werden aus einer Liste aller Helices diejenigen Helices als Bestandteil der Konsensus-Struktur akzeptiert, die durch Konsensus-Basenpaar-Austausche belegt sind. Solche Austausche bzw. Helices mit solchen Austauschen lassen sich mit Hilfe der Informationstheorie relativ einfach suchen. Ein noch nicht zufriedenstellend gelöstes Problem ist die geschlossene Optimierung von Konsensus-Struktur und Alignment.

Anwendung: Phylogenetische Strukturvorhersage für tRNA, 5 S RNA und andere ribosomale RNAs, d. h. für RNAs, von denen „viele" homologe Sequenzen bekannt sind.

Literaturhinweise:

Shannon & Weaver (1949): eine sehr schöne Einführung in die mathematischen Grundlagen; es gibt auch Ausgaben in Deutsch.

Chiu & Kolodziejczak (1991): Übertragung der Informationstheorie auf das RNA-Problem.

Schneider *et al.* (1986): Anwendungsbeispiel primär auf Sequenz und nicht Struktur.

Gautheret *et al.* (1995): Anwendungsbeispiel für tRNA ohne mathematischen Hintergrund.

Eddy & Durbin (1994): Informationstechnische Automatisierung (Alignment plus Strukturvorhersage).

Im Folgenden werden einige Grundlagen der Kommunikationstheorie anhand von Definitionen eingeführt, bevor diese Theorie auf RNA-Struktur angewandt wird. Für eher informationstechnische Beispiele wie Übertragungsrate eines Senders mit Übertragungsfehlern, effiziente Kodierung und Komprimierung von Buchstabenfolgen oder Fehlerkorrektur wird auf Shannon & Weaver (1949) verwiesen.

5.1 Kommunikationstheorie

Folgendes Problem soll betrachtet werden:

- Wie genau können Zeichen der Kommunikation übertragen werden?
- Wie genau entsprechen die übertragenen Zeichen der gewünschten Bedeutung?

5.1.1 Kommunikationssystem

Information und Unsicherheit sind zwei Begriffe, die einen Prozess beschreiben sollen, der Objekte aus einem Satz von Objekten auswählt (siehe Abb. 5.1 auf der nächsten Seite). Wenn z. B. eine Nachrichtenquelle aus drei verschiedenen Buchstaben A, B oder C auswählen kann und ein Empfänger diese erkennen kann, ist dieser natürlich unsicher darüber, welches Zeichen er empfangen wird. Wenn er ein Zeichen empfängt, hat er Information darüber, welches Zeichen er empfangen

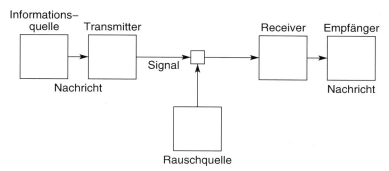

Abbildung 5.1: Ein Kommunikationssystem. Nach Shannon & Weaver (1949).

hat, und folglich sinkt die Unsicherheit. Kann die Quelle nur ein Zeichen senden, dann ist keine Unsicherheit des Empfängers über das zu empfangende Signal vorhanden und die Information ist Null. Information ist also die Verringerung in der Unsicherheit beim Übergang vom Zustand vor zum Zustand nach Empfang der Nachricht.

Nachrichtenquelle wählt aus einer Menge von möglichen Nachrichten eine gewünschte Nachricht aus.

Sender übersetzt die Nachricht der Nachrichtenquelle in ein Signal, das über den Übertragungskanal vom Sender zum Empfänger übertragen wird.

Empfänger ist im Prinzip ein umgekehrter Sender, der das übertragene Signal in eine Nachricht zurückverwandelt und ans Ziel weiterleitet.

Störung sind alle möglichen Veränderungen der Nachricht zwischen Quelle und Ziel.

Information ist ein Maß für die Freiheit der Wahl, eine Nachricht aus anderen auszusuchen.

    Achtung: Information ist keine Aussage über die Bedeutung der Nachricht.

$$\text{Information} = \log_2(\text{Anzahl Wahlmöglichkeiten})$$

Einheit der Information: Je nach Wahl der Basis des Logarithmus in der Definition der Information unterscheidet man folgende Einheiten:

1 bit = 1 binary digit = Information, die über ein Relais übertragen werden kann.

1 digit = 1 decimal digit = Information, die im Zehner-System übertragen werden kann.

1 nit = Informationseinheit bei Verwendung von natürlichen Logarithmen.

Denken Sie an die Speichermöglichkeiten im RAM.

Aber Vorsicht: jede binäre Speicherstelle im RAM hat genau zwei mögliche Zustände; Informationseinheiten, in bits gemessen, können aber beliebige, auch ungerade Zahlen sein!

Bsp.: Mit drei Relais hat man acht ($= 2^3$) Wahlmöglichkeiten für die zu sendende Nachricht (000, 001, 010, 100, 011, 101, 110, 111). Anwendung der obigen Definition ergibt:

$$\text{Information} = \log_2 8 = \log_2 2^3 = 3 \log_2 2 = 3.$$

Verdoppelung der Zahl der Relais verdoppelt die Information:

$$2 \cdot 3 \text{ Relais} \longrightarrow 64 \text{ Wahlmöglichkeiten} = 2^{2 \cdot 3}$$
$$\longrightarrow \text{Information} = 6$$

Der Witz an der Definition der Information per Logarithmus ist also die Additivität der Maßeinheit.

Shannon-Entropie: Wenn es eine Menge von n unabhängigen Zeichen oder Nachrichten gibt, deren Auswahlwahrscheinlichkeiten $p_1, p_2, \ldots, p_N$ sind, so lautet der Ausdruck für die Information

$$H = -\sum_{i=1}^{N} p_i \log p_i. \qquad (5.1)$$

Diese wird auch als Shannon-Entropie bezeichnet. Da $0 \leq p_i \leq 1$ und damit die Logarithmen negativ sind, sorgt das Vorzeichen nur für positive Zahlen der Information.

Eigenschaften der Shannon-Entropie H: Wenn die Quelle zwischen zwei Nachrichten mit den Wahrscheinlichkeiten p_1 und $p_2 = 1 - p_1$ auswählen kann, wann wird die Information maximal bzw. minimal? (Die Abhängigkeit der Shannon-Entropie von der Wahrscheinlichkeit p_1 ist in Abb. 5.2 auf der nächsten Seite dargestellt.)

$$H = -p_1 \log p_1 - (1 - p_1) \log(1 - p_1)$$

$$\longrightarrow \text{Minimum: } H_{\min} = 0 \quad \text{für } p_1 = 0 \text{ oder } p_2 = 0$$
$$(\text{Hinweis: } \lim_{p \to 0} p \log p = 0);$$

$$\frac{\mathrm{d}H}{\mathrm{d}p_1} = 0 \longrightarrow \text{Maximum: } H_{\max} = 1 \quad \text{für } p_1 = 1/2.$$

- Entropie/Information ist Null, wenn wir das Ergebnis kennen.
- Entropie/Information ist ein Maximum

$$H_{\max} = \log n,$$

wenn bei einer gegebenen Zahl Wahlmöglichkeiten n die Wahrscheinlichkeiten alle gleich sind ($p_i = 1/n$).

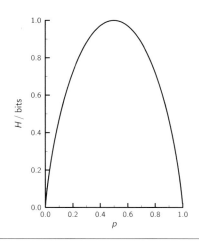

Abbildung 5.2: Shannon-Entropie bei zwei Ereignissen mit den Wahrscheinlichkeiten p und $(1-p)$.

Verbundwahrscheinlichkeit $p(i,j)$: Bisher war angenommen, dass die aufeinanderfolgenden Zeichen unabhängig ausgewählt werden; jetzt soll davon ausgegangen werden, dass die Auswahlwahrscheinlichkeit vom direkt vorhergehenden Zeichen abhängt (stochastischer Prozess; diskreter Markov-Prozess).

$$p_i(j) = \text{Übergangswahrscheinlichkeit,}$$

dass dem Buchstaben i der Buchstabe j folgt;

$$p(i,j) = p(i)p_i(j)$$

$$= \text{zweidimensionale Verbundwahrscheinlichkeit}$$

$$= \text{Wahrscheinlichkeit}$$

des Auftretens der Buchstabenkombination $i\,j$

$$p(i) = \sum_j p(i,j) = \sum_j p(j,i) = \sum_j p(j)p_j(i)$$

$$\sum_i \sum_j p_i(j) = \sum_i p(i) = \sum_{i,j} p(i,j) = 1.$$

Verbundentropie $H(x,y)$: Sind zwei Ereignisse x und y mit m bzw. n Möglichkeiten und der Wahrscheinlichkeit $p(i,j)$ für das Verbundereignis gegeben, dann ist die Verbundentropie

$$H(x,y) = -\sum_{i=1}^{m}\sum_{j=1}^{n} p(i,j)\log p(i,j). \tag{5.2}$$

Mit

$$H(x) = -\sum_i p(i) \log p(i) = -\sum_{i,j} p(i,j) \log \sum_j p(i,j),$$

$$H(y) = -\sum_j p(j) \log p(j) = -\sum_{i,j} p(i,j) \log \sum_i p(i,j)$$

folgt daraus

$$H(x,y) \le H(x) + H(y).$$

Gleichheit gilt nur, wenn die Einzelereignisse unabhängig von einander sind, da dann $p(i,j) = p_i \cdot p_j$; ansonsten ist die Unsicherheit für ein Verbunderereignis kleiner als die Summe der einzelnen Unsicherheiten.

5.2 "Sequence Logos": Darstellung der Information in Alignments

In den Arbeitsgruppen von T. D. Schneider (Schneider, 1997a,b; Schneider & Stephens, 1990; Schneider *et al.*, 1986) (siehe die Homepages von T. D. Schneider[1] und P. N. Hengen[2]) und G. D. Stormo (Gorodkin *et al.*, 1997a,b,c; Hertz & Stormo, 1999) wird die im vorigen Abschnitt skizzierte Informationstheorie u. a. für die Visualisierung von Sequenzalignments benutzt. Üblicherweise wird als Ergebnis eines Sequenzalignments eine Konsensus-Sequenz angegeben. Dies kann ziemlich irreführend sein, da in einer Konsensus-Sequenz ja seltene Nukleotide an einer Position unter den Tisch fallen. Dies kann sogar so weit gehen, dass eine Konsensus-Sequenz mit keiner der zur Erstellung benutzten Sequenz übereinstimmt. Dagegen werden in den sog. Sequenz-Logos an jeder Position alle Basen in einer Buchstabengröße angegeben, die aus ihrem Informationsgehalt abgeleitet wird.

An einer Position einer Nukleinsäure kann eine von vier verschiedenen Basen vorkommen; daher ist die Information einer Nukleotidposition 2 bit. Falls die Häufigkeit der Nukleotide nicht zufällig ist ($p_i \ne 0{,}25$), dann ist die Shannon-Entropie $H(l)$ als Funktion der Basenfrequenz $f(b,l)$ jeder Base $b \in \{A, C, G, T\}$ an der Position l aus L betrachteten Positionen

$$H(l) = -\sum_{b=A}^{T} f(b,l) \log_2 f(b,l) + e(n(l)), \tag{5.3}$$

$$\sum_{b=A}^{T} f(b,l) = 1,$$

---

[1] http://www-lecb.ncifcrf.gov/~toms/

[2] http://www.lecb.ncifcrf.gov/~pnh/papers/poster/ucb.htm

wobei $e(n(l))$ ein Korrekturfaktor für eine kleine Probengröße n ist (Schneider *et al.*, 1986), der im Folgenden nicht berücksichtigt wird. Für die Unsicherheit $H(l)$ gibt es drei simple Fälle:

1. Wenn an einer Position in den Sequenzen nur eine bestimmte Base auftaucht, dann ist $H(l) = 0$. Würde man also die nächste Bindungsstelle sequenzieren, würde es keinen Zweifel über die Base an dieser Position geben.
2. Wenn an einer Position in den Sequenzen nur zwei mögliche Basen mit gleicher Häufigkeit auftauchen, dann ist $H(l) = 1$ bit.
3. Wenn an einer Position in den Sequenzen alle möglichen Basen mit gleicher Häufigkeit auftauchen, dann ist $H(l) = 2$ bit.

Mit Gleichung (5.3) lässt sich auch die Unsicherheit über die Nukleotide in einem Genom aus dessen Basenzusammensetzung bestimmen:

$$H_g = - \sum_{b=A}^{T} f(b) \log_2 f(b) \approx 2,$$

wobei dies nur für Gleichverteilung der Basen gilt. Werden z. B. Proteinbinde-stellen aligniert, dann sinkt aufgrund der Sequenzkonservierung die Unsicherheit über die einzelnen Positionen unter die der zufällig alignierten Sequenzen; der Informationsgehalt oder der Grad der Sequenzkonservierung der Proteinbindestelle ist dann

$$R_{\text{Sequenz}}(l) = H_g - H(l).$$

Hat das Genom eine ungewöhnliche Basenzusammensetzung, dann sollte folgende Gleichung benutzt werden:

$$R_{\text{Sequenz}}(l) = - \sum_{b=A}^{T} f(b,l) \log_2 \frac{f(b,l)}{p(b)},$$

wobei $p(b)$ die Häufigkeit der einzelnen Basen im Genom angibt. Entsprechende Beispiele sind in Abb. 5.3 und 5.4 auf der nächsten Seite gezeigt. Mit eigenen Alignments können solche Logos im WWW[3] erstellt werden.

Der Informationsgehalt der kompletten Bindestelle ist die Summe über alle Positionen:

$$R_{\text{Sequenz}} = \sum_{l} R_{\text{Sequenz}}(l),$$

wenn sich die Positionen nicht gegenseitig beeinflussen.

Ein Genom der Sequenzlänge G enthalte γ Bindestellen für ein Bindeprotein, wobei die Wahrscheinlichkeit der Bindung an die γ Stellen gleich sein soll und andere Stellen mit Wahrscheinlichkeit Null gebunden werden. Das Bindeprotein muss diese γ Bindestellen im gesamten Genom selektieren können. Die Zahl der

---

[3] http://www.cbs.dtu.dk/~gorodkin/appl/slogo.html

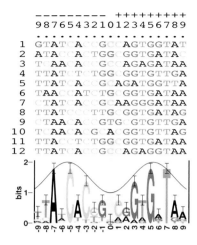

```
    ---------  +++++++++
    987654321 0 123456789
    . . . . . . . . . . . . . . . . . . .
 1  GTAT A   G   AGTGGTAT
 2  ATA   A  TGG  GGTGATA
 3  T  AA  A   G   AGAGATAA
 4  TTAT  T  TGG  GGTGTTGA
 5  TTAT A   G  AGATGGTTA
 6  TAA   AT  TG  GGTGATAA
 7   TAT  A   G  AAGGGATAA
 8  TTAT   TTG  GGTGATAG
 9   TAA  A   GTG  GTGTTGA
10  T  AA  A  G  A  GGTGTTAG
11  TTA   T  TGG  GGTGATAA
12  TTAT  A   G   AGAGGTAA
```

Abbildung 5.3: Sequenz-Logo für cro- und cI-Bindestellen im Genom des Phagen λ. Sechs DNA-Sequenzen sind aus dem Bakteriophagen λ bekannt, die die Proteine cI und cro (siehe Abb. 8.16 auf Seite 167) binden. Da die Proteine Dimere sind, binden sie eine palindromische DNA-Sequenz. Im oberen Teil der Abbildung sind die Sequenzen (ungerade Zeilennummern) bzw. ihre komplementären Sequenzen (gerade Zeilennummern) aufgelistet. Daher ist das resultierende Logo symmetrisch. Die Kosinus-Welle repräsentiert die große (Peak) bzw. kleine Grube (Tal) der DNA (siehe Abb. 1.3 auf Seite 9).
Kopiert von http://www-lecb.ncifcrf.gov/~toms/sequencelogo.html.

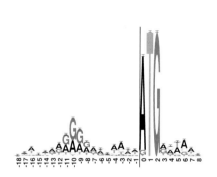

Abbildung 5.4: Sequenz-Logo für Ribosomenbindungsstellen im *E. coli*-Genom. Gezeigt sind die Positionen −18 bis +8 der gesamten Ribosomenbindungsstelle mit Positionen −20 bis +13; dieser Bereich in prokaryotischer mRNA wird als Shine-Dalgarno-Sequenz (SD) bezeichnet. Das erste translatierte Codon, AUG, beginnt bei Position 0. Zur Erzeugung des Logos wurden 149 natürliche Bindungsstellen benutzt (Schneider *et al.*, 1986). Wird ein variabler Abstand zwischen SD und Startcodon berücksichtigt (Shultzaberger *et al.*, 2001), so steigt der Informationsgehalt der Initiationsregion erheblich gegenüber dem hier gezeigten.
Kopiert von http://www-lecb.ncifcrf.gov/~toms/sequencelogo.html.

Wahlmöglichkeiten für das Protein ist $\log G$. Die Erniedrigung in der Unsicherheit misst die Zahl der getroffenen Entscheidungen:

$$R_{\text{Frequenz}} = \log_2 G - \log_2 \gamma = -\log_2 \frac{\gamma}{G}, \tag{5.4}$$

wobei γ/G die Frequenz der Bindungsstellen ist. R_{Frequenz} ist die Menge an Information, die nötig ist, die γ Bindestellen aus G möglichen Stellen auszuwählen. Man beachte, dass Gleichung (5.4) relativ unempfindlich gegen Änderungen in G oder γ ist; z. B. muss sich die Häufigkeit der Bindestellen um den Faktor 2 ändern, damit sich R_{Frequenz} um 1 bit ändert. Die beiden Informationsgehalte, R_{Sequenz} und R_{Frequenz}, sollten annähernd gleich sein, dann ist der Informationsgehalt der Bindestellen gerade ausreichend, um vom Protein im Genom gefunden zu werden.

5.3 "Expected mutual information rate" oder "rate of information transmission"

In einer RNA-Struktur können die Wahrscheinlichkeiten der einzelnen Nukleotide eines Basenpaars oder Basentripels nicht unabhängig voneinander sein. Sind einzelne Positionspaare in einem Alignment homologer RNAs statistisch voneinander abhängig, dann kann mit der Kenntnis dieser Positionen die Struktur bestimmt werden, die den RNAs gemeinsam ist (Chiu & Kolodziejczak, 1991; Gutell *et al.*, 1992).

In einer Sequenz $x_1, x_2, \ldots, x_N$ der Länge N können an den einzelnen Positionen x_k mit $1 \leq k \leq N$ vier verschiedene Nukleotide vorkommen, was abgekürzt wird mit $\{a_u | u = 1, 2, 3, 4\}$. Existiert ein Set von m homologen Sequenzen, dann besitzen diese nach einem Alignment die identische Länge n. Dieses Alignment ist eine $m \cdot n$ große Matrix $M = \{x_{ij}; 1 \leq i \leq m, 1 \leq j \leq n\}$. Mit X_j werden die Basentypen in der $j$ten Spalte von M bezeichnet. Die Shannon-Entropie für die Variable X_j (siehe Gleichung (5.1)) ist dann definiert als

$$H(X_j) = -\sum_{u=1}^{4} p(X_j = a_u) \log p(X_j = a_u) \tag{5.5}$$

und die Verbundentropie für das Paar X_j und X_k (siehe Gleichung (5.2))

$$H(X_j, X_k) = -\sum_{u=1}^{4}\sum_{v=1}^{4} p(X_j = a_u, X_k = a_v) \log p(X_j = a_u, X_k = a_v), \tag{5.6}$$

wobei mit $p(X_j = a_u)$ die Wahrscheinlichkeit bezeichnet ist, an der Position X_j eine Base des Typs a_u anzutreffen und mit $p(X_j = a_u, X_k = a_v)$ die Wahrscheinlichkeit des gemeinsamen Auftretens von a_u und a_v an den Positionen X_j bzw. X_k.

Die erwartete gegenseitige Information ("expected mutual information") oder die Rate der Informationsübertragung ("rate of information transmission") ist definiert als

$$I(X_j, X_k) = H(X_j) + H(X_k) - H(X_j, X_k).$$

Diese Gleichung lässt sich mit Hilfe der Gleichungen (5.5) und (5.6) umschreiben in

$$I(X_j, X_k) = \sum_{u=1}^{4}\sum_{v=1}^{4} p(X_j = a_u, X_k = a_v) \log \frac{p(X_j = a_u, X_k = a_v)}{p(X_j = a_u) \cdot p(X_k = a_v)} \tag{5.7}$$

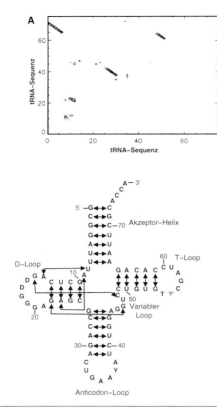

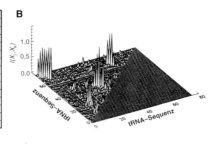

Abbildung 5.5: Darstellung der gegenseitigen Information $I(X_j, X_k)$ für ein Datenset aus 896 tRNA-Sequenzen. Vergleiche Abbildungen 1.10 auf Seite 14 und 5.10 auf Seite 110.
A: Konturplot von $I(X_j, X_k)$.
B: Dreidimensionale Darstellung der $I(X_j, X_k)$-Werte.
Links: Kleeblattdarstellung der tRNA, in der korrelierte, in $I(X_j, X_k)$ auffällige Positionen durch Pfeile verbunden sind. Modifiziert nach Gutell *et al.* (1992).

Wenn die Positionen X_j und X_k invariant sind, dann ist $I(X_j, X_k) = 0$; wenn die Position X_j oder die Position X_k nicht-zufällig ist, dann ist $I(X_j, X_k)$ kleiner als jede der beiden einzelnen Entropien. Für tRNA-Sequenzen ist die gegenseitige Information in Abb. 5.5 und 5.10 auf Seite 110 abgebildet.

Es kann gezeigt werden, dass für die gegenseitige Information eine χ^2-Verteilung gilt. (Für eine Einführung in χ^2-Verteilungen siehe Statistik-Lehrbücher, z. B. Anderson & Sclove, 1978; Dürr & Mayer, 1992). Die Freiheitsgrade *df* sind $(4-1) \cdot (4-1) = 9$, wenn mögliche Lücken nicht berücksichtigt werden; ansonsten müssen die Indizes der Gleichungen (5.5) bis (5.7) dieses Gap berücksichtigen und $df = 16$. Die Positionen X_j und X_k sind statistisch abhängig, wenn

$$I(X_j, X_k) \geq \chi^2_{p;\, df}/2m,$$

wobei $\chi^2_{p;\, df}$ der tabulierte chi-Quadrat-Wert für den entsprechenden Freiheitsgrad *df* bei einem definierten Signifikanzniveau *p* und *m* Sequenzen ist.

Bei hoch konservierten Positionen und/oder wenigen Sequenzen ist es günstiger, anstelle der einfachen Wahrscheinlichkeiten ("maximum likelihood estimation") den sog. "unbiased probability estimator" zu benutzen; dann gilt

$$p(X_j = a_u) = \frac{\{\text{Anzahl der beobachteten } (X_j = a_u)\} + 1}{\{\text{Gesamtzahl Sequenzen}\} + 4}.$$

Bei großer Zahl Sequenzen nähert sich dessen Wert wieder der normalen Wahrscheinlichkeit; bei kleinen Zahlen wird berücksichtigt, dass bei der Verwendung weiterer vier Sequenzen bei Gleichverteilung der Wahrscheinlichkeiten jeder der vier möglichen Basentypen zusätzlich gefunden werden könnte. Entsprechend gilt für die Wahrscheinlichkeit des gemeinsamen Auftretens

$$p(X_j = a_u,\ X_k = a_v) = \frac{\{\text{Anzahl der beobachteten } (X_j = a_u,\ X_k = a_v)\} + 1}{\{\text{Gesamtzahl Sequenzen}\} + 4^2}.$$

Beispiel: Betrachtet werden zwei Positionen j und k in einem Set von 60 alignierten Sequenzen. Die Nukleotidtypen, die an diesen Positionen beobachtet werden, sind nur $X_j = A$ und $X_k = G$; d. h., beide Positionen sind absolut konserviert. Für die erwartete gegenseitige Information folgt:

$$I(X_j, X_k) = \frac{60}{60} \log \frac{\frac{60}{60}}{\frac{60}{60}\frac{60}{60}} = 0,$$

wohingegen Verwendung des "unbiased probability estimator" ergibt:

$$I(X_j, X_k) = \frac{60+1}{60+4^2} \ln \frac{\frac{60+1}{60+4^2}}{\frac{60+1}{60+4}\frac{60+1}{60+4}} +$$
$$6\,\frac{0+1}{60+4^2} \ln \frac{\frac{0+1}{60+4^2}}{\frac{0+1}{60+4}\frac{60+1}{60+4}} +$$
$$9\,\frac{0+1}{60+4^2} \ln \frac{\frac{0+1}{60+4^2}}{\frac{0+1}{60+4}\frac{0+1}{60+4}} = 0{,}363.$$

Die Terme entsprechen einmal $p(X_j = A,\ X_k = G)$, dreimal $p(X_j = A,\ X_k \neq G)$, dreimal $p(X_j \neq A,\ X_k = G)$ und neunmal $p(X_j \neq A,\ X_k \neq G)$. Das Ergebnis zeigt, dass sich mit Verwendung des "unbiased probability estimator" eine hohe und statistisch signifikante erwartete gegenseitige Information ($0{,}363 \geq \chi^2_{0,99;\ 9}/2m = \frac{21{,}7}{2 \cdot 60} = 0{,}181$) ergibt, wohingegen die normale Wahrscheinlichkeitsabschätzung keine Information ergibt.

5.4   Maximal gewichtete Zuordnungen

Hat man für ein gegebenes (!) Alignment die gegenseitige Informationsmatrix I erstellt, wie sie z. B. in Abb. 5.5 auf der vorherigen Seite gezeigt ist, bleibt das Problem übrig, aus I die Struktur mit maximalem Informationsgehalt zu extrahieren.

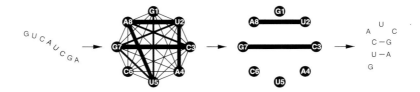

Abbildung 5.6: MWM-Faltungsprozedur. Von der Primärstruktur einer Sequenz ausgehend wird zuerst der gewichtete Graph erstellt, in dem die Basen durch Knoten und potentielle Basenpaarungen durch Kanten repräsentiert werden. Die Strichstärke der Kanten spiegelt die Wahrscheinlichkeit einer Basenpaarung wieder. Aus diesem Graphen wird dann eine maximal gewichtete Zuordnung extrahiert, welche eine optimale Struktur der Sequenz repräsentiert. Nach Tabaska *et al.* (1998).

Dazu kann man Routinen aus den Programmen imatch und bmatch (Tabaska *et al.*, 1998) benutzen, die auf dem erweiterten "maximum weighted matching"(MWM)-Algorithmus von Gabow (1976) aufsetzen. Dieser erweiterte Algorithmus ist in der Lage, neben Sekundärstrukturen auch tertiäre Wechselwirkungen wie Pseudoknoten und Tripel-Basenpaare zu finden. Im Folgenden soll nur eine grobe Vorstellung des Algorithmus gegeben werden; grundlegende Details entnehme man Lehrbüchern (z. B. Ottmann & Widmayer, 1996).

Eine RNA-Struktur lässt sich als Graph darstellen (siehe Abschnitt 4.1 auf Seite 74). In der Graphentheorie spricht man von einer Zuordnung Z, wenn in dieser Teilmenge der Kanten eines ungerichteten Graphen $G = (V, E)$ keine zwei Kanten E denselben Endknoten V haben, jeder Knoten also maximal mit einer Kante verbunden ist. Z ist dann maximal, wenn es keine Kante $e \in E$ gibt, die man noch zu Z hinzunehmen könnte, für die also $Z \cup \{e\}$ eine Zuordnung für G bleibt. Eine Zuordnung mit maximaler Größe $|Z|$ ist dann eine maximale Zuordnung. Ist G ein gewichteter Graph mit Kantengewichten $w : E \to \mathcal{R}$, so ist das Gewicht einer Zuordnung Z die Summe der Gewichte der Kanten in Z. Eine Zuordnung mit maximalem Gewicht heißt dann eine maximale gewichtete Zuordnung. Gabows Algorithmus kann das MWM-Problem bei Sequenzlänge N proportional zu N^3 in der Zeit und zu N^2 im Speicherbedarf lösen, ohne Anforderungen an die Planarität des Graphen zu stellen.

Um eine beste Struktur zu bestimmen, wird diese zuerst in einen gewichteten Graphen mit $w_{i,j} = I(X_i, X_j)$ umgeformt (siehe Abb. 5.6). Anschließend bestimmt der MWM-Algorithmus rekursiv eine maximal gewichtete Zuordnung. Dabei wird zuerst ein MWM mit genau einem Basenpaar bestimmt, danach mit zwei und so fort, bis der Punkt erreicht ist, an dem eine weitere Expansion nicht mehr möglich ist, da alle Knoten mit Kanten belegt sind, oder das Hinzufügen von weiteren Kanten zu keiner Erhöhung des Gesamtgewichtes mehr führt. Bei der Erweite-

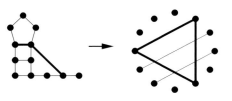

Abbildung 5.7: Darstellung von Tripel-Basenpaaren im Graphen. Eine RNA-Struktur, die ein Tripel-Basenpaar (dicke Linie) enthält und dessen Repräsentation in der Darstellung als Graph. Dort erscheint dieses als 2er-Zuordnung, bei der die Knoten an zwei Kanten anschließen. Nach Tabaska *et al.* (1998).

rung der Zuordnung wird eine Anzahl k von Kanten durch $(k + 1)$ Kanten mit einem größerem Gesamtgewicht ersetzt; ist $k = 0$, wird der Zuordnung einfach nur eine Kante hinzugefügt. Allgemeiner ausgedrückt, werden beim Erweitern zwei bisher freie Knoten in die Zuordnung aufgenommen und für einige bereits gebundene Knoten der Zuordnungspartner geändert. Letzte werden als umgeordnete Knoten gekennzeichnet. Zu beachten ist, dass ein Knoten, der einmal in die Zuordnung aufgenommen wurde, durch den Algorithmus nicht wieder freigegeben wird, sondern in der Zuordnung verbleibt, dabei aber des öfteren umgeordnet werden kann.

Bei der Ermittlung von Tripel-Basenpaaren, Abb. 5.7, kann ebenfalls der Algorithmus von Gabow eingesetzt werden. Die Tripel werden im Graphen als 2er-Zuordnung dargestellt, bei der ein Knoten mit zwei Kanten verbunden ist. Dies entspricht einer einfachen Erweiterung der Definition einer Zuordnung. Zur Bewerkstelligung der Bestimmung der Tripel wird der einfache Faltungsgraph in eine erweiterte Form überführt. Dazu wird jeder der N ursprünglich vorhandenen Knoten in $(N - 1)$ sog. interne Knoten aufgesplittet und zwei zusätzliche sog. externe Knoten dieser Gruppe hinzugefügt (siehe Abb. 5.8 auf der nächsten Seite). Anschließend werden neue, externe Kanten zwischen den beiden externen und allen internen Knoten innerhalb einer Gruppe sowie zwischen je einem internen Knoten mit genau einem internen Knoten einer anderen Gruppe eingeführt (siehe Abb. 5.8 auf der nächsten Seite). Es gilt die Einschränkung, dass externe Kanten nur innerhalb einer Gruppe zulässig sind.

Somit sind aus jeder ursprünglich vorhandenen Kante fünf neue Kanten im erweiterten Graphen entstanden, eine interne und vier externe, wodurch sich die Gesamtzahl der Kanten verfünffacht hat. Im nächsten Schritt werden die Kanten des neuen Graphen gewichtet. Die externen Kanten bekommen das Gewicht $w' = 0$ und die internen das Gewicht der Kante, aus der sie ursprünglich entstanden sind, versehen mit einem negativen Faktor: $w' = -2w$.

Als Ausgangslage für den Gabowschen Algorithmus wird eine Zuordnung Z' (Abb. 5.9 auf Seite 109) benutzt, die bereits alle internen Kanten enthält. Da während der Optimierung keine Knoten mehr freigegeben werden, ist eine Maximierung des Gewichtes von Z' nur möglich, indem interne Kanten mit den negativen Gewichten gegen externe Kanten mit $w' = 0$ umgeordnet werden. Für

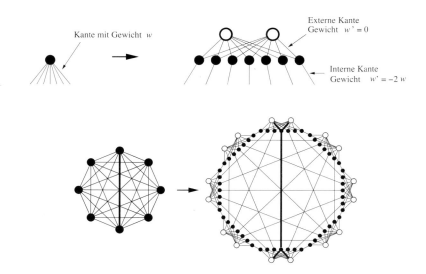

Abbildung 5.8: Erweiterter Graph zur Bestimmung von Tripel-Basenpaaren.
Oben: Jede interne Knoten wird in $(N-1)$ externe Knoten aufgespalten und zwei zusätzliche, externe Knoten hinzugefügt.
Unten: Exemplarisch ist eine Kante durch eine dicke Linie hervorgehoben, um zu verdeutlichen, dass aus einer Kante im ursprünglichen Graphen fünf im erweiterten Graphen werden.
Nach Tabaska *et al.* (1998).

jede der so umgeformten Kanten entstehen zwei neue Kanten, wobei jeder Knoten nur noch mit einer Kante verbunden ist. Ist die Zuordnung Z' maximiert, entspricht die Menge der externen Kanten dem MWM des ursprünglichen Graphen, mit der Zugabe, dass jeder ursprüngliche Knoten nun mit zwei Kanten verbunden sein kann, repräsentiert durch die beiden externen Knoten mit je einer Kante. Da die externen Kanten keine Gewichte mehr haben, muss zum Schluss festgestellt werden, welche Kanten nicht mehr in der Menge der inneren Kanten vorhanden sind. So erhält man die endgültige 2er-Zuordnung, die einer optimalen Struktur mit möglichen Tripel-Basenpaaren entspricht.

5.5   Optimierung der Konsensus-Struktur

Der im vorigen Abschnitt beschriebene MWM-Algorithmus ist in der Lage, aus der Informationsmatrix I eine Konsensus-Struktur zu extrahieren. Voraussetzung dazu ist, dass entweder ein optimales Alignment vorliegt oder dass Alignment und Struktur gleichzeitig optimiert werden können. Dieses Problem ist m. E. noch nicht endgültig geklärt, insbesondere wenn nur relativ wenige Sequenzen vorlie-

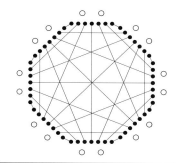

Abbildung 5.9: Zuordnung Z' als Ausgangspunkt für den Algorithmus von Tabaska *et al.* (1998).

gen. Es folgt eine Aufzählung von Publikationen verschiedener Autoren, die mit unterschiedlichsten Ansätzen an das Problem herangegangen sind.

Sankoff (1985): Dieser älteste informationstechnische Ansatz optimiert Alignment und Sekundärstruktur nach thermodynamischen Kriterien gleichzeitig; er ist allerdings nicht nützlich, da der Aufwand $\mathcal{O}(N^{3m})$ in Rechenzeit und $\mathcal{O}(N^{2m})$ in Speicherplatz ist.

Trifonov & Bolshoi (1983); Davis *et al.* (1995); Lück *et al.* (1996); Hofacker *et al.* (1998a); Lück *et al.* (1999): Der Ansatz dieser Publikationen beruht auf einem multiplen Alignment und einer Überlagerung von Tinoco-Plots (Trifonov & Bolshoi, 1983), optimalen Strukturen (Hofacker *et al.*, 1998a) oder thermodynamischen Strukturverteilungen (Lück *et al.*, 1996) eines Sets homologer RNAs; in die einzelnen Strukturverteilungen werden dabei die Lücken des Alignments integriert. Anschließend kann per Dynamischer Programmierung und/oder mit Hilfe des MWM-Algorithmus eine Konsensus-Struktur extrahiert werden (Lück *et al.*, 1999). Bei der notwendigen Alignment-Optimierung wird der Benutzer durch eine grafische Oberfläche unterstützt. Dieser Ansatz wird im nächsten Abschnitt 5.6 auf Seite 111 ausführlicher besprochen. Mit dem Werkzeug erzielte Ergebnisse sind in Smith III *et al.* (1998) und Antal *et al.* (2000) beschrieben.

Le *et al.* (1989); Chan *et al.* (1991); Le *et al.* (1995); Le & Zuker (1990, 1991): Diese Methoden basieren auf der Idee eines multiplen Sequenzalignments des homologen RNA-Sets und der Generierung einer Liste aller Helices der einzelnen RNAs. Helices, die an ähnlicher Position im Alignment vorkommen und ähnliche Länge besitzen, werden in eine Konsensus-Struktur übernommen, wenn sie sich im Set durch Basenpaar-Austausche unterscheiden; z. T. wird dies mit Maximierung von Shannon-Entropien verbunden. Multiples Alignment und Helix-Listen-Algorithmus sind natürlich relativ gering im Aufwand; problematisch ist hier die Suche nach den „ähnlichen" Helices.

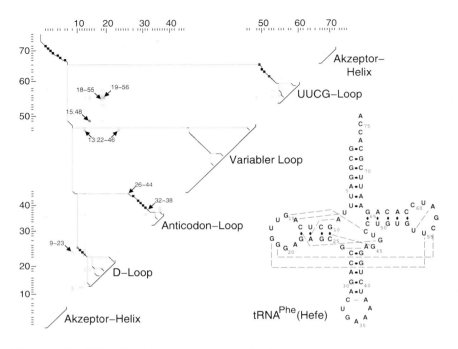

Abbildung 5.10: tRNA-Struktur per Kovarianz-Analyse.
Vergleiche Abbildungen 1.10 auf Seite 14 und 5.5 auf Seite 104.
Links ist die Informationsmatrix $I(X_i, X_j)$ für 1415 tRNA-Sequenzen mit einem optimierten Alignment gezeigt. Die Achsen sind mit der Standard-tRNA-Nummerierung bezeichnet. Die Punkte sind in einer linearen Grauwert-Skala eingezeichnet, die Informationsgehalten $0 \le I(X_i, X_j) \le 1$ bit entspricht. Die optimale Sekundärstruktur, die den Informationsgehalt maximiert, ist eingezeichnet; der Algorithmus entspricht dem aus Abschnitt 4.4 auf Seite 78. Die Pfeile markieren einige der Nicht-Watson-Crick- und Tertiärstruktur-Basenpaare, die aufgrund des Algorithmus nicht für die optimale Struktur berücksichtigt werden.
Rechts ist die Struktur der tRNA[Phe] gezeigt.
Modifiziert nach Eddy & Durbin (1994).

Corpet & Michot (1994): Struktur- und Sequenz-optimierendes Alignment einer neuen Sequenz an ein gegebenes, Struktur- und Sequenz-aligniertes Set homologer RNAs mit $\mathcal{O}(m^2 N^3)$ Rechenaufwand und $\mathcal{O}(m^2 N^2)$ Speicheraufwand.

Eddy & Durbin (1994): Hier wird eine Baumstruktur aufgebaut, die in der Lage ist, gleichzeitig Sequenzalignment und Struktur zu beschreiben. Eine neue Sequenz wird an den schon existierenden Baum angepasst, in dem gleichzeitig die im Baum kodierte Struktur und alle Sequenzen berücksichtigt werden;

der Aufwand dafür ist $\mathcal{O}(N^3 m)$ in Rechenzeit und $\mathcal{O}(N^2 m)$ in Speicherplatz. Die dazu nötigen Gewichte werden bestimmt über ein rekursives Training mit einem Datensatz, für den das zu erzielende Ergebnis bekannt ist. Die Methode scheint für Sequenzen der Länge von tRNAs mehrere Dutzend Sequenzen zu benötigen. Mit 100 tRNA-Sequenzen und optimierten Gewichten wird eine sehr hohe Genauigkeit (> 90 %) erzielt (siehe Abb. 5.10 auf der vorherigen Seite); bei dieser Zahl Sequenzen ist die Optimierung der Gewichte ohne Kenntnis von Alignment oder Struktur möglich.

Kim *et al.* (1996): Hier wird ein informationstechnischer Ansatz namens "Simulated Annealing" beschrieben; er wird in Kapitel 7 auf Seite 127 besprochen.

Chen *et al.* (2000): Hier wird ein informationstechnischer Ansatz, ein sog. Genetischer Algorithmus, beschrieben; er wird in Kapitel 6 auf Seite 115 besprochen.

5.6 ConStruct

Die prinzipielle Idee des Programms ConStruct ("**Construct**ion of **Con**sensus **Struct**ures") ist wie folgt, wobei die Nummerierung der einzelnen Schritte identisch ist mit der in Abb. 5.11 auf der nächsten Seite:

I.) Für ein Set homologer RNAs wird die thermodynamische Strukturverteilung mit RNAfold (siehe Abschnitt 4.8.2 auf Seite 89) oder LinAll (siehe Abschnitt 4.8.3 auf Seite 90) für eine sinnvolle Temperatur berechnet. Jede Strukturverteilung wird als Dotplot dargestellt. In diesen ist die Größe eines Punktes an der Position i, j proportional der Wahrscheinlichkeit für das Basenpaar $i{:}j$.

II.) Parallel zur Strukturberechnung wird für das Set homologer RNAs ein multiples Sequenzalignment mit z. B. ClustAl (siehe Abschnitt 3.4.2 auf Seite 68) durchgeführt. Dieses Alignment führt Lücken in die Sequenzen ein.

III.) Die Lücken des multiplen Alignments werden in die individuellen Dotplots mit den Strukturverteilungen aus Schritt I inseriert. Jetzt haben alle Dotplots die identischen Dimensionen. Homologe Strukturelemente sollten jetzt an identischen Positionen in allen Dotplots zu liegen kommen.

IV.) Summation aller Dotplots resultiert in einem „homologen Dotplot". Strukturelemente, die allen Sequenzen gemeinsam sind, sollten betont werden, während Strukturelemente, die nur in wenigen Sequenzen möglich sind, unterdrückt werden.

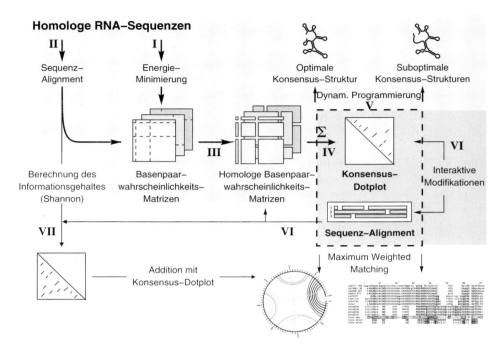

Abbildung 5.11: Flussschema des Werkzeugs ConStruct.

V.) Im letzten Schritt wird die Konsensus-Struktur aus dem „homologen Dotplot" extrahiert; dies geschieht entweder per Dynamischer Programmierung (siehe Abschnitte 4.4 bis 4.5 auf Seiten 78–79), was optimale und suboptimale Sekundärstrukturen erlaubt zu finden, oder per "maximum weighted matching" (siehe Abschnitt 5.4 auf Seite 105), was Tertiärstrukturen erlaubt.

Soweit ist dies der grundlegende Algorithmus, wie er in Lück *et al.* (1996) beschrieben ist.

VI.) Ein Problem am bisher beschriebenen Algorithmus ist auf das Sequenz-basierte multiple Alignment zurückzuführen. Wenn in der Konsensus-Struktur z. B. ein thermodynamisch extra-stabiler Hairpin (siehe Abschnitte 1.1.2 auf Seite 9 und 4.6 auf Seite 84) auftritt, kann dieser die Loopsequenz GNRA oder UNCG besitzen. Da das Alignment über die thermodynamische Ähnlichkeit dieser verschiedenen Sequenzen nichts wissen kann, tendiert es dazu, an dieser Stelle Lücken einzuführen, um das Sequenz-Alignment zu optimieren, was aber gleichzeitig das Struktur-Alignment verschlechtert.

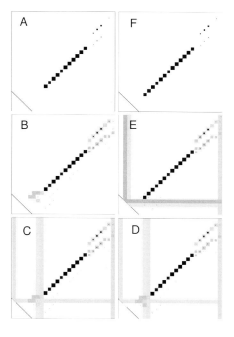

Abbildung 5.12: Optimierung eines Strukturelements in ConStruct.
Die Größe eines Punktes entspricht der Wahrscheinlichkeit des entsprechenden Basenpaars. Die leicht unterscheidbaren Farben für die unterschiedlichen Typen von Basenpaaren wurden für die Abbildung in Graustufen umgesetzt.
A: Die schwarzen Punkte entsprechen einem konservierten Hairpin, wie er nach Energieminimierung per RNAfold (Schritt I aus Abb. 5.11 auf der vorherigen Seite), Alignment per ClustAl (Schritt II), Einführung der Lücken in die Dotplots (Schritt III) und Addition der „homologen Dotplots" (Schritt IV) auftritt.
B: Zusätzliche Darstellung der Basenpaare aus den Strukturverteilungen aller RNAs in grau; in hellgrau hervorgehoben sind die Basenpaare einer bestimmten Sequenz, deren Nukleotide jetzt über die grafische Oberfläche verschoben werden können.
C: Die grauen Balken entsprechen den Lücken des Alignments; diese geben die Möglichkeiten vor, wo Nukleotide oder Sequenzabschnitte verschoben werden können.
D: Ein Basenpaar der selektierten Sequenz wurde vertikal nach oben verschoben.
E, F: Nach Verschiebung der misalignierten Basenpaare aus allen Sequenzen ist die Hairpin-Helix um zwei Basenpaare verlängert.

Zur Beseitigung solcher Alignment-Fehler, die sich per menschlicher Intelligenz meist recht einfach erkennen lassen, bzw. zur generellen Optimierung von Alignment und Struktur wurde eine grafische Oberfläche entwickelt, die eine synchrone Visualisierung von Struktur und Alignment erlaubt (Lück *et al.*, 1999). Ein Beispiel für eine solche Optimierung ist in Abb. 5.12 gezeigt.

VII.) Analog zu Schritten I, III und IV kann für das initiale oder für das Energiegewichtete Alignment der gegenseitige Informationsgehalt berechnet werden, der dann in der unteren Hälfte des Konsensus-Dotplot dargestellt wird. Aus diesem Dotplot, der auch mit dem Energie-gewichteten Konsensus-Dotplot durch Addition vereinigt werden kann, lassen sich dann wie in Schritt V Konsensus-Strukturen extrahieren.

6

RNA-Sekundärstruktur-Vorhersage mit Genetischen Algorithmen

Ziel: Vorhersage von Sekundär- und Tertiär-Struktur für einzelne Sequenzen mit Berücksichtigung der thermodynamischen Parameter für Strukturbildung. Eventuell Erweiterung auf Vorhersage der Strukturbildung.

Problem: Für die Bestimmung einer optimalen RNA-Struktur bzw. für die Beschreibung des optimalen Prozesses der Strukturbildung wird ein Optimierungsverfahren gesucht, das nicht auf einer Aufzählung aller möglichen Zustände beruht, da deren Zahl exponentiell mit der Kettenlänge der RNA wächst (siehe Abschnitt 4.3 auf Seite 76).

Lösung: In diesem und dem nächsten Kapitel sollen zwei heuristische Methoden – Genetische Algorithmen und Monte-Carlo-Verfahren – vorgestellt werden, die z. T. unter evolutionären Algorithmen zusammengefasst werden. Nachteil dieser Methoden ist das Fehlen einer Garantie, dass die beste Lösung eines gegebenen Problems gefunden wird; sie sollten generell also nur eingesetzt werden, wenn analytische oder deterministische Methoden fehlschlagen oder zu aufwendig sind.

Literaturhinweise:

> **Benedetti & Morosetti (1995); van Batenburg *et al.* (1995):** Beschreibungen eines Genetischen Algorithmus zur Optimierung von RNA-Sekundärstruktur.
>
> **Gultyaev *et al.* (1997, 1995, 1998); Shapiro & Navetta (1994); Shapiro & Wu (1997); Wu & Shapiro (1999):** Erweiterung der Sekundärstrukturvorhersage auf Vorhersage des Faltungswegs und Pseudoknotenvorhersage.
>
> **Chen *et al.* (2000):** Vorhersage von Konsensus-Sekundärstrukturen.

Nach Vorstellung des Prinzips eines Genetischen Algorithmus (GA) wird dies in einem Beispiel anhand der Optimierung einer mathematischen Funktion illustriert. Ein weiteres, sinnvolleres aber auch komplexeres Beispiel – die Lösung eines "travelling salesperson"-Problems ("Problem des Handlungsreisenden") per GA – findet man im WWW[1] inkl. Quellcode, der nach einigen Anpassungen unter Unix und Windows lauffähig ist. In den nächsten Abschnitten 6.3 bis 6.4 werden Varianten eines GA zur RNA-Strukturvorhersage skizziert; diese Varianten sollen insbesondere verdeutlichen, dass das sehr einfache, generelle Prinzip für die jeweilige Problemstellung diffiziler Anpassungen bedarf.

6.1 Prinzip eines Genetischen Algorithmus

Ein Genetischer Algorithmus (GA) folgt der Methode, die die Natur während der Evolution benutzt. Anstelle der DNA bzw. Nukleotiden werden als „Individuen" lineare Folgen von Zeichen eines gewählten Alphabets benutzt; am häufigsten lassen sich wohl Bit-Folgen einsetzen. Die Individuen einer Generation können Nachkommen erzeugen, die dabei eventuell Mutationen oder "crossovers" unterliegen. Entsprechend dem Grundsatz "survival of the fittest" werden die Individuen einer Generation, die in die nächste Generation übernommen werden, nach einer Fitness-Funktion ausgewählt.

1. **Initialisierung:** Die Individuen einer Generation werden entweder zufällig erzeugt oder entsprechend vorhandenem Vorwissen gesetzt. Individuen lassen sich praktisch immer als eine Folge von Bits repräsentieren, da andere Datentypen (Zahlen, Buchstaben, Zeichenfolgen oder auch komplexere Strukturen) auch als Bitfolgen kodiert werden können.
2. **Fitness-Funktion:** Es muss eine Funktion definiert werden, die für jedes Individuum eine Zahl (oder Vektor) erzeugen kann, die als Maß für die Fitness oder Qualität des Individuums dienen kann.
3. **Bewertung:** Alle Individuen dieser Generation werden mit Hilfe der Fitness-Funktion bewertet.

---

[1] http://www.lalena.com/ai/tsp/

4. **Erzeugung neuer Individuen** durch die folgenden **genetischen Operatoren**:

   Mutation: Ersetze ein oder mehrere Bits eines Individuums zufällig durch einen anderen Wert; d. h., tausche eine 1 in eine 0 oder umgekehrt.

   Variation: Ändere die Bit-Folge so, dass die Folge eine geringfügig kleinere oder größere Zahl darstellt.

   Crossover: Tausche einen zufälligen Teil der Bit-Folge eines Individuums mit einem entsprechenden Teil eines anderen Individuums. Z. B. kann zufällig eine Schnittposition in der Bit-Folge eines Individuums ausgewählt und dann eine der beiden Teil-Folgen mit der gleich langen eines anderen Individuums austauscht werden.

5. **Selektion:** Auswahl der Individuen für eine neue Generation nach einem der im Folgenden beschriebenen Schemata:

   Vollständiger Generationenwechsel: Entsprechend der biologischen Bedeutung werden alle Elter verworfen; d. h., die nächste Generation besteht nur aus Nachkommen.

   Elite-Generationenwechsel: Die Elter und ihre Nachkommen werden in der Reihenfolge ihrer Fitness in eine Liste geschrieben. Die n besten Individuen, die dann sowohl aus Elter als auch aus Nachkommen bestehen können, werden für die nächste Generation übernommen.

   Steady-State-Generationenwechsel: Wähle zwei Individuen aus der aktuellen Generation, führe die genetischen Operatoren aus Schritt 4 aus und ersetze die Eltern durch die so erzeugten Nachkommen.

6. **Zyklus:** Gehe solange zurück zu Schritt 3, bis ein vordefinierter Fitness-Wert oder eine Maximalzahl von Zyklen erreicht ist.

Für einen solchen Prozess lässt sich zeigen, dass mit der Generationenzahl die Zahl an guten Individuen zunimmt oder zumindest bestehen bleibt (Holland, 1994).

6.2   Beispiel für Genetischen Algorithmus

Die Funktion, deren Lösung gefunden werden soll, lautet

$$x = \cos x.$$

(Die Lösung lässt sich natürlich auch per Mathe ohne Informatik lösen.) Die Formel, deren Lösung gefunden bzw. optimiert werden soll, ist praktischerweise

$$y = \cos x - x \qquad \text{für } y \to 0.$$

1. **Initialisierung:** Die Individuen werden als 32 Bit lange Zeichenketten dargestellt; diese Zeichenkette wird dann als reelle Zahl x im Bereich zwischen $-\pi/2$ und $\pi/2$ interpretiert.
   Die Population besteht aus $n = 4$ Individuen.

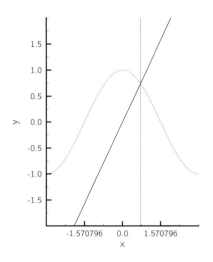
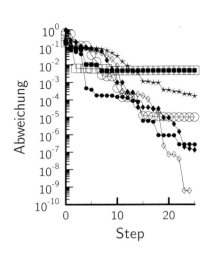

Abbildung 6.1: Lösung einer Gleichung per GA. Gesucht wurde ein x-Wert, der die Gleichung $\cos x - x = 0$ erfüllt. Für Details siehe Text.
Links: Die Funktionen $y = \cos x$ und $y = x$. Die Senkrechte bei $x = 0{,}739085133215$ markiert den Schnittpunkt der beiden Funktionen.
Rechts: Werte für $\cos x - x$ für die besten x-Werte im Verlauf verschiedener GA-Läufe.

2. **Fitness-Funktion:** Die Fitness-Funktion, die maximiert wird, ist $f = 1/y$.
3. **genetischen Operatoren:**

   Mutation: Ein Bit eines Individuums wird zufällig durch einen anderen Wert ersetzt.

   Variation: Die Individuen werden als reelle Zahl dargestellt; diese wird mit 0,99 und 1,01 multipliziert, um zwei neue Individuen zu kreieren.

   Crossover: Tausche einen zufälligen Teil der Bit-Folge eines Individuums mit einem entsprechenden Teil eines anderen Individuums; dadurch werden zwei neue kreiert.

   Die ersten beiden Operationen werden 16mal und das Crossover einmal ausgeführt, sodass 50 Nachkommen generiert werden. Die Auswahl der Individuen für die Operationen wird zufällig aber proportional zu ihrer Fitness durchgeführt.
4. **Selektion:** Eltern und Nachkommen werden nach ihrer Fitness sortiert und die $n - 1$ besten und das schlechteste Individuum für die nächste Generation ausgewählt.
5. **Zyklus:** Gehe solange zurück zu Schritt 3, bis 50 Generationen berechnet wurden.

6.3 Vorhersage von RNA-Sekundärstruktur

Um das Prinzip eines GA zur RNA-Strukturvorhersage einzuführen, wird im Folgenden ein veralteter Algorithmus (van Batenburg *et al.*, 1995) vorgestellt, der aber die Komplexität der einzelnen Parameter gut verdeutlicht. Bei den einzelnen Schritten des Algorithmus sind mit (a) bis (f) alternative Varianten bezeichnet, deren Auswirkung anschließend erklärt wird.

1. **Initialisierung:** Alle möglichen Helices werden aus einem Dotplot extrahiert und in einer Liste gespeichert. Die Individuen sind eine Bitfolge, wobei das $n$te Bit mit 1 oder 0 bezeichnet, ob die $n$te Helix der Liste zur Struktur gehört oder nicht. Die Individuen der initialen Population werden zufällig gewählt.

   (a) Die Populationsgröße beträgt vier bis 64 Individuen.

   (d) Die Individuen der ersten Generation werden aus Helices zusammengesetzt, die nur in den ersten 10 % der Sequenz liegen. In den nächsten Zyklen wird der erlaubte Sequenzbereich um jeweils 10 % der Gesamtsequenz verlängert. Die Populationsgröße beträgt fünf Individuen.

2. **Fitness-Funktion:**

   (a) Die Zahl der Basenpaare wird gezählt; inkompatible Basenpaare werden nicht berücksichtigt.

   (b) Inkompatible Helices mit geringem ΔG^0 werden aus den Individuen entfernt. Die Energie ΔG^0 aller Helices wird addiert.

   (c) Die Helix-Liste jedes Individuums wird sortiert von kurzreichweitigen zu langreichweitigen Helices; langreichweitige inkompatible Helices werden entfernt. Die Energie ΔG^0 aller Helices wird addiert.

   (e) Die ΔG^0-Werte werden quadriert.

3. **genetischen Operatoren:**

   Mutation: Ersetze ein oder mehrere Bits eines Individuums zufällig durch einen anderen Wert; d. h., tausche eine 1 in eine 0 oder umgekehrt. Die Auswahl des Individuums wird so gesteuert, dass die beste Lösung etwa doppelt soviele Nachkommen produziert wie die schlechteste.

   (a) Mutationsraten zwischen 0,005 und 0,05 in Abhängigkeit von der Fitness.

   (e) Deletionsmutationen werden mit Raten zwischen 0,01 und 0,1 zugelassen, während Additionsmutationen auf 0,5 erhöht werden.

   Crossover: Tausche einen zufälligen Teil der Bit-Folge eines Individuums mit einem entsprechenden Teil eines anderen Individuums.

(a) Crossoverraten zwischen 0,005 und 0,1 in Abhängigkeit von der Fitness.

4. **Selektion:**

   (a) Nachkommen werden nach ihrer Fitness sortiert und die n besten für die nächste Generation ausgewählt.

   (f) Die beste Lösung der vorigen Generation und die davon am stärksten abweichende Lösung werden neben den $(n-2)$ besten Nachkommen in die nächste Generation übernommen.

5. **Zyklus:** Gehe solange zurück zu Schritt 3, bis entweder über mehrere Generationen die Qualität konstant bleibt oder 50 Generationen berechnet wurden.

Die Algorithmusvarianten (a) bis (c) erzielten keine sinnvollen Lösungen; die Berücksichtigung der Kettenverlängerung in (d) brachte leichte Verbesserungen. Erst Variante (e) führt zu sinnvollen Lösungen: Da die meisten der zugefügten Helices aufgrund ihrer Inkompatibilität wieder entfernt werden, wurde hier die Deletionsrate erheblich kleiner als die Additionsrate gesetzt. Außerdem favorisiert die Quadrierung der ΔG^0-Werte lange Helices gegenüber kürzeren. Variante (f) verhindert dann, dass der GA eine gute Lösung zu leicht verwirft bzw. in suboptimalen Nebenminima stecken bleibt. Die resultierenden Lösungen liegen trotzdem in ihrer Qualität unterhalb der per Energieminimierung bestimmten.

6.4 Vorhersage des Faltungswegs von RNA-Sekundärstruktur

Bei dem im Folgenden beschriebenen Algorithmus (Gultyaev *et al.*, 1995) handelt es sich um eine verbesserte Variante des im vorigen Abschnitts (van Batenburg *et al.*, 1995) beschriebenen.

1. Berechne eine Liste aus allen möglichen Helices für eine gegebene RNA-Sequenz.

2. **Initialisierung:** Generiere die Anfangspopulation für eine Sequenzlänge von 20 nt ohne jegliche Struktur. Die Populationsgröße beträgt $n = 5$ Individuen.

3. Lasse einen Strukturbildungszyklus ablaufen mit folgenden **genetischen Operatoren:**

   (a) **Mutation:** Mutiere jede Struktur, sodass n neue Strukturen erzeugt werden:

i. Entferne einige Helices aus der Struktur mit einer Wahrscheinlichkeit

$$f_1 = 100/(\Delta G_{\text{helix}})^2 \qquad \text{wenn } \Delta G_{\text{helix}} < -10 \ \text{kcal/mol,}$$

wobei ΔG_{helix} die Summe der Energien der entfernten Helices ist.

ii. Falls die Energiebarriere für die Helix-Entfernung zu groß ist, füge wieder einige Helices mit Wahrscheinlichkeit $1 - f_1$ hinzu.

iii. Kreiere eine Liste mit Helices, die für die aktuelle Sequenzlänge möglich sind, kompatibel mit der momentanen Struktur sind und einen negativen Energiebeitrag besitzen.

iv. Füge aus dieser Liste Helices mit einer Wahrscheinlichkeit

$$f_2 \sim \frac{\Delta G_{\text{helix}} - \Delta G_{\text{loop}}}{\Delta G_{\text{loop}}}$$

zur Struktur hinzu, bis die Helix-Liste aufgebraucht ist; d. h., bei gleicher Helix-Stabilität werden solche Helices bevorzugt, die über kleine und günstige Loops in die Struktur eingebaut werden können. Dadurch werden weitreichende Wechselwirkung vermieden, die oft dazu führen, dass eine Strukturverbesserung blockiert wird.

(b) **Crossover:**

i. Kreiere eine Helix-Liste aus allen $2n$ Strukturen.

ii. Generiere eine neue Struktur aus dieser Liste mit einer Prozedur, die Schritt 3(a)iv entspricht.

4. **Selektion:** Sortiere die Strukturen entsprechend ihrer Fitness und selektiere aus den jetzt vorhandenen $(2n + 1)$ Strukturen eine neue Population aus n Strukturen.

5. **Sequenzverlängerung:** Verlängere die Sequenz in Abhängigkeit vom Energiegewinn:

- Wenn der Energiegewinn der jetzt besten Struktur gegenüber der besten einer vorigen Generation größer ist als -1 kcal/mol, dann wird die Sequenz nicht verlängert.

- Wenn der Energiegewinn kleiner ist, dann verlängere die Sequenz um $(10 - 10 * \Delta\Delta G)$ nt.

- Die zum Energievergleich betrachtete, „vorige" Generation hat einen Abstand von (Kettenlänge$/5 + \Delta G/10$) Generationen.

6. **Zyklus:** Gehe zu Schritt 3 solange bis für eine gewisse Anzahl Schritte keine Energie-Verbesserung eintritt.

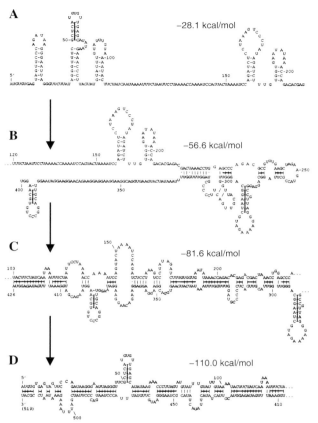

Abbildung 6.2: Intermediäre Strukturen während der GA-Faltung des Cauliflower-Mosaic-Virus (CaMV)-5'-Leader-Transkripts.
A) Während der Kettenverlängerung werden nur wenige Hairpins gebildet.
B) Der Nukleationspunkt der optimalen Struktur kann erst gebildet werden, nachdem etwa die Hälfte der Sequenz zur Verfügung steht.
C,D) Auflösung einiger Hairpins zugunsten der besten Struktur.
Balken in den Helices kennzeichnen solche, die auch per Energieminimierung erhalten werden (Fütterer *et al.*, 1988).
Nach Gultyaev *et al.* (1995).

Die Zahl der korrekt vorhergesagten Strukturen ist vergleichbar mit der durch mfold (siehe Abschnitt 4.8.1 auf Seite 87) vorhergesagten. Ein Beispiel für die durch den GA vorhergesagte Strukturentwicklung ist in Abb. 6.2 gezeigt, ein weiteres wird im folgenden Abschnitt näher beschrieben.

6.5   Programmierter Zelltod durch *hok/sok* des Plasmids R1

Im Folgenden soll eine RNA beschrieben werden, bei der Strukturbildung, metastabile Strukturelemente und Strukturumlagerungen von kritischer Bedeutung für ihre Funktion sind. Experimentelle Belege für die hier theoretisch erzielten Ergeb-

A

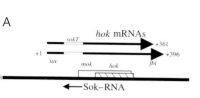

Abbildung 6.3: Struktur der *hok* mRNA des *E. coli*-Plasmids R1.
A: Genetische Struktur des *hok/sok*-Systems.
B: Die Sekundärstruktur basiert auf Mutationsanalysen, chemischem und enzymatischem Mapping, phylogenetischen Vergleichen und Strukturvorhersagen.
SD, Shine-Dalgarno-Element (vergl. Abb. 5.4);
fbi, "fold back inhibition"-Element;
tac, Translation-Aktivator-Element;
mok, "modulation of killing";
hok, "host of killing";
sok, "suppression of killing";
sokT, Ziel-Region der *sok*-antisense-RNA ;
sokT', primäres antisense-RNA-Erkennungselement (komplementär zum 5'-Ende der *sok*-RNA);
ucb, "upstream complementary box";
dcb, "downstream complementary box".
Nach Gultyaev *et al.* (1997).

B

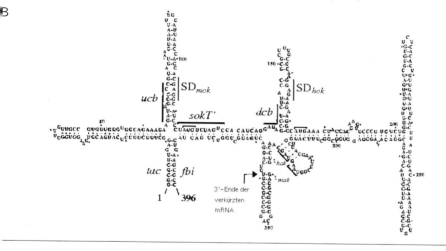

...isse sind in Franch *et al.* (1997) beschrieben. Für weitere Beispiele zur antisense-RNA-Kontrolle der Plasmid-Replikation siehe Gerhart *et al.* (1998).

Aufgabe des Plasmid-kodierten *hok/sok*-Systems ist die Erhaltung des Plasmids in den Bakterien durch Tötung von Plasmid-freien Segreganten. Die genetische Organisation des *hok/sok*-Locus ist in Abb. 6.3A gezeigt. Von der zeitlich sehr stabilen *ok*-mRNA können das Bakterien-toxische Protein Hok ("host killing") und das Protein Mok ("modulation of killing") translatiert werden. Die Translation von *hok* wird durch *sok*-RNA ("suppression of killing"), eine zeitlich instabile RNA aus 64 nt, kontrolliert, die komplementär zur einer Region der *hok*-mRNA ist. Durch Komplex-Bildung von *hok* mit *sok* wird die Translation der Proteine Mok und Hok verhindert. Die (tödliche) Wirkung für Zellen, die nicht das Plasmid enthalten, kommt durch die verschiedene Lebensdauer der zwei RNAs zustande: Wenn durch Transkription des Plasmids die antisense-RNA *sok* nicht nachproduziert werden kann, wird von der langlebigen *hok*-mRNA das zerstörende Hok-Protein translatiert. Der Mechanismus ist allerdings komplizierter, da Volllängen-*hok*-mRNA nicht translatiert werden kann und auch die antisense-RNA nur schlecht bindet. Diese Eigenschaften sind in der Sekundärstruktur der mRNA begründet (siehe Abb. 6.3B); sowohl die Ribosomen-Bindungsstellen (SD$_{hok}$ bzw. SD$_{mok}$) als auch die primäre antisense-RNA-Bindungsstelle (*sokT'*) sind durch Basenpaarung maskiert. Die zeitliche Stabilität der mRNA ist wohl durch die 5'-3'-Wechselwirkung (*tac/fbi*) begründet; Mutationen, die diese Helix destabilisieren, führen zum beschleunigten Abbau der mRNA.

Sowohl in Plasmid-haltigen als auch in Plasmid-freien Zellen wird die *hok*-mRNA durch exonukleolytischen Abbau des 3'-Endes um etwa 40 nt aktiviert bezüglich Translation und antisense-RNA-Bindung. Das resultierende Modell für die Wirkung des *hok/sok*-Systems ist in Abb. 6.4 auf der nächsten Seite dargestellt. Aufgrund des Verlusts des 3'-Endes basenpaart *tac* mit *ucb*, was zu einem Rearrangement der Reststruktur inklusive Zugänglichkeit der Shine-Dalgarno-Sequenzen für Ribosomen (vergleiche Abb. 5.4 auf Seite 102) und der *sokT'*-Region für die antisense-RNA führt.

Die Analyse der Struktur und der Strukturbildung der *hok*-mRNA und von sechs weiteren, homologen RNAs mit dem im vorigen Abschnitt beschriebenen GA führte zu dem in Abb. 6.5 auf Seite 126 dargestellten Strukturmodell. Ein wichtiger Punkt der Vorhersage ist, dass sich zu Beginn der Transkription am 5'-Ende ein relativ stabiler Hairpin M ausbildet, der allerdings thermodynamisch wesentlich ungünstiger als der partielle *tac*-Stemloop ist. Kinetische Rechnungen (siehe nächstes Kapitel), die die vom GA vorhergesagten Helices berücksichtigen, zeigen allerdings, dass die thermodynamisch favorisierte Umlagerung erhebliche Zeit dauert, sodass erst nach Synthese des Volllängenmoleküls der Hairpin M zugunsten der 5'-3'-Ende verknüpfenden Helix *tac/fbi* und des partiellen *tac*-Stemloops aufgelöst wird. In den zusätzlichen Strukturelementen, die während der Transkription gebildet werden und auch in der Struktur des Volllängenmoleküls enthalten sind, sind die Ribosomenbindungsstellen SD$_{mok}$ und SD$_{hok}$ durch Basenpaarungen mit *ucb* bzw. *dcb* blockiert. Folglich sind während der Synthese und im Volllängenmolekül die Translation und die antisense-RNA-Bindung stark behindert.

Um die Prozessierung am 3'-Ende zu simulieren, wurde der GA um die Option erweitert, pro Zyklus die RNA um ein bis fünf Nukleotide zu verkürzen bis die finale, um 40 nt verkürzte RNA entstanden ist. Diesen Rechnungen zufolge paart das *tac*-Element dann mit *ucb* und bildet den kompletten *tac*-Stemloop aus, was zu einer weitgehenden Umlagerung der Reststruktur führt. In der resultierenden

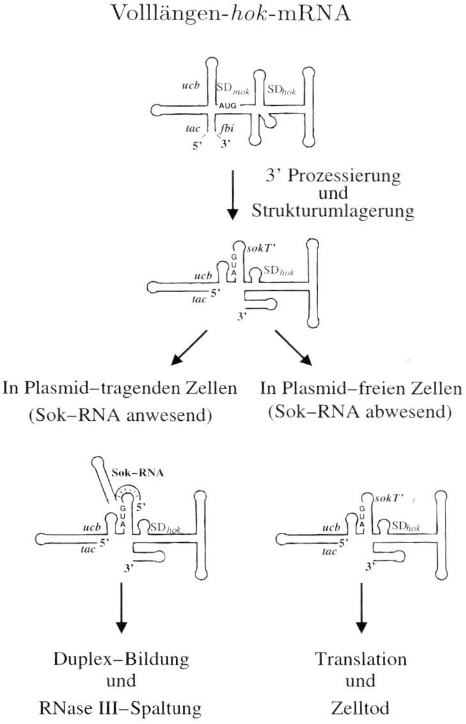

Volllängen-*hok*-mRNA

3' Prozessierung
und
Strukturumlagerung

In Plasmid–tragenden Zellen   In Plasmid–freien Zellen
(Sok–RNA anwesend)   (Sok–RNA abwesend)

Duplex–Bildung   Translation
und   und
RNase III–Spaltung   Zelltod

Abbildung 6.4: Induktion der *hok*-Translation in Plasmid-freien Zellen. Während Steady-state-Wachstum akkumuliert die Volllängen-*hok*-mRNA. In ihrer Struktur ist das primäre antisense-RNA-Erkennungselement *sokT'* maskiert, sodass die antisense-RNA *sok* nicht binden kann. Die mRNA kann nicht translatiert werden, da die Ribosomen-Bindestelle SD_{mok} durch die Basen-paarung mit dem *ucb*-Element maskiert ist. Die Volllängen-*hok*-mRNA wird am 3'-Ende prozessiert/degradiert sowohl in Plasmid-enthaltenden als auch in Plasmid-freien Zellen; durch diesen Prozess wird eine Umfaltung der *hok*-mRNA ausgelöst. Die resultierende Struktur der verkürzten *hok*-mRNA erlaubt sowohl Translation als auch antisense-RNA-Bindung. In Plasmid-enthaltenden Zellen ist die antisense-RNA *sok* vorhanden; die Komplex-Bildung zwischen verkürzter *hok*-mRNA und *sok* führt zu Bildung eines RNA-Doppelstrangs, der durch RNase III-Spaltung abgebaut wird. In Plasmid-freien Zellen ist aufgrund ihrer kurzen Halbwertszeit die *sok*-RNA abgebaut, sodass das resultierende Translations-produkt Hok die Zellen durch Zellmem-bran-Zerstörung töten kann. Nach Gultyaev *et al.* (1997).

Struktur ist die Wechselwirkung von *ucb* mit SD_{mok} aufgehoben, die nach expe-rimentellen Analysen entscheidend für die Verhinderung der Translation ist, und das primäre antisense-RNA-Erkennungselement *sokT'* ist für Wechselwirkung mit der antisense-RNA verfügbar.

Die hier aufgeführten Wechselwirkungen sind durch Kovarianzen bzw. Basenpaar-austausche in sechs weiteren, homologen Systemen belegt. Insbesondere sind die dreifachen Wechselwirkungen der 5'-Region als Hairpin M, partiellem *tac*-Stem-loop und Helix *tac/fbi* durch Kovarianzen belegt.

A: Das naszierende Transkript

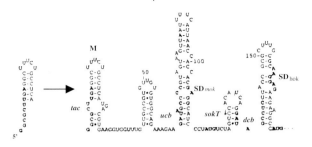

B: Vollängen-*hok*-mRNA

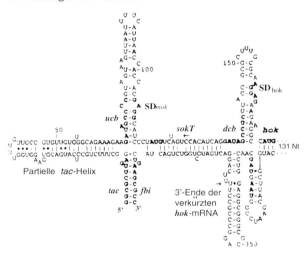

C: Verkürzte, umgefaltete *hok*-mRNA

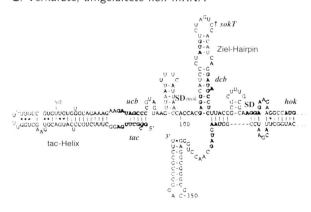

Abbildung 6.5: Per GA vorhergesagter Faltungsweg der *hok*-mRNA.

A: Faltung des 5'-Endes während der Transkription führt zur Ausbildung des metastabilen Hairpins M und der Maskierung der *mok*- und *hok*-Translation-Initiation-Regionen SD_{mok} und SD_{hok} durch Basenpaarung.

B: Faltung der Vollängen-*hok*-mRNA führt zu Wechselwirkung von *fbi/tac*, *ucb*/SD_{mok} und *dcb*/SD_{hok} sowie zum verkürzten *tac*-Stem-Loop.

C: Die am 3'-Ende verkürzte *hok*-mRNA faltet sich so um, dass die *ucb*/SD_{mok}-Wechselwirkung zugunsten des kompletten *tac*-Stem-Loops (*tac/ucb*) und eines Stem-Loops SD_{mok}/*dcb* aufgelöst wird. Der Hairpin-Loop von SD_{mok}/*dcb* enthält *sokT'* (erstes Nukleotid markiert durch Pfeil), das daher ideal in der Lage ist, eine Wechselwirkung mit dem 5'-Ende der *sok*-antisense-RNA einzugehen.

Nach Gultyaev *et al.* (1997).

7

RNA-Sekundärstrukturfaltung

Ziel: Beschreibung der kinetisch kontrollierten Faltung von RNA inkl. Faltung der
RNA während ihrer Synthese („sequentielle Faltung"). Für Sinn und Zweck
vergleiche Abschnitt 1.3 auf Seite 21.

Problem: Um die Kinetik der Strukturbildung im chemischen Sinne korrekt zu
beschreiben, müssen alle Strukturen, die für die vollständige Kettenlänge
möglich sind, und/oder alle Strukturen, die für die wachsende Kette während
ihrer Synthese möglich sind, aufgezählt werden und dann das Differentialglei-
chungssystem für alle Umlagerungen zwischen diesen Strukturen berechnet
werden. Dummerweise wächst die Zahl möglicher Strukturen exponentiell
mit der Kettenlänge (siehe Abschnitt 4.3 auf Seite 76).

Lösung: Entweder muss tatsächlich die Übergangsmatrix zwischen allen mögli-
chen Strukturen gelöst werden (Flamm *et al.*, 2000) oder der auch in der
Natur zufällig ablaufende Prozess durch eine Variante eines „Monte-Carlo"-
Prozesses gelöst werden.

Literaturhinweise:

Kirkpatrick *et al.* (1983); Metropolis *et al.* (1953); Press *et al.* (1993):
„Monte-Carlo"-Verfahren haben tatsächlich die Spielbank zum Vor-
bild; d. h., aus der Menge an möglichen Schritten oder Zuständen
wird zufällig einer ausgewählt, der dann die Basis für den nächsten,
zufällig auszuwählenden Schritt ist. Nach einer festgelegten Anzahl
Schritte wird dann die Qualität des Endzustands oder nach Boltzmann-
Mittelung die Qualität aller durchlaufenen Zustände bestimmt. Das

Verfahren wird dann sehr oft durchlaufen, um einen Überblick über die möglichen Endzustände oder den Verlauf der Zustandsänderungen zu bekommen. Um schon während des Verfahrens eine Optimierung durchzuführen, kann die Auswahl der Schritte z. B. nach einem Boltzmann-Schema durchgeführt werden; dies bezeichnet man üblicherweise als „Metropolis"-Verfahren. Prinzipiell neigt dieses Verfahren dazu, in lokalen Optima stecken zu bleiben und nicht das globale Optimum zu erreichen. Bei sog. "Simulated Annealing" (simuliertes Tempern) versucht man dies zu umgehen, in dem man zu Beginn der Simulation die Zustände rein zufällig nach Monte-Carlo auswählt und gegen Ende der Simulation eine Feinoptimierung nach Metropolis durchführt; der Übergang zwischen beiden Methoden kann beliebig abgestuft werden durch langsame Absenkung der Temperatur, die ja in den Boltzmann-Term eingeht.

In den Numerical Recipes[1] (Press *et al.*, 1993) wird in Kap. 10.9 die Methode kurz eingeführt und inkl. Quellcode anhand des "travelling salesperson"-Problems erläutert.

Dueck *et al.* (1993): In diesem Spektrum-Artikel sind zwei Monte-Carlo Verfahren beschrieben: Toleranzschwellen- und Sintflut-Algorithmus; diese werden im nächsten Abschnitt kurz erläutert, um in die allgemeine Problematik einzuführen.

Mironov *et al.* (1985); Mironov & Kister (1986),

    Mironov & Lebedev (1993): Monte-Carlo-Methode zur kinetischen Analyse der RNA-Faltung inkl. Pseudoknoten-Bildung; Grundlage der Strukturänderung sind Helices.

Schmitz & Steger (1996): Vorhersage von thermodynamisch optimaler Strukturen, kinetischer Struktureinstellung oder sequentieller Faltung mit Basenpaarung als kleinstem Schritt auf Grundlage von "Simulate Annealing"; dieser Algorithmus und seine Erweiterungen zur Interpretation experimenteller Analysen wird im Abschnitt 7.5 auf Seite 13 ausführlich besprochen.

Breton *et al.* (1997); Flamm *et al.* (2000): Vorhersage von kinetischer Struktureinstellung oder sequentieller Faltung per Lösung des Differentialgleichungssystems; der Algorithmus von Flamm *et al.* (2000) wird im Abschnitt 7.4 auf Seite 132 besprochen.

7.1   Toleranzschwellen-Algorithmus

Der Algorithmus soll an einem simplen Beispiel eingeführt werden:

---

[1] http://www.nr.com/nronline_switcher.html

1. Wähle zufällig einen Ausgangspunkt x_0 im Zustandsraum X.

2. Wenn längere Zeit keine Verbesserung auftritt, senke die Toleranzschwelle t langsam ab bis auf Null.

3. Wähle zufällig einen Nachbarzustand x_i des Ausgangspunktes x_{i-1}, der durch eine lokale, kleine Änderung aus x_{i-1} hervorgeht.

4. Vergleiche die Zielfunktionen $f(x_i)$ und $f(x_{i-1})$.

   (a) Ist $f(x_i)$ um mehr als t schlechter als $f(x_{i-1})$, dann verwirf $f(x_i)$ und fahre fort mit Schritt 2.

   (b) Ist $f(x_i) \geq f(x_{i-1}) - t$, dann akzeptiere $f(x_i)$ als neuen Ausgangspunkt und fahre fort mit Schritt 2.

Abbildung 7.1: "Threshold accepting". Eine neue Lösung wird gemäß einer Toleranzschwelle t akzeptiert. Kopiert aus Dueck *et al.* (1993)

Eingabe: Eine drei-dimensionale Landkarte; die Menge X der Zustände ist die Menge der Koordinaten x auf der Karte und $f(x)$ ist die Höhe von x.

Frage: Welches ist der höchste Punkt auf der Landkarte?

Im Prinzip kann man natürlich die komplette Landkarte absuchen; der Aufwand ist dann proportional zur Größe der Karte.

Alternativ kann man sich wie ein Wanderer benehmen; d. h., vom momentanen Standort aus folgt man folgender, allgemeiner Anweisung: „Verändere den Standort lokal so, dass eine bessere Lösung entsteht." Auf das Problem bezogen: „Wandre auf der Karte bergauf, bis es nicht mehr höher geht." Diese Anweisung hat natürlich den schwerwiegenden Fehler, dass sie zu gierig ("greedy") ist; Endpunkt des Verfahrens ist zwar immer ein Berg aber nur in seltenen Fällen der höchste Berg.

Eine Modifikation dieser gierigen Gipfelstürmerei führt besser zum Ziel (siehe Abb. 7.1); dazu wird eine Toleranzschwelle t ("threshold") definiert: „Wandre ziellos auf der Karte umher; es sind nur Schritte verboten, die um mehr als t Höheneinheiten nach unten führen." Wird die Schwelle t zu Beginn groß gewählt, kann die Karte großflächig abgesucht werden, bis ein Gebiet mit günstigen Lösungen gefunden ist; im Laufe der Suche wird t dann abgesenkt, sodass die Suche in Richtung einer guten Lösung gezwungen wird. Bei $t = 0$ ist dann die Lösung gefunden. Die Güte der durchschnittlichen Lösung hängt natürlich von der Beschaffenheit der Landschaft ab; sind z. B. viele Spitzen vorhanden, ist es unwahrscheinlich, dass die höchste gefunden wird.

1. Setze Wasserstand $= 0$.

2. Erhöhe Wasserstand um einen kleinen Wert.

3. Akzeptiere jede Lösung x, solange ihr Zielfunktionswert $f(x)$
   höher ist als der momentane Wert von Wasserstand. Falls keine
   neue Lösung x möglich ist, halte an; ansonsten gehe zurück zu
   Schritt 2.

Abbildung 7.2: Sintflut-Algorithmus.

7.2 Sintflut-Algorithmus

Der Algorithmus soll an dem identischen, simplen Beispiel wie der Toleranzschwellen-Algorithmus (voriger Abschnitt 7.1) eingeführt werden:

Eingabe: Eine drei-dimensionale Landkarte; die Menge X der Zustände ist die Menge der Koordinaten x auf der Karte und $f(x)$ ist die Höhe von x.

Frage: Welches ist der höchste Punkt auf der Landkarte?

Zu Beginn der Simulation (siehe Abb. 7.2) wird eine Schranke `Wasserstand` definiert, deren Wert nach jedem Schritt angehoben wird. Alle Lösungen werden akzeptiert, solange die neue Zielfunktion x größer ist als `Wasserstand`; d. h. der Wanderer ist ausgesprochen wasserscheu. Die Endlösung ist gefunden, wenn keine beim momentanen `Wasserstand` erlaubten Veränderungen mehr möglich sind.

Für die in Dueck *et al.* (1993) beschriebenen Probleme (Problem des Handlungsreisenden, Minimierung des Wegs beim Bohren von Löchern in Platinen, Maschinenauslastung) ist der Sintflut-Algorithmus fast genauso gut wie der Toleranzschwellen-Algorithmus; d. h., er ist nicht ganz so stabil bezüglich der Qualität der Lösungen aber dafür etwas schneller. Beide Algorithmen führen nicht zu sinnvollen Lösungen bei der RNA-Faltung (Schmitz, 1995).

7.3 Kinetische Parameter für Strukturbildung

Als elementare Reaktionsschritte bei der Sekundärstrukturbildung von RNA treten zumindest Helixwachstum und Bildung einzelner, einsamer Basenpaare auf. Eventuell sollten/können noch komplexere Reaktionen als Ein-Schritt-Reaktionen behandelt werden (siehe Abb. 7.3 auf der nächsten Seite); hier kommen insbesondere "zippering" – kooperatives Helixwachstum –, "sliding" – Öffnen eines Randbasenpaares einer Helix bei gleichzeitigem Schließen eines Randbasenpaares einer anderen Helix, wobei ein Nukleotid beiden Basenpaaren gemeinsam ist – und

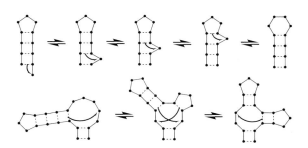

Abbildung 7.3: "Base pair sliding". Möglichkeiten für das simultane Öffnen und Schließen von Basenpaaren, die geringere Aktivierungsenergien und damit schnellere Kinetiken als die Einzelschritte zur Folge haben. Im oberen Teil des Bildes ist "defect diffusion" und im unteren Teil "helix morphing" gezeigt. Kopiert aus Flamm (1998).

"defect diffusion" – Verschiebung eines Bulge-Loops durch eine Helix – in Frage. In Anbetracht der enormen Vielfalt an Möglichkeiten, ein erstes Basenpaar und damit zwei Loops zu bilden, sind nur wenige experimentelle kinetische Parameter bekannt (Turner *et al.*, 1990). Daher behilft man sich üblicherweise mit der Aufspaltung der vollständiger bekannten thermodynamischen Parameter in zwei Teile, wobei Zustand 1 den Zustand vor der Reaktion und Zustand 2 den Endzustand bezeichnen:

$$k_{i:j} = k_{\mathrm{kal}} \cdot \exp\left(-\frac{\Delta E_{i:j}^{\#}}{\mathrm{R}T}\right)$$

wobei für die Dissoziation des Basenpaars $i{:}j$ die Aktivierungsenergie

$$\Delta E_{\mathrm{d},i:j}^{\#} = -\left(\Delta H_{1,i:j}^{0\mathrm{s}} - T \cdot \Delta S_{1,i:j}^{0\mathrm{s}}\right)$$

und für die Bildung des Basenpaars $i{:}j$ die Aktivierungsenergie

$$\Delta E_{\mathrm{f},i:j}^{\#} = -T \cdot \left(\Delta S_{2}^{01} - \Delta S_{1}^{01}\right)$$

gelten. Diese Definitionen berücksichtigen, dass für die Bildung eines Basenpaars die räumliche Anordnung, also ein Entropie-Effekt bedingt durch die Loop-Änderung, geschwindigkeitsbestimmend sein sollte, während für die Öffnung eines Basenpaars die Stapelwechselwirkungsenergie überwunden werden muss. Die Kalibrierungskonstante k_{kal} wird bestimmt, in dem man die berechneten Werte an einen experimentell gemessenen einstufigen Übergang anpasst; k_{kal} liegt zwischen $0{,}5{\cdot}10^{6}$ s^{-1} und $15{\cdot}10^{6}$ s^{-1}. Der Quotient der Geschwindigkeitskonstanten entspricht natürlich der thermodynamischen Gleichgewichtskonstanten der Reaktion:

$$\frac{k_{\mathrm{f},i:j}}{k_{\mathrm{d},i:j}} = \exp\left(-\frac{\Delta H_{1,i:j}^{0\mathrm{s}} - T \cdot \left(\Delta S_{1,i:j}^{0\mathrm{s}} + \Delta S_{2}^{01} - \Delta S_{1}^{01}\right)}{\mathrm{R}T}\right) = \exp\left(-\frac{\Delta G^{0}}{\mathrm{R}T}\right) = K.$$

7.4   RNA-Faltung durch Lösung der "master equation"

Zu einer Sequenz I existiert ein Satz an möglichen Strukturen

$$S(I) = \{S_0, S_1, \ldots, S_m\} \cup \mathbf{0}$$

mit der Struktur minimaler freier Energie (mfe) S_0, verschiedenen suboptimalen Strukturen S_1 bis S_m und dem Zustand ohne Struktur $\mathbf{0}$. Die Sekundärstrukturbildung ist eine Folge von elementaren Schritten (siehe Abschnitt 7.3 auf Seite 130), die für den jeweiligen Ausgangszustand möglich sind. Das Resultat ist eine Trajektorie $\mathcal{T}(I)$, die aus einer zeitlichen Abfolge von Strukturen aus $S(I)$ besteht. Sie beginnt immer mit dem offenen Zustand und endet mit der mfe-Struktur:

$$\mathcal{T}(I) = \mathbf{0}, S(1), \ldots, S(t-1), S(t), S(t+1), \ldots, S_0; \{S(j) \in S(I)\}.$$

Die Trajektorien können Schleifen enthalten, da suboptimale Strukturen mehrfach besucht werden können; im Folgenden wird als Faltungsweg nur eine Trajektorie bezeichnet, die keine Schleifen enthält. Die Faltungszeit τ einer Trajektorie ist die Zeit, die für die Faltung von $\mathbf{0}$ bis zum ersten Auftreten von S_0 benötigt wird.

Entsprechend der üblichen stochastischen Behandlung chemischer Reaktionen wird die RNA-Faltung durch eine "master equation" beschrieben:

$$\frac{\mathrm{d}P_i(t)}{\mathrm{d}t} = \sum_{j=0}^{m+1} \left(P_j(t)k_{ji} - P_i(t)k_{ij} \right),$$

wobei die $P_i(t)$ die Wahrscheinlichkeit angeben, die Struktur S_i zur Zeit t zu beobachten. Die Übergangsmatrix $\boldsymbol{k} = \{k_{ij}\}$ muss konsistent sein mit den ΔG_{ij}^0-Differenzen zwischen den betrachteten Strukturen S_i und S_j. Entweder werden hier Übergangshäufigkeiten entsprechend der Metropolis-Regel

$$k_{ij} = \begin{cases} \exp(-\Delta G_{ij}^0/RT) & \text{falls } \Delta G_j^0 > \Delta G_i^0, \\ 1 & \text{falls } \Delta G_j^0 \leq \Delta G_i^0 \end{cases}$$

oder einer simplen Symmetrieregel $k_{ij} = \exp(-\Delta G_{ij}^0/2RT)$ eingesetzt. Letztere Gleichung soll die Rechnung beschleunigen ohne die Faltungswege zu verändern.

7.4.1   Beispiele

Im Folgenden sind einige Beispiele, die mit dem beschriebenen Algorithmus behandelt wurden, kurz beschrieben.

Bildung eines kurzen Hairpins: In Abb. 7.4 auf der nächsten Seite sind die kinetischen Eigenschaften dreier Sequenzen zusammengefasst, die per "reverse

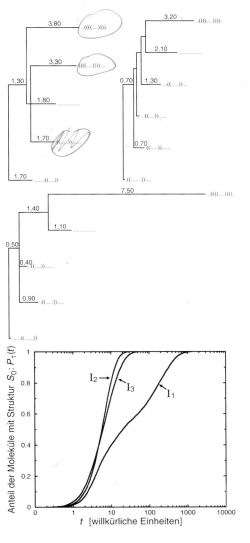

Abbildung 7.4: Faltungskinetik dreier strukturell identischer Hairpins.
Die Hairpins besitzen alle die mfe-Struktur $S_0 = ..((((....))))$. mit den Sequenzen
$I_1 = ACUGAUCGUAGUCAC$,
$I_2 = AUUGAGCAUAUUCAC$ und
$I_3 = CGGGCUAUUUAGCUG$. Die Übergangsbäume der Konformationslandschaften für I_1 (**oben links**), I_2 (**oben rechts**) und I_3 (**Mitte**) sind mit den ΔG_{ij}^0-Werten in kcal/mol beschriftet.
Die Sequenz I_1 faltet ineffizient, da der offene Zustand **0** und S_0 in verschiedenen Faltungszweigen ("folding tunnels") liegen, während die Sequenzen I_2 und I_3 erheblich schneller falten, da **0** und S_0 in gleichen Faltungszweigen liegen. I_2 besitzt allerdings einen degenerierten Grundzustand mit $S_1 = ..(((......)))$. und $\Delta G_0^0 = \Delta G_1^0$. Obwohl I_3 aufgrund des höheren GC-Gehalts einen erheblich günstigeren ΔG_0^0-Wert besitzt, faltet es nicht schneller als I_2.
Unten: Anteil der Faltungstrajektorien, die den Zustand S_0 zu einem Zeitpunkt $\tau \le t$ erreichen, für die drei Sequenzen. Etwa 50 % der Faltungstrajektorien der Sequenz I_1 erreichen direkt den S_0-Zustand, während der Rest zuerst in ein lokales Minimum faltet.
Nach Flamm *et al.* (2000).

folding" (Hofacker *et al.*, 1994) und Optimierung der Eigenschaften (Fontana & Schuster, 1987) so ausgewählt wurden, dass sie die identische Struktur minimaler freier Energie besitzen. Aus den Zeitverläufen der Faltung (Abb. 7.4 unten) ist offensichtlich, dass es mindestens zwei Faltungswege gibt. In den Energiebarriere-Bäumen (Abb. 7.4 oben und Mitte) sind die Blätter alle möglichen Strukturen. Die Energie-Abstände, mit denen die Kanten beschriftet sind, sind die minimalen Energien zu Zwischenzuständen, über die zwei Strukturen ineinander umgelagert werden können. In diesen Bäumen ist erkennbar, welche Strukturen in gleichen Tälern der Energielandschaft liegen und wie die einzelnen Täler der Faltungswege miteinander verbunden sind. Z. B. können für Sequenz I_1 (Abb. 7.4 oben links) zwei verschiedene Strukturen vom ersten Sattelpunkt, der mit 1,8 kcal/mol vom offenen Zustand **0** aus erreichbar ist, gebildet werden. Eine dieser Strukturen S_1 = (((((....))))... liegt nur 0,2 kcal/mol oberhalb der mfe-Struktur S_0 = ..(((((....)))))., sodass die Struktur S_1 als Falle fungiert, aus der eine Umlagerung in S_0 relativ lange dauert. Der schnellere Weg, um vom Zustand **0** zum Zustand S_0 zu gelangen, erfordert dagegen die Umlagerung zum nächsten Sattelpunkt .....(....)...., der mit 2,10 kcal/mol von **0** erreichbar ist. Sequenz I_2 dagegen erreicht die mfe-Struktur ohne Falle über einen einzigen Sattelpunkt, was die scharfe Verteilung der kurzen Faltungszeiten erklärt (Abb. 7.4 oben rechts). Sequenz I_3 besitzt eine mfe-Struktur mit erheblicher höherer Stabilität als die anderen Sequenzen, da diese Struktur mehr G:C-Basenpaare enthält; trotzdem faltet sie nicht schneller als die anderen Strukturen. Also hängt die Faltungseffizienz von der Anzahl der Faltungswege ab, die zur mfe-Struktur führen, bzw. von der Zahl an Sattelpunkten, an denen die Faltungstrajektorie in Pfade aufspaltet, die nicht zur mfe-Struktur führen. Andererseits hängt die Faltungseffizienz nicht von der Stabilität der mfe-Struktur oder dem Energieabstand zwischen mfe-Struktur und der besten suboptimalen Struktur ab.

Ein schaltendes Molekül: Die Sequenz I ist so entworfen, dass sie zwei verschiedene Strukturen mit ähnlicher Energie bilden kann (siehe Abb. 7.5 auf der nächsten Seite). Die mfe-Struktur S_0 besteht aus einem langen Hairpin, während die beste suboptimale Struktur S_1 aus zwei kurzen Hairpins besteht.

$$I = \text{GGCCCCUUUGGGGGCCAGACCCCUAAAGGGGUC}$$
$$S_0 = \text{((((((((((((((....))))))))))))))}$$
$$S_1 = \text{((((((....)))))).((((((....))))))}$$

Da die Struktur S_1 in einem Energie-Tal liegt, das so tief ist, dass eine Umlagerung in S_0 während der Simulation nicht möglich ist, handelt es sich bei S_1 um einen langlebigen metastabilen Zustand.

In Abb. 7.5 rechts ist der Anteil der Strukturen als Funktion der Zeit aufgetragen. Das Endverhältnis der Strukturen S_0 und S_1 ist etwa 1:2; dies ist wahrscheinlich durch die Möglichkeit bedingt, dass die Faltung zu S_1 mit zwei verschiedenen Nukleationszentren beginnen kann, während die Faltung zu S_0 nur mit einem Nukleationszentrum starten kann.

Faltungskinetik von tRNA mit und ohne modifizierte Basen: In tRNAs können modifizierte Nukleotide gegenüber unmodifizierten Nukleotiden zum einen die Strukturverteilung und zum anderen die Faltungskinetik ändern, da die

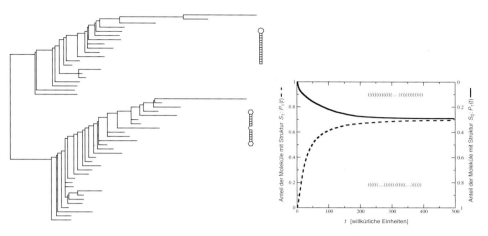

Abbildung 7.5: Faltung einer Sequenz mit zwei dominanten Strukturen.
Links: Übergangsbaum.
Rechts: Anteil gefalteter Moleküle als Funktion der Zeit; die zwei Kurven zeigen die zunehmende Häufigkeit der Strukturen S_1 (linke Ordinate) und S_0 (rechte Ordinate) auf Kosten aller anderen Strukturen.
Nach Flamm *et al.* (2000).

meisten dieser Nukleotide nicht in der Lage sind Basenpaare zu bilden. Abb. 7.6 links zeigt den Übergangsbaum der Strukturverteilung der unmodifizierten Sequenz. Hier ist die mfe-Struktur nicht die Kleeblatt-Konformation sondern eine elongierte Struktur, die etwa 1 kcal/mol besser ist. Für die Sequenz mit modifizierten Nukleotiden besitzt die mfe-Struktur die korrekte Kleeblatt-Konformation. Außerdem faltet die modifizierte Sequenz über einen direkten Faltungsweg in S_0. Allerdings falten schon etwa 50 % der Moleküle mit unmodifizierter Sequenz in die Kleeblatt-Struktur, während die mfe-Struktur nur von etwa 1/8 der Moleküle erreicht wird. Dies kann durch die erhöhte Anzahl der Nukleationszentren im Vergleich zu den kompetierenden Strukturen erklärt werden.

7.5   Vorhersage von RNA-Faltung

Der im vorigen Abschnitt 7.4 auf Seite 132 geschilderte Algorithmus muss für die Lösung der "master equation" alle Strukturen aufzählen. Da die Zahl der Strukturen aber exponentiell mit der Sequenzlänge wächst, ist es auf relativ kurze Sequenzen beschränkt; schon für die Untersuchung der Faltungskinetik der tRNA[Phe] (siehe Abb. 7.6 auf der nächsten Seite) wurde die Zahl der Strukturen eingeschränkt. Im Folgenden werden die Programme KinFold und SeqFold beschrieben,

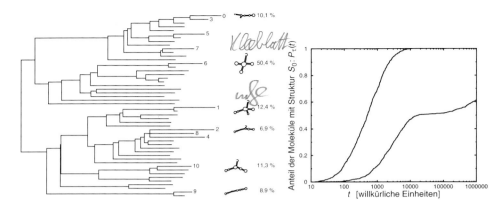

Abbildung 7.6: Faltungskinetik von tRNA[Phe]**.**
Links: Übergangsbaum der 50 besten Strukturen der Sequenz ohne modifizierte Nukleotide; mindestens sechs Täler lassen sich unterscheiden, zu denen ihre jeweils günstigste Struktur angegeben ist; rechts daneben ist der Prozentsatz der Faltungstrajektorien angegeben, die in dem entsprechenden Tal enden; die berechnete mfe-Struktur S_0 entspricht nicht der nativen Kleeblattstruktur.
Rechts: Anteil in S_0 gefalteter Moleküle als Funktion der Zeit, wobei die obere Kurve für die Sequenz mit modifizierten Nukleotiden und die untere für die Sequenz ohne modifizierte Nukleotide gilt.
Nach Flamm *et al.* (2000).

die auf Grundlage von "Simulated Annealing" die Berechnung kinetisch kontrollierter RNA-Struktur-Bildung für erheblich längere Sequenzen erlauben (Schmitz, 1995; Schmitz & Steger, 1996).

Der prinzipielle Ablauf der Programme ist in Abb. 7.7 auf der nächsten Seite dargestellt. Da die freie Energie der Basenpaarung betragsmäßig sehr groß ist, führt praktisch jede Konformationsänderung der RNA-Struktur zu einer Änderung in der freien Energie der Struktur, die erheblich größer ist als die thermische Energie bei physiologisch relevanten Temperaturen. Daher sind die Übergangswahrscheinlichkeiten extrem niedrig, was zu einem langsamen und ineffizienten Optimierungsprozess führt. Der benutzte ""-Algorithmus vermeidet dies durch einen kontinuierlichen Übergang von anfänglich "random walk"-Selektion der Strukturänderungen bis zu einem Gradienten-Abstiegsverfahren gegen Ende eines Iterationszyklus. Für diesen Selektionswechsel wird analog zur sonst bei "Simulated Annealing" benutzten Temperatur ein Verteilungsparameter Θ eingeführt, der die Annahme der zufällig ausgewählten Strukturänderungen über die Boltzmann-Verteilungsfunktion $\exp(-\Delta E^0(T)/R\Theta)$ kontrolliert (siehe Abb. 7.8 auf Seite 138). Die Änderung von Θ während eines Iterationszyklus von praktisch Energie-unabhängiger Selektion ($\Theta \gg T$) mit der Möglichkeit, auch sehr ungünstige Strukturänderungen zu

```
Repeat:
    Set temperature T for calculation of ΔE⁰(T) to a fixed
    value;
    Set distribution parameter Θ to Θ_init + T;
    Repeat:
        Select base i randomly;
        Select base j randomly from within the
            structural element containing base i;
        If i is paired:
            Open pair (i,j);
        Else
            Close pair (i,j);
        Calculate energy change ΔE⁰(T);
        If ΔE⁰(T) < 0 or ρ ∈ [0,1] < exp(−ΔE⁰(T)/RΘ):
            Accept new conformation;
        Else
            Keep old conformation;
        Lower Θ;
    Until n_total steps done;
Until total number of iterations or final temp. T is reached.
```

Abbildung 7.7: Schematische Darstellung des "Simulated Annealing"-Algorithmus zur Simulation der kinetisch kontrollierten RNA-Faltung. Die äußere Repeat/Until-Schleife wird für jeden Iterationszyklus ausgeführt; diese Schleife enthält die Optionen, entweder die Temperatur T während der Optimierungszyklen schrittweise abzusenken (Simulation einer Renaturierungskinetik) oder, bei konstanter Temperatur T, eine Struktur zu Beginn der Optimierung vorzugeben (Strukturumlagerung) oder die Sequenz entsprechend der abgelaufenen Zeit zu verlängern (sequentielle Faltung). In der inneren Schleife werden die Konformationsänderungen generiert, wobei der Verteilungsparameter Θ ausgehend von $\Theta_{init} + T$ auf T hyperbolisch in wählbaren n_{total} Schritten herabgesetzt wird. Eine Konformationsänderung wird akzeptiert, wenn entweder die Übergangsenergie – freie Energiedifferenz $\Delta\Delta G^0$ bei thermodynamischer Selektion oder $\Delta E_{i:j}^{\#}$ bei kinetischer Selektion – negativ ist oder eine Zufallszahl ρ kleiner ist als die Übergangswahrscheinlichkeit.

erlauben, bis zur Boltzmann-gewichteten Selektion ($\Theta \geq T$) mit nur noch lokaler Optimierung der Struktur erfolgt über m Schritte:

$$\Theta(m) = T + \Theta_{init}\left(\frac{n_{1/2}+1}{n_{1/2}+m} - \frac{n_{1/2}+1}{n_{1/2}+n_{total}}\right).$$

Die Mitte zwischen Anfangswert Θ_{init} und Endwert $\Theta = T$ ist nach $n_{1/2}$ Schritten erreicht:

$$\Theta(n_{1/2}) = T + \Theta_{init}/2.$$

Der Wert von $n_{1/2}$ ist durch den Benutzer wählbar und ist typischerweise nur ein Bruchteil der gesamten Zahl an Iterationen n_{total}. Die hier beschriebene Verwen-

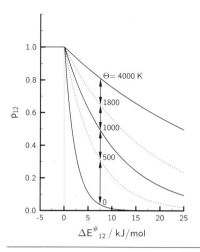

Abbildung 7.8: Einfluss des Verteilungsparameters Θ auf die Metropolis-Selektion. Eine Konformationsänderung wird immer akzeptiert, wenn die Übergangsenergien negativ sind. Bei hohem Θ werden auch ungünstige Konformationsänderungen akzeptiert, was einen "random walk" im Konformationsraum erlaubt. Bei niedrigem Θ erfolgt Boltzmann-gewichtete Selektion, die praktisch nur lokale Optimierung der Struktur erlaubt.

dung des Verteilungsparameters Θ führt allerdings zu einem stufenförmigen Verlauf der Faltungszeit im Verlauf der Simulation (siehe Abb. 7.10b); dieses Problem lässt sich durch zufällige Wahl eines Θ-Wertes aus der kontinuierlichen Funktion beheben (siehe Abb. 7.11c).

Für die Annahme oder Ablehnung einer Konformationsänderung wird die Übergangswahrscheinlichkeit $p = \exp(-\Delta E/R\Theta)$ berechnet, wobei $\Delta E = \Delta\Delta G^0_{i:j}$ für thermodynamische Selektion bzw. $\Delta E = \Delta E^{\#}_{i:j}$ für kinetische Selektion. Entsprechend der Metropolis-Regel werden Konformationsänderungen mit negativer Übergangsenergie immer akzeptiert; solche mit positiven Energien werden akzeptiert, wenn p kleiner ist als eine Zufallszahl $0 \leq \rho \leq 1$. Um die Boltzmann-Verteilung ohne Überrepräsentation durch Strukturen, die bei $\Theta > T$ selektiert wurden, zu erhalten, werden die individuellen Strukturen mit einem Korrekturfaktor gewichtet:

$$p_{\mathrm{corr}} = \exp\left(-\frac{\Theta - T}{\Theta}\frac{\Delta G^0}{RT}\right).$$

Typische Fragen, die mit diesen Algorithmen beantwortet werden können, sind folgende:

- Welche Struktur bzw. Strukturverteilung stellt sich bei langsamer Abkühlung einer denaturierten RNA ein? Für ein Beispiel siehe Abb. 7.9 auf der nächsten Seite.

- Welche Struktur bzw. Strukturverteilung stellt sich bei schneller Abkühlung einer thermisch denaturierten, vollständig ungefalteten oder auch einer nur teilweise denaturierten RNA ein? Für ein Beispiel siehe Abb. 7.10 auf Seite 140.

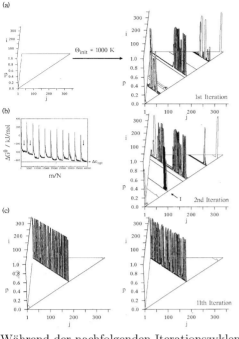

Abbildung 7.9: Thermodynamisch kontrollierte Strukturbildung von zirkulärem PSTVd aus dem denaturierten Zustand.
Parameter: $T = 25$ °C, 11 Iterationszyklen mit $\Theta_{init} = 1000$ K, $n_{total} = 10 \cdot N^2$, $N = 359$ nt, $n_{1/2} = 0{,}05 \cdot n_{total}$.
(a) Schematische Darstellung der Strukturverteilungen nach entsprechenden Iterationszyklen. Helices, die Teil der nativen Struktur von PSTVd sind (vergleiche (c)), sind als graue Balken dargestellt; die thermodynamisch besonders stabilen Hairpins I, II und III sind als schwarze Balken dargestellt; die Höhe der Balken entspricht der Wahrscheinlichkeit des Vorkommens der entsprechenden Helices. Während des ersten Iterationszyklus hat sich das rechte Ende der nativen Sekundärstruktur gebildet (Abb. rechts oben); während des zweiten Iterationszyklus bildete sich der Hairpin I und ein Teil des linken Endes der nativen Sekundärstruktur (Abb. rechts Mitte).
Während der nachfolgenden Iterationszyklen wurde der thermodynamisch metastabile Hairpin I zugunsten der nativen Struktur aufgelöst (Abb. rechts unten). Der per LinAll vorhergesagte, experimentell verifizierte Denaturierungsmechanismus von PSTVd ist in Abb. 1.18 auf Seite 29 dargestellt.
(b) Verringerung der freien Energie ΔG^0 der Strukturen während der Simulation. Mit Pfeilen sind diejenigen Iterationen markiert, deren Strukturverteilungen in (a) gezeigt sind. Die Energie der optimalen, nativen Sekundärstruktur $\Delta G^0_{opt} = -630$ kJ/mol ist als Linie eingezeichnet.
(c) Thermodynamisch optimale Strukturverteilung bei $T = 25$ °C berechnet durch Dynamische Programmierung mit LinAll.
Nach Schmitz & Steger (1996).

- In welche Struktur bzw. Strukturverteilung lagert sich eine RNA aus vorgegebener Struktur um?

- Welche Struktur bzw. Strukturverteilung stellt sich während/nach der *in-vivo*- oder *in-vitro*-Synthese einer RNA ein? Für ein Beispiel siehe Abb. 7.11 auf Seite 141.

Die während der Simulation gesammelten Strukturen werden Boltzmann-gewichtet und nach Korrektur von Θ auf T in dreidimensionalen Basenpaarungsplots dargestellt (siehe Beispiele in Abb. 7.9 bis 7.11 auf Seiten 139–141). Dies ist algorithmisch sehr einfach, erlaubt aber nur einen Vergleich mit experimentellen Metho-

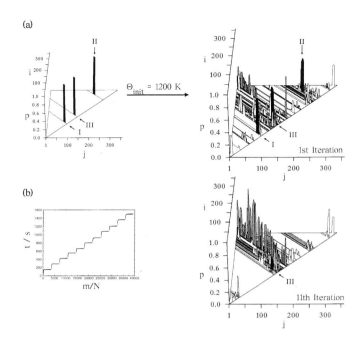

Abbildung 7.10: Kinetisch kontrollierte Strukturbildung von zirkulärem PSTVd aus einer Konformation, die die thermodynamisch sehr stabilen Hairpins I, II und III enthält.
Parameter: $T = 25$ °C, Überlagerung von zehn Simulationsläufen à 11 Iterationszyklen mit $\Theta_{\text{init}} = 1200$ K, $n_{\text{total}} = 10 \cdot N^2$, $N = 359$ nt, $n_{1/2} = 0{,}05 \cdot n_{\text{total}}$.
(a) Schematische Darstellung der Strukturverteilungen nach entsprechenden Iterationszyklen. Links: Die Startkonformation ist eine für PSTVd typische, thermodynamisch metastabile Konformation mit den stabilen Hairpins I, II und III. Während des ersten Iterationszyklus bildet sich ein Teil des linken Endes der nativen Struktur und die Wahrscheinlichkeit für die Hairpins verringert sich (rechts oben). Nach dem 11ten Iterationszyklus (rechts unten) hat sich weitgehend die native Struktur gebildet; die Bildung des rechten Strukturendes ist teilweise durch Hairpin III blockiert.
(b) Berechnete Faltungszeit als Funktion der Iterationsschritte. Der stufenweise Anstieg ist eine Konsequenz des hohen Verteilungsparameters Θ zu Beginn jedes Iterationszyklus. Nach Schmitz & Steger (1996).

den, die eine entsprechende Änderung einer mittleren Eigenschaft der Strukturverteilung messen (Messung der Absorptionsänderung in "stopped flow" oder Temperatur-Sprung-Relaxation; siehe Abschnitt 1.4.4 auf Seite 29), und nicht mit Daten aus "mapping" -Experimenten oder TGGE, die das Auftreten einzelner Strukturen nachweisen. Um auf das Auftreten einzelner Strukturen und deren Häufigkeit schließen zu können, wurden zur Reduktion der extrem hohen Zahl an verschiedenen Strukturen, die während einer Simulation auftreten, ähnliche Strukturen

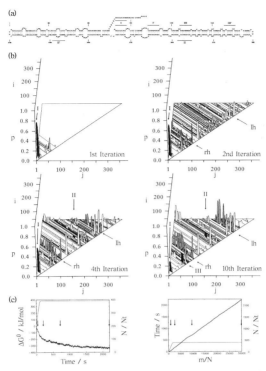

Abbildung 7.11: Sequentielle Faltung eines linearen, (+)-strängigen PSTVd, das länger als Einheitslänge ist. Parameter: $T = 25\ °C$, Überlagerung von 20 Simulationsläufen à 10 Iterationszyklen mit zufällig ausgewähltem Θ; $\Theta_{init} = 1200\ K$, $n_{total} = 10 \cdot N^2$, $N = 380\ nt$, $n_{1/2} = 0{,}05 \cdot n_{total}$, Elongationsrate $= 50\ nt/s$. **(a)** Schematische Darstellung der für die Rechnung benutzten RNA. Dabei handelt es sich um ein lineares PSTVd-Molekül mit einer Sequenzduplikation von 17 nt, die für eine korrekte Prozessierung des linearen Moleküls in das zirkuläre, maturierte PSTVd notwendig ist. Die Region I, die in der Lage ist mit Region I' eine Helix zu bilden, ist durch diese Duplikation zweifach vorhanden. **(b)** Schematische Darstellung der Strukturverteilungen nach entsprechenden Iterationszyklen. Die Strukturbereiche, die dem linken bzw. rechten Ende der nativen Struktur entsprechen, sind mit **lh** und **rh** gekennzeichnet. Während des ersten Iterationszyklus wurde die RNA bis zu einer Kettenlänge von etwa 100 nt synthetisiert; die bevorzugte Struktur enthält Hairpin I. Während des zweiten Iterationszyklus lag die RNA vollständig vor; zusätzlich zu Hairpin I wurden hauptsächlich kurze Helices gebildet. Während der folgenden Iterationen wurden die Hairpins II und III zu einem geringen Teil ausgebildet. Nach dem zehnten Iterationszyklus ist die native Struktur klar erkennbar. Die zusätzlichen, z. T. alternativen Helices, die 5'- und 3'-Ende verbinden, sind kritisch für die Prozessierung. **(c)** Verringerung der freien Energie ΔG^0 der Strukturen während der Simulation (links) und Faltungszeit als Funktion der Iterationsschritte (rechts). Die Pfeile markieren die Schritte, zu denen die Strukturverteilungen in (b) gezeigt sind. Nach Schmitz & Steger (1996).

entsprechend einer simplifizierenden Baumdarstellung in Strukturgruppen aufge
teilt; in einer einzelnen Strukturgruppe werden nur zugehörige, thermodynamisch
günstige Strukturen akzeptiert (Rachen, 1997). Für diese Strukturgruppen kann
dann die gelelektrophoretische Mobilität (Mundt, 1993) berechnet und die Mo
bilitäten aller Gruppen mit der Mobilität einer RNA bei einer Temperatur au
TGGE-Messungen verglichen werden. Ein Beispiel eines Vergleichs zwischen vor
hergesagter Mobilitätsverteilung nach sequentieller Faltung und experimentelle
Mobilitätsverteilung ist in Abb. 7.13 auf Seite 144 gezeigt.

7.5.1 Experimenteller Nachweis von sequentieller RNA-Faltung am Beispiel von PSTVd

Eine kurze Einführung in die biologischen Eigenschaften der Virus-ähnlichen Viroi
de ist in Abschnitt 1.5.2 auf Seite 36 gegeben; für thermodynamische Eigenschafter
siehe Abb. 1.18 auf Seite 29.

Charakteristisches Strukturelement dieser thermodynamisch metastabilen Struk
turen ist der sog. Hairpin II (HPII), der biologisch funktional für die Transkrip
tion in den multimeren (+)-Strang sein soll. Da die Konzentration der Repli
kationsintermediären *in vivo* sehr gering ist, wurde ihre sequentielle Faltung *in
vitro* über T7-Transkription bei unterschiedlichen Polymerisationsgeschwindigkei
ten und Temperaturen in Abhängigkeit von der Startstelle untersucht (Repsilber
et al., 1999). Die Polymerisationsgeschwindigkeit der T7-Polymerase wurde über
die Konzentration der Triphosphate (NTP) variiert; dadurch waren Geschwindig
keiten erreichbar, die denjenigen vergleichbar sind, die *in vivo* für Polymerase II
und PSTVd gelten sollten.

Die Analyse der Strukturverteilungen nach Synthese erfolgte über TGGE (siehe
Abschnitt 1.4.2 auf Seite 28). Die TGGE-Messung hat hier den Vorteil, dass sich
aus dem Temperatur-abhängigen Mobilitätsverhalten einer Bande meist auf struk
turelle Eigenschaften der RNA-Moleküle in dieser Bande zurückschließen lässt
und man damit eine weitere Vergleichsmöglichkeit zwischen experimentell vorlie
gender und theoretisch vorhergesagter Struktur hat. Die TGGE-Analysen des
(−)-strängigen Transkripts PSTVd-*Sty*1, dessen Startstelle nahe der HP II-He
lix liegt, zeigen, dass hohe Zahlen an verschiedenen Banden sowohl bei niedriger
Transkriptionsgeschwindigkeiten und mittleren Transkriptionszeiten als auch be
hohen Geschwindigkeiten und kurzen Zeiten auftreten (siehe Abb. 7.12 auf der
nächsten Seite mit $c_{NTP} = 30 \ \mu M/15$ min bzw. $c_{NTP} = 1$ mM/30 s). Die meister
dieser Banden (z.B. Banden 1 bis 5 bzw. a bis e in Abb.7.12) enthalten metastabile
Strukturen, die sich durch ihre geringe Mobilität und niedrige Denaturierungstem
peratur auszeichnen. Bei höheren Transkriptionsgeschwindigkeiten oder längerer
Transkriptions- und Inkubationszeiten sind diese Banden kaum noch nachweis
bar; dafür dominieren Banden, deren zugrundeliegende Strukturen sich bezüglich
Mobilität und Stabilität sehr ähnlich der thermodynamisch optimalen Struktur

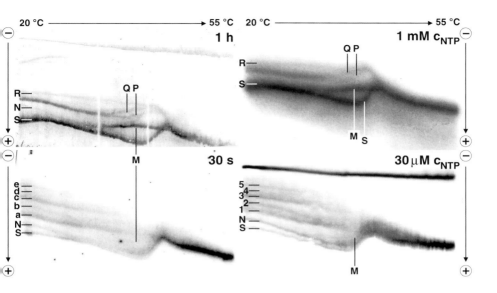

Abbildung 7.12: TGGE-Analyse von (−)-strängigem PSTVd-*Sty*1 nach verschiedenen Zeitdauern der Transkription und Inkubation (links) bzw. bei verschiedenen Transkriptionsgeschwindigkeiten (rechts).

Links: Transkriptionsassays mit $c_{NTP} = 1$ mM wurden mit Stopp-Puffer nach 1 h (oben) oder nach 30 s (unten) beendet. Die Transkripte wurden durch Färbung mit NBT/BCIP (oben) oder über Autoradiographie (unten) detektiert. Im oberen Gel ist die oberste Bande das DNA-Template.

Rechts: Transkriptionsassays mit $c_{NTP} = 1$ mM (oben; Nachweis durch Autoradiographie) oder $c_{NTP} = 30$ μM (unten; Nachweis durch CDP-*Star*) wurden nach 15 min gestoppt. Die NTP-Konzentrationen entsprechen Transkriptionsgeschwindigkeiten von etwa 100 bzw. 3 nt/s.

Nach Repsilber *et al.* (1999).

verhalten (für Beispiele siehe Abb. 7.12 mit $c_{NTP} = 1$ mM/15 min bzw. 1 h). Diese Ergebnisse entsprechen den Erwartungen, wenn man folgendes Reaktionsschema zugrundelegt:

5 min

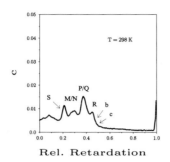
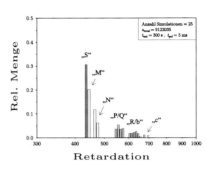

30 sec

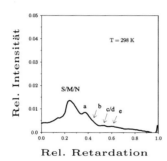
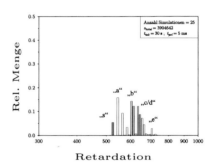

Abbildung 7.13: Experimentelle (links) und theoretische (rechts) TGGE-Analyse von $(-)$-strängigem PSTVd-$Sty1$ in Abhängigkeit von der Transkriptionszeit. Dargestellt sind densitometrische Scans bei $T = 25\ ^\circ\mathrm{C}$ von TGGEs (links; für die entsprechende TGGE bei 30 s vergleiche Abb. 7.12 auf der vorherigen Seite) bzw. die Häufigkeit der Mobilitätsgruppen aus Simulationen der sequentiellen Faltung (rechts). Die Transkriptions- und Inkubationszeit betrug 5 min (oben) bzw. 30 s (unten). Banden mit ähnlicher Mobilität bei 25 °C und ähnlichem Denaturierungsverhalten sind mit identischen Buchstaben bezeichnet. S: stäbchenförmige Struktur, die weitgehend mit der thermodynamisch optimalen Struktur übereinstimmt. Bei allen weiteren Strukturen (M, N, P, Q, R, a, b, c, d, e) handelt es sich um thermodynamisch metastabile Strukturen. Banden, die bei anderer Temperatur als 25 °C aufspalten, also verschiedene Strukturen beinhalten, sind mit Doppelbuchstaben (M/N, P/Q usw.) markiert. Theoretisch vorhergesagte Mobilitätsbanden, deren zugrundeliegenden Strukturgruppen entsprechende Eigenschaften wie im Experiment besitzen, sind mit gleichen Buchstaben aber in Anführungszeichen, bezeichnet. Laut Vorhersage sollten nur die mit R und P/Q bezeichneten Banden Strukturen mit Hairpin II enthalten; zum entsprechenden Nachweis von Hairpin II-enthaltenden Strukturen siehe Abb. 7.15 auf Seite 146.

Kopiert aus Rachen (1997).

Die Polymerase synthetisiert partielle Transkripte p, die in unterschiedliche Strukturen in Abhängigkeit von ihrer Länge falten: (i) Bei schneller Synthese werden hauptsächlich kurze Hairpins gebildet und das resultierende Volllängen-Transkript F_{meta} ist folglich extrem metastabil. (ii) Bei langsamer Synthese kann das partielle Transkript p z.B. durch Ausbildung von Verzweigungsloops in p_r umlagern und das resultierende Volllängen-Transkript $F_{r,meta}$ besitzt Strukturen höherer Stabilität als F_{meta}. Nach der Synthese können sich die verschiedenen Volllängen-Transkripte F_{meta} und $F_{r,meta}$ in Strukturen höherer Stabilität umlagern, wobei die für die Umlagerung in die optimale Struktur S_{opt} benötigte Aktivierungsenergie bei F_{meta} kleiner ist als bei $F_{r,meta}$. Die Auswirkungen von verschiedenen Geschwindigkeitskonstanten k auf die Konzentrationen der in TGGE detektierbaren Strukturen ist ausführlich in Repsilber *et al.* (1999) diskutiert.

Welche der metastabilen Strukturen enthält nun den für die Transkription der $(-)$- in $(+)$-strängige RNAs kritischen Hairpin II? Laut der Simulation der sequentiellen Faltung entsprechender Sequenzen, wie sie experimentell analysiert wurden, enthalten viele der möglichen metastabilen Strukturen diesen Hairpin; diese Strukturen sollten aber nur in zwei Banden auftreten (siehe Abb. 7.13 auf der vorherigen Seite). Allerdings zeigt die theoretische Analyse auch, dass eine TGGE-Bande verschiedene Strukturen enthalten kann und dass verschiedene Strukturen sowohl aus einer als auch aus verschiedenen Banden nur sehr schwer durch chemisches oder enzymatisches Mapping zu unterscheiden sind, da immer wieder die gleichen Sequenz-Elemente zu verschiedenen Struktur-Elementen kombiniert sind. Zusätzlich können in einer Bande Strukturen auftreten, die sich in einem schnellen Gleichgewicht ineinander umwandeln. Entsprechend schlugen auch unsere Bemühungen fehl, durch normales Mapping Strukturen aus verschiedenen Banden zu charakterisieren. Als Alternative wurde eine Hybridisierungsmethode ("oligonucleotide mapping") entwickelt, in der ein Oligonukleotid über die Helix des Hairpin II in den Hairpin-Loop binden kann; enthält das Zielmolekül nicht den Hairpin II, kann das Oligonukleotid bei entsprechenden Hybridisierungsbedingungen nicht binden, da dann die zwei Bindungsregionen des Oligonukleotids im Zielmolekül weit voneinander entfernt sind (siehe Abb. 7.14 auf der nächsten Seite). Mit dieser Methode konnten die Vorhersagen über Lokalisation von Hairpin II-enthaltenden Strukturen in TGGE-Banden verifiziert werden (siehe Abb. 7.15 auf der nächsten Seite; Schröder & Riesner (2002)).

Prinzipiell konnte mit diesen experimentellen und theoretischen Analysen der Strukturbildung von $(-)$-strängigen PSTVd-RNAs gezeigt werden, dass bei Syntheseraten, wie sie *in vivo* vorliegen sollten, die Transkripte durch sequentielle Faltung verschiedene metastabile Strukturen ausbilden, die nur sehr langsam in die thermodynamische Strukturverteilung umlagern. Ein charakteristischer Typ von metastabilen Strukturen enthält den Hairpin II, der *in vivo* relevant für die Transkription ist. Viroide können also sowohl thermodynamisch stabile als auch metastabile Strukturen für biologische Funktionen benutzen.

Metastabile Konformation

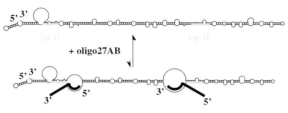

Native Konformation

Abbildung 7.14: Prinzip des "oligonucleotide mapping" von (−)-strängigem PSTVd-*Sty*1. Das Oligonukleotid *oligo27AB* (schwarzer Balken) kann an metastabile Strukturen, die HP II (grau) enthalten, über seine volle Länge binden (**oben**). An thermodynamisch optimale Strukturen (**unten**) kann das Oligonukleotid nicht über seine volle Länge binden, so dass bei entsprechenden Konzentrationen und Temperaturen keine Hybridisierung stattfindet. Zusätzlich darf der Energiegewinn durch die Bindung des Oligonukleotids nicht so hoch sein, dass es die vorliegende Strukturverteilung zwischen metastabilen und nativen Konformationen verschiebt.

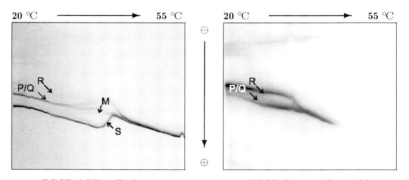

TGGE / Silber-Färbung   TGGE / Autoradiographie

Abbildung 7.15: "Oligonucleotide mapping" von (−)-strängigem PSTVd-*Sty*1 zum Nachweis von HP II-enthaltenden, metastabilen Strukturen in TGGE. Ein Transkriptionsassay mit $c_{NTP} = 1$ mM wurde mit Stopp-Puffer nach 1 h beendet. Die Transkripte wurden in Lösung mit dem α^{32}P-markierten Oligonukleotid *oligo27AB* (siehe Abb. 7.14) hybridisiert, anschließend in TGGE aufgetrennt und durch Silberfärbung bzw. Autoradiographie nachgewiesen. In Übereinstimmung mit der Vorhersage durch SeqFold (siehe Abb. 7.13 auf Seite 144) werden nur die mit P/Q und R bezeichneten Banden durch das Oligonukleotid markiert. Nur diese Banden enthalten also metastabile Strukturen mit Hairpin II, während unter diesen Transkriptions- und Inkubationsbedingungen die Mehrzahl der Transkripte in der nativen, stäbchenförmigen Struktur (S) vorliegt.

Strukturvorhersage von Proteinen

8

Protein-Struktur

Proteine sind Polymere; die monomere Bausteine sind Aminosäuren. Die strukturellen und funktionalen Eigenschaften der Proteine ergeben sich folglich aus den chemischen Eigenschaften der Polypeptidkette. Üblicherweise werden fünf Stufen an struktureller Organisation für Proteine unterschieden:

1. **Primärstruktur** ist definiert als die lineare Abfolge der Aminosäuren in der Polypeptidkette vom N-terminalen zum C-terminalen Ende. Diese Richtung entspricht damit der 5'→3'-Richtung der Nukleinsäure.

2. **Sekundärstruktur** bezeichnet regelmäßige geometrische Anordnungen der Polypeptidkette wie z. B. α-Helix oder β-Faltblatt. Dies sind natürlich dreidimensionale Gebilde!

3. **Supersekundärstruktur** bezeichnet streng genommen Faltblätter mit regelmäßiger Peptidrückgratanordnung. Meist werden unter diesem Begriff aber Aggregate von allen Sekundärstrukturen zusammengefasst.

4. **Tertiärstruktur** resultiert aus langreichweitigen Wechselwirkungen innerhalb einer Polypeptidkette.

5. **Quartärstruktur** bezeichnet die Organisation von Untereinheiten eines Proteins und/oder von zwei oder mehr unabhängigen Polypeptidketten.

Auf diese fünf Stufen wird im Folgenden eingegangen, um Verständnis für die Probleme bei der Vorhersage von Proteinstruktur zu vermitteln. Für mehr Information, als hier gegeben werden kann, wird zum einen auf das Kursmaterial zu

```
        COOH
         |
  H₂N-C-H
         |
         R
```

Abbildung 8.1: L-Konfiguration der Aminosäuren.
Dies entspricht der (S)-Konfiguration im Cahn-Ingold-Prelog-System außer bei L-Cystein, das in R mit der Thiol-Gruppe einen Substituenten mit höherem Rang als die Carboxylgruppe besitzt.

"The Principles of Protein Structure Using the Internet"[1] und zum anderen auf "Introduction to Protein Structure"[2] (B. Steipe) verwiesen. Ein aktuelles Buch mit ähnlichem Inhalt ist Lesk (2000).

8.1 Aminosäuren als Bausteine

Aminosäuren (siehe Tab. 8.1 auf der nächsten Seite) sind die chemischen Bausteine der Proteine. Dabei handelt es sich um α-Aminocarbonsäuren. Vier Substituenten sind mit dem C^α-Atom verbunden: (i) das α-Proton, (ii) die Seitenkette (-R), die die Grundlage für die verschiedenen Eigenschaften der Aminosäuren ist, (iii) die Carboxylgruppe (-COOH) und (iv) die Aminogruppe (-NH$_2$). Bei allen Aminosäuren außer Glycin, das nur ein Proton als Seitenkette besitzt, handelt es sich bei dem C^α-Atom um ein asymmetrisches Zentrum (siehe Abb. 8.1); daher sind diese Aminosäuren optisch aktiv. Nur das L-Isomere wird ribosomal in Proteine eingebaut.

Üblicherweise werden die Seitenketten in die drei Kategorien unpolar, polar und geladen eingeteilt (siehe Tab. 8.1 bis 8.2 auf Seiten 151–153 und Abb. 8.2 auf Seite 153). Die einfachste Aminosäure ist Glycin. Alanin, Valin, Leucin, Isoleucin und Prolin besitzen komplett aliphatische Seitenketten. Unpolare Seitenketten besitzen eine geringe Löslichkeit in Wasser und können nur van-der-Waals-Wechselwirkungen mit Wasser eingehen. Die weiteren Aminosäuren enthalten Heteroatome in ihren Seitenketten und sind so in der Lage, mehr Wechselwirkungen einzugehen. Die Seitenketten von Serin, Threonin und Tyrosin enthalten Hydroxylgruppen, sodass sie als Wasserstoffbrücken-Donatoren und -Akzeptoren fungieren können. Die Seitenketten von Asparagin und Glutamin sind relativ polar und können ebenfalls als Wasserstoffbrücken-Donatoren und -Akzeptoren fungieren.

Eine weitere Gruppe von Aminosäuren besitzt bei neutralem pH eine geladene Seitenkette. Zu diesen zählen Lysin, Arginin, Histidin, Asparaginsäure und Glutaminsäure. Lysin, Arginin und Histidin sind die basischen Aminosäuren. Histidin besitzt eine zyklische Seitenkette mit zwei Stickstoffatomen (Imidazol-Gruppe). Asparaginsäure und Glutaminsäure sind die sauren Aminosäuren, die sich nur durch die Zahl der Methylengruppen unterscheiden.

---

[1] http://www.cryst.bbk.ac.uk/PPS95/

[2] http://www.LMB.uni-muenchen.de/users/steipe/lectures/structure/protein_structure.html

Tabelle 8.1: Aminosäuren. Siehe auch
`http://www.rrz.uni-hamburg.de/biologie/b_online/d16/16j.htm`

Name / Linearisierte Strukturformel	Abkürzung	Struktur	pI	pK-Werte		
Alanin $CH_3-CH(NH_2)-COOH$	Ala A		6,0	2,4	9,9	
Arginin $HN=C(NH_2)-NH-(CH_2)_3-CH(NH_2)-COOH$	Arg R		11,2	1,8	9,0	13,2
Asparagin $H_2N-CO-CH_2-CH(NH_2)-COOH$	Asn N		5,4	2,0	8,8	
Asparaginsäure $HOOC-CH_2-CH(NH_2)-COOH$	Asp D		2,8	2,0	3,9	10,0
Cystein $HS-CH_2-CH(NH_2)-COOH$	Cys C		5,0	1,9	10,3	
Glutamin $H_2N-CO-(CH_2)_2-CH(NH_2)-COOH$	Gln Q		5,7	2,2	9,1	
Glutaminsäure $HOOC-(CH_2)_2-CH(NH_2)-COOH$	Glu E		3,2	2,1	4,3	10,0
Glycin $CH_2(NH_2)-COOH$	Gly G		6,0	2,4	9,8	
Histidin $NH-CH=N-CH=C-CH_2-CH(NH_2)-COOH$ $\mid\text{------------}\mid$	His H		7,5	1,8	6,1	9,2
Isoleucin $CH_3-CH_2-CH(CH_3)-CH(NH_2)-COOH$	Ile I		5,9	2,3	9,8	

Tabelle 8.1: Aminosäuren. (Fortsetzung von S. 151)

Name Abkürzung Linearisierte Strukturformel	Struktur	pI	pK-Werte
Leucin Leu L $(CH_3)_2$-CH-CH_2-CH(NH_2)-COOH		6,0	2,3 9,7
Lysin Lys K H_2N-$(CH_2)_4$-CH(NH_2)-COOH		9,6	2,2 9,2 10,8
Methionin Met M CH_3-S-$(CH_2)_2$-CH(NH_2)-COOH		5,7	2,2 9,3
Phenylalanin Phe F Ph-CH_2-CH(NH_2)-COOH		5,5	2,6 9,2
Prolin Pro P NH-$(CH_2)_3$-CH-COOH $\vert$----------$\vert$		6,3	2,0 10,6
Serin Ser S HO-CH_2-CH(NH_2)-COOH		5,7	2,2 9,4
Threonin Thr T CH_3-CH(OH)-CH(NH_2)-COOH		5,6	2,1 9,1
Tryptophan Trp W Ph-NH-CH=C-CH_2-CH(NH_2)-COOH $\vert$---------$\vert$		5,9	2,4 9,4
Tyrosin Tyr Y HO-p-Ph-CH_2-CH(NH_2)-COOH		5,7	2,2 10,1
Valin Val V $(CH_3)_2$-CH-CH(NH_2)-COOH		6,0	2,3 9,7

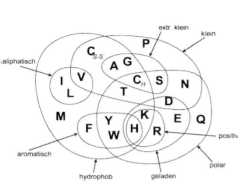

Abbildung 8.2: Venn-Diagramm der 20 in Proteinen vorkommenden Aminosäuren. Die Aminosäuren wurden aufgrund solcher physikalisch-chemischer Eigenschaften geclustert, die für die Tertiärstruktur von Proteinen wichtig sind. Die Aminosäuren sind im wesentlichen in die zwei Gruppen „polar" und „hydrophob" eingeteilt, eine dritte Gruppe „klein" umfasst die kleinen Aminosäuren. Die Menge „extrem klein" enthält diejenigen Aminosäuren, die höchstens zwei Seitenkettenatome besitzen. Cystein in reduzierter Form (C_{SH}) ist Serin ähnlich, in oxidierter Form ($C_{S\text{-}S}$) ist es Valin ähnlich. Aufgrund des speziellen Einflusses auf den Hauptkettenverlauf liegt Prolin isoliert.

Tabelle 8.2: Aminosäureeigenschaften. Nach
http://www.rrz.uni-hamburg.de/biologie/b_online/d16/16j.htm

Eigen-schaft	Ala A	Arg R	Asn N	Asp D	Cys C	Glu E	Gln Q	Gly G	His H	Ile I	Leu L	Lys K	Met M	Phe F	Pro P	Ser S	Thr T	Trp W	Tyr Y	Val V
sauer				X		X														
basisch		X							X			X								
neutral	X		X		X		X	X		X	X		X	X	X	X	X	X	X	X
geladen		X		X		X			X			X								
negativ				X		X														
positiv		X							X			X								
polar		X	X	X	X	X	X		X			X				X	X			
hydrophob	X							X		X	X		X	X				X	X	X
aliphat.	X							X		X	X									X
aromat.									X					X				X	X	
innen	X				X					X	X		X	X						X
außen		X	X	X		X	X	X	X			X			X	X	X		X	
azyklisch	X	X	X	X	X	X	X	X		X	X	X	X			X	X			X
zyklisch									X					X	X			X	X	
groß		X				X	X		X	X	X	X	X	X				X	X	
mittel			X	X	X										X		X			X
klein	X							X								X				

Cystein wird sehr leicht, z. B. an Luft, zum Disulfid Cystin dehydriert; beide bilden ein reversibles Redoxsystem. Methionin, das einen Thioether als Seitenkette enthält, ist hydrophob und relativ inert als Wasserstoffbrücken-Akzeptor.

Die aromatischen Aminosäuren sind Phenylalanin, Tryptophan und Tyrosin. Der Toluol-Rest von Phenylalanin macht diese Aminosäure sehr hydrophob. Diese drei Aminosäuren besitzen eine verschieden starke Absorption (und Fluoreszenz!) im UV-Bereich und bestimmen die Protein-Absorptionseigenschaften bei 280 nm. Die ungeladene Form von Histidin ist ebenfalls aromatisch; bei neutralem pH fehlt ihr allerdings die typische UV-Absorption der „richtigen" aromatischen Aminosäuren.

Die α-Amino- und α-Carboxyl-Gruppe der aliphatischen Aminosäuren besitzen pK-Werte von 6,8 bis 7,9 bzw. von 3,5 bis 4,3. Im Protein besitzen nur die Amino- und Carboxy-terminalen Einheiten die entsprechende Ladung.

8.2   Die Polypeptidkette

Die Polypeptidsynthese ist eine Kondensationsreaktion unter Wasserabspaltung, die nicht spontan stattfindet ($\Delta G^0 \approx +20$ kJ/mol), sondern meistens durch die Ribosomen katalysiert wird. Außer den zwanzig in Tab. 8.1 auf Seite 151 aufgezählten Aminosäuren wird ribosomal nur noch Seleno-Cystein (siehe 1.20 auf Seite 33) und Pyrrolysin (Srinivasan *et al.*, 2002) über Stopp-Codons eingebaut; Modifikation von Aminosäuren findet post-translational statt. Die Hydrolyse der Peptidbindung muss ebenfalls enzymatisch oder durch Kochen in 1 M HCl oder NaOH katalysiert werden, da sie durch eine hohe Aktivierungsenergie-Barriere behindert wird.

8.3   Die Peptidbindung

In der Peptidbindung ist der C'–N-Abstand mit 0,132 nm kürzer als der Abstand einer normalen C^α–N-Bindung mit 0,147 nm; außerdem ist die C=O-Doppelbindung mit 0,124 nm um etwa 0,002 nm länger als die entsprechenden Bindungen in Aldehyden oder Ketonen (siehe Abb. 8.3A und B). Dies ist eine Konsequenz der unterschiedlichen Polaritäten der Atome und der Hybridisierung ihrer Bindungsorbitale. Als Resultat ergibt sich eine Resonanzstruktur mit partiellem Doppelbindungscharakter der Peptidbindung C'–N und einem permanenten Dipolmoment mit dem negativen Pol auf dem Carbonyl-Sauerstoff. Daher ist die Rotation um die Peptidbindung (Winkel ω; siehe Abb. 8.3 auf der nächsten Seite und nächstem Abschnitt) eingeschränkt; die Energiebarriere zwischen *cis*- und *trans*-Konformation beträgt etwa 80 kJ/mol; nur bei Prolin ist sie geringer mit etwa 50 kJ/mol. Die Energiedifferenz zwischen *cis* und *trans* beträgt allerdings nur etwa 8 kJ/mol zugunsten von *trans*. Entsprechend ist für alle Aminosäuren außer Prolin die *trans-*

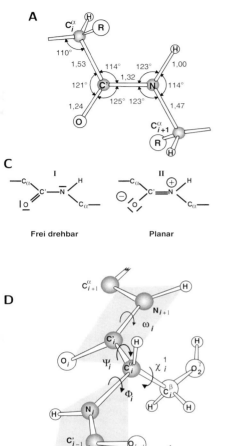

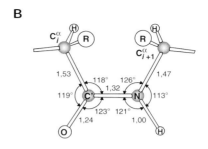

Abbildung 8.3: Peptidbindung.
A: Winkel und Distanzen der üblichen *trans*-Peptidbindung.
B: Winkel und Distanzen der seltenen *cis*-Peptidbindung.
C: Die zwei Grenzstrukturen der Peptidbindung. Konformation I erlaubt die freie Rotation um die C'–N-Bindung, während Konformation II ein großes Dipolmoment besitzt. Die reale Struktur besteht zu etwa 60 % aus I und zu 40 % aus II.
D: Definition der Dieder-Winkel in der Polypeptidkette. Die Kettenrichtung ist durch den Pfeil angegeben. Die grauen Flächen bezeichnen z. B. die sechs Atome C_i^α, C'_i, O_i, N_{i+1}, C_{i+1}^α und H_{i+1}, die üblicherweise in einer Ebene liegen; d. h. der Winkel ω ist 180 °. Die eingezeichneten Dieder-Winkel betragen $\psi_i = 180$ °, $\phi_i = 180$ ° und $\chi_i^1 = 180$ °.
Nach Schulz & Schirmer (1979).

Konformation mit einem Verhältnis von *trans/cis* $\approx 90/10$ bevorzugt; das Verhältnis beträgt bei Prolin etwa $70/30$. Wie bei jeder anderen Doppelbindung liegen die zur Doppelbindung benachbarten Atome in einer Ebene (siehe Abb. 8.3D). Allerdings sind mit einem geringen Energieaufwand von 4 kJ/mol folgende Abweichungen von der planaren Geometrie möglich:

$$\begin{aligned}
&\text{Abweichung im Bindungswinkel} && \approx 5\,° \\
&\text{Abweichung in der Bindungslänge} && \approx 0{,}005\ \text{nm} \\
&\text{Abweichung im Torsionswinkel } \omega && \approx 12\,°
\end{aligned}$$

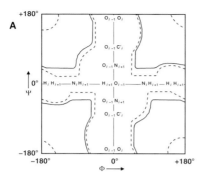 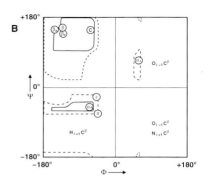

Abbildung 8.4: Ramachandran-Plot. Mit durchgezogenen bzw. gestrichelten Linien sind die ϕ, ψ-Regionen eingegrenzt, die nach einem harten Kugel-Modell für die Atome bei normalen bzw. in extremen Grenzfällen noch möglich sind. Atome, die sich in der jeweiligen Region zu nahe kommen, sind an entsprechenden Stellen eingezeichnet.
A: Karte für Glycin.
B: Karte für Aminosäuren mit C^β-Atom. Regionen, die idealerweise einer linksgängigen α_L-, rechtsgängigen α_R- oder π-Helix, einem parallelen β_P-, antiparallelen β_A- oder verdrehtem β-Faltblatt oder einer Collagen-Helix entsprechen, sind eingezeichnet.
Nach Schulz & Schirmer (1979).

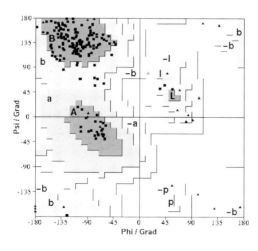

Abbildung 8.5: Ramachandran-Plot.
Beispiel für ein Protein aus
205 Aminosäuren. Kopiert von
http://www.biochem.ucl.ac.uk/
~roman/procheck/procheck.html.

Region A, a, -a: α-Helix
Region B, b, -b: β-Faltblatt
Region L, l, -l: Linksgängige α-Helix
Region p, -p: ϵ

Nicht-Pro und Nicht-Gly:

Bausteine in Reg. A, B und L	69,7 %
Bausteine in Reg. a, b, l und p	7,3 %
Bausteine in Reg. -a, -b, -l u. -p	0,5 %
Bausteine in verbotenen Reg.	0,0 %
Zahl von Endbausteinen	2,4 %
Pro	7,3 %
Gly (gezeigt als Dreiecke)	12,7 %

8.4   Ramachandran-Plot

Wie in Abb. 8.3 auf der vorherigen Seite gezeigt ist die Drehung um die Peptidbindung durch Resonanz behindert. Folglich lässt sich die Peptidketten-Konformation durch die zwei Drehwinkel um jedes C^α-Atom beschreiben. Die wichtigsten Winkel sind wie folgt definiert:

$$
\begin{aligned}
\omega_i &= 0 && \text{für} && C_i^\alpha\text{--}C'_i && \text{in } \textit{cis}\text{-Stellung zu} && N_{i+1}\text{--}C_{i+1}^\alpha, \\
\psi_i &= 0 && \text{für} && C_i^\alpha\text{--}N_i && \text{in } \textit{trans}\text{-Stellung zu} && C'_i\text{--}O_i \\
\phi_i &= 0 && \text{für} && C_i^\alpha\text{--}C'_i && \text{in } \textit{trans}\text{-Stellung zu} && N_i\text{--}H_i, \\
\chi_i^1 &= 0 && \text{für} && C_i^\alpha\text{--}N_i && \text{in } \textit{cis}\text{-Stellung zu} && C_i^\beta\text{--}O_i^\gamma,
\end{aligned}
$$

wobei die Definition für χ natürlich nur für die in Abb. 8.3D gezeigte Serin-Seitenkette gilt. Die Hochzahl von χ bezieht sich auf den Abstand des betrachteten Dieder-Winkels von C^α.

Für die möglichen Werte der Dieder-Winkel ψ und ϕ ist die sterische Hinderung zwischen den Atomen zweier benachbarter Peptid-Bindungen und mit den Atomen der Seitenketten relevant. In Prolin sind die Winkel durch den Ring fixiert auf $\phi = -60\,° \pm 20\,°$. Glycin hat auf Grund des Fehlens des C^β-Atoms erheblich mehr Möglichkeiten der Einstellungen von ϕ und ψ als andere Aminosäuren. Diese Möglichkeiten werden üblicherweise in ϕ, ψ-Karten dargestellt; diese Karten werden nach ihrem Erfinder als Ramachandran-Plots (Ramachandran $et\ al.$, 1963) bezeichnet (siehe Abb. 8.4 und 8.5 auf der vorherigen Seite).

In diesen Plots können entweder Regionen eingezeichnet sein, die erlaubt sind, wenn die Atome als harte Kugeln betrachtet werden, oder die unerlaubten Regionen werden über die Energiekosten berechnet, die für bestimmte Winkeleinstellungen notwendig sind. Z. B. ergibt sich, dass für Valin oder Isoleucin nur etwa 5 % der kompletten ϕ, ψ-Fläche zugänglich sind. Die günstigsten Regionen, die für alle Aminosäuren zugänglich sind, entsprechen Winkelkombinationen, die die Grundlage für die bekannten Sekundärstrukturelemente sind (siehe Abschnitt 8.5 auf der nächsten Seite). Beachten sollte man allerdings schon hier, dass diese günstigen Regionen durch Energiebarrieren von einander getrennt sind; d. h., direkte Umlagerungen zwischen z. B. α-Helix und β-Faltblatt sind auch für Aminosäuren, die konformationell in beiden Regionen möglich sind, energetisch eingeschränkt. Allerdings sind in vielen Proteinstrukturen einzelne Aminosäuren zu finden, deren Konformationen außerhalb der günstigen Regionen liegen; diese sind u. U. dann durch kompensatorische, energetisch günstige Wechselwirkungen in diesen Proteinstrukturen möglich.

Für einzelne Proteine, deren Röntgenstruktur oder NMR-Struktur bekannt ist, können entsprechende Ramachandran-Plots mit dem Programm ProCheck[3] erstellt werden. Vorgefertigte Ramachandran-Plots für einzelne Aminosäuren in allen PDB-Strukturen sind im WWW[4] erhältlich.

---

[3] http://www.biochem.ucl.ac.uk/~roman/procheck/procheck.html

[4] http://alpha2.bmc.uu.se/~gerard/rama/ramarev.html

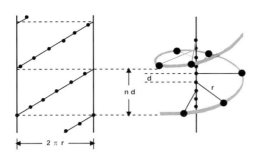

Abbildung 8.6: Definition und Repräsentation der Helixparameter.
n = Einheiten pro Windung;
d = axiale Verschiebung pro Einheit;
$n \cdot d$ = Ganghöhe ("pitch") der Helix;
r = Radius der Helix.
Links: Oberflächennetz, das durch Projektion der Helix auf ein koaxiales, zylindrisches Blatt Papier und Zerschneiden des Papiers parallel zur Helixachse entsteht.
Nach Schulz & Schirmer (1979).

8.5   Sekundärstrukturen

Die günstigsten Winkelkombinationen in der ϕ, ψ-Fläche sind die Grundlage der bekannten Sekundärstrukturelemente von Peptidketten:

$$\alpha_{\mathrm{R}} = \text{rechtsgängige } \alpha\text{-Helix} \quad \text{mit } (\phi, \psi) \approx (\ -60\,^\circ, \ \ -60\,^\circ)$$
$$\alpha_{\mathrm{L}} = \text{linksgängige } \alpha\text{-Helix} \quad \text{mit } (\phi, \psi) \approx (\ +60\,^\circ, \ \ +60\,^\circ)$$
$$\beta_{\mathrm{P}} = \text{paralleles } \beta\text{-Faltblatt} \quad \text{mit } (\phi, \psi) \approx (-130\,^\circ, +120\,^\circ)$$
$$\beta_{\mathrm{A}} = \text{antiparalleles } \beta\text{-Faltblatt mit } (\phi, \psi) \approx (-150\,^\circ, +150\,^\circ)$$

Diese Strukturelemente werden im Folgenden näher besprochen. Für die Definition weiterer Strukturelemente, z. B. π-Helix, ϵ (elongierte Kette) oder 3_{10}-Helix wird auf die Literatur verwiesen. Es soll aber vorweg schon betont werden, dass alle diese Strukturelemente auf die sterisch erlaubten Regionen im Ramachandran-Plot zurückzuführen sind und nicht besondere Eigenschaften der Seitenketten benötigen.

Der Witz der genannten Sekundärstrukturelemente liegt natürlich darin, dass aufeinanderfolgende Peptideinheiten die identische relative Orientierung besitzen; d. h., diese Peptideinheiten besitzen die gleichen ϕ- und ψ-Winkel. Alle solche Peptideinheiten mit identischer Orientierung bilden eine Helix. Sie werden beschrieben (siehe Abb. 8.6 und Tab. 8.3 auf der nächsten Seite) durch den Anstieg d ("rise") pro Element, die Anzahl Elemente n pro Windung ("turn") und den Abstand r eines Atomes, hier des C^α-Atoms, von der Helixachse. Die Chiralität der Helix wird durch das Vorzeichen von n angegeben. Jede Helix ist polar, da die Peptideinheiten polar sind. Die Helices werden systematisch bezeichnet mit n_z, wobei z die minimale Zahl der Atome ist, die durch eine Wasserstoffbrücke verbunden sind. Helices mit gleichem n liegen auf Kurven im Ramachandran-Plot.

Tabelle 8.3: Helixtypen von Polypeptidketten. Nach Schulz & Schirmer (1979).

Helix	Auftreten	Einheiten pro Windung n und Chiralität[a]	Anstieg pro Element d/nm	Radius der Helix r/nm
Planares paralleles Faltblatt	selten	±2,0	0,32	0,11
Planares antiparalleles Faltblatt	selten	±2,0	0,34	0,09
Gedrehtes paralleles oder antiparalleles Faltblatt	häufig	−2,3	0,33	0,10
3_{10}-Helix	kurze Stücke	+3,0	0,20	0,19
α_R-Helix	häufig	+3,6	0,15	0,23
α_L-Helix	in Turns	−3,6	0,15	0,23
π-Helix	in Turns	+4,3	0,11	0,28
Collagen-Helix	in Fasern	−3,3	0,29	0,16

[a] Positives bzw. negatives Vorzeichen beziehen sich auf rechts- bzw. linksgängige Helix.

8.5.1 α-Helix

Die rechtsgängige α-Helix mit 3,6 Peptideinheiten pro Windung und 0,54 nm Ganghöhe ist das häufigste Sekundärstrukturelement. Die Peptideinheiten $(i + 3)$ und $(i + 4)$ liegen am dichtesten an der Peptideinheit i, wobei die Amidprotonen der Einheit $(i + 3)$ oder $(i + 4)$ so in der Nähe des Carbonylsauerstoffs der Einheit i zu liegen kommen, dass eine Wasserstoffbrücke gebildet werden kann (siehe Abb. 8.7 auf der nächsten Seite). Ob diese Absättigung aller Wasserstoffbrücken-Akzeptoren und -Donatoren im Inneren der Helix zu einer Stabilisierung der Helix beiträgt ist diskussionswürdig, da natürlich das Peptidrückgrat auch durch Wasserstoffbrücken zum Lösungsmittel abgesättigt werden kann (siehe nächstes Kapitel 9 auf Seite 175). Die radialen Dimensionen der Helix sind so klein, dass sie nahezu optimal sind für stabilisierende van-der-Waals-Kontakte über die Helixachse. In der Helix sind die Dipolmomente der einzelnen Peptideinheiten in Linie, sodass über die komplette Helix ein Dipolmoment von etwa einer halben Einheitsladung existiert.

8.5.2 β-Faltblatt

Das planare parallele und das planare antiparallele β-Faltblatt resultieren aus zwei verschiedenen Winkelkombinationen im Ramachandran-Plot (siehe Abb. 8.4

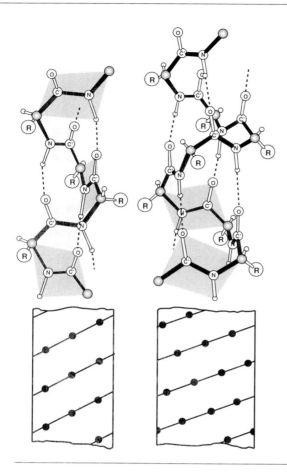

Abbildung 8.7: Schema der 3_{10}- und der α-Helix.
Die grauen Flächen bezeichnen jeweils die sechs Atome, die in einer Ebene liegen.
Links: 3_{10}-Helix.
Rechts: α-Helix.
Unten sind die Zylinderplots dieser Helices gezeigt; der Kettenverlauf ist durch die Striche und die Position der C^α-Atome durch Punkte markiert.
Nach Schulz & Schirmer (1979).

und 8.5 auf Seite 156). In beiden Fällen sind die Dipole der Amidgruppen in Linie und es ergeben sich regelmäßige Anordnungen von Wasserstoffbrücken zwischen Peptidketten in diesen Konformationen (siehe Abb. 8.8 bis 8.9 auf der nächsten Seite).

Die Seitenketten aufeinanderfolgender Peptideinheiten innerhalb einer Kette zeigen abwechselnd nach oben bzw. unten aus dem Faltblatt heraus, wobei die C^α-C^β-Bindungen etwa senkrecht auf der Faltblatt-Ebene stehen. Gemischte parallele/antiparallele Faltblätter sind mit geringen Winkelabweichungen möglich (siehe Abb. 8.9 auf der nächsten Seite).

Solche planaren Faltblätter kommen tatsächlich in Proteinen vor; weitaus häufiger treten aber nicht-planare Faltblätter auf (twisted β-sheet; siehe Abb. 8.10 auf Seite 162). Sie besitzen eine linksgängige Drehung bei Blickrichtung senkrecht zu den Peptidketten über das Faltblatt bzw. eine rechtsgängige Drehung bei Blick in Rich-

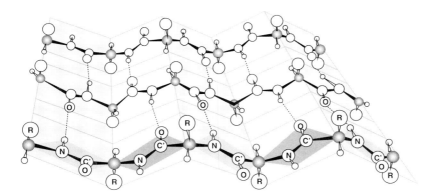

Abbildung 8.8: Schema des antiparallelen β-Faltblatts. Die gepunkteten Linien zwischen den Carbonyl-Sauerstoffen und den Protonen der Amid-Stickstoffe bezeichnen die Wasserstoffbrücken zwischen den Peptidketten.

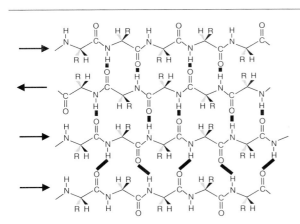

Abbildung 8.9: Schema der β-Faltblatt-Topologie. Die dicken Linien zwischen den Carbonyl-Sauerstoffen und den Amid-Stickstoffen bezeichnen die Wasserstoffbrücken zwischen den Peptidketten; die Pfeile markieren die Richtung der Peptidketten.

tung der Peptidketten (siehe Abb. 8.10C und D). Jede Kette für sich bildet eine langgezogene linksgängige Helix, in der die Amid- und Carbonylgruppen von jeweils zwei Peptiden um etwa 60 ° gegeneinander verdreht sind (siehe Abb. 8.10B). Daraus folgt, dass benachbarte Stränge nur Wasserstoffbrücken miteinander ausbilden können, wenn die Stränge einen Winkel von 25 ° miteinander bilden (siehe Abb. 8.10D).

Alle drei beschriebenen Faltblätter basieren auf Winkelkombinationen in einer erlaubten Region des Ramachandran-Plots (siehe Abb. 8.5 auf Seite 156 und 8.10A), die allerdings nur das Rückgrat berücksichtigen. Lokale Winkel-Abweichungen, die

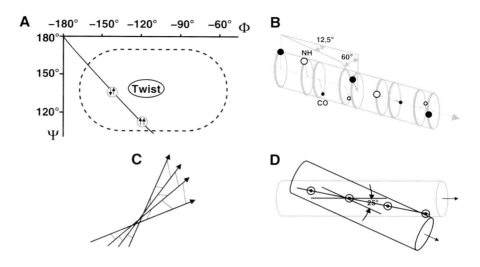

Abbildung 8.10: Verdrehtes β-Faltblatt.
A: Teil des Ramachandran-Plots, der die Winkel-Regionen des nicht-verdrehten parallelen, des nicht-verdrehten antiparallelen und des linksgängigen, verdrehten β-Faltblatts
("twist") zeigt. Die gepunktete Kurve ist eine Energiepotentialfläche von $+4$ kJ/mol für
die Abweichung von den energetisch optimalen Winkelkombinationen.
B: Eine einzelne Peptidkette in verdrehter β-Faltblatt-Konformation ist eine langge-
streckte linksgängige Helix. Die Richtung der Carbonylgruppen ist durch schwarze Punkte und und die der Amidgruppen durch Kreise gekennzeichnet.
C: Paralleles Faltblatt mit der üblicherweise beobachteten linksgängigen Verdrehung.
D: Zwei um 25 ° gegeneinander gekippte Peptidketten in verdrehter β-Faltblatt-Konfor-
mation – wie in B) gezeigt – können zwischen den Ketten Wasserstoffbrücken ausbilden,
die durch Punkte im Kreis markiert sind.
Nach Schulz & Schirmer (1979).

durch die Seitenketten bedingt sind, führen im Mittel dann zu Winkelkombinationen, die im Zentrum dieser erlaubten Region liegen. Dieses Zentrum entspricht
aber gerade dem verdrehten β-Faltblatt.

8.5.3　Reverse Turns

In reversen Turns, die manchmal auch als β-Turns bezeichnet werden, sind immer
die Carbonyl-Gruppe des Peptids i mit der Amid-Gruppe des Peptids $(i+3)$ durch
eine Wasserstoffbrücke verbunden (siehe Abb. 8.11 auf der nächsten Seite). Der
entscheidende Unterschied zwischen den Typen I und II ist die verschiedene Orientierung zwischen Einheiten $(i+1)$ und $(i+2)$. Typ III besitzt die Konformation
einer 3_{10}-Helix (siehe Abb. 8.7 auf Seite 160).

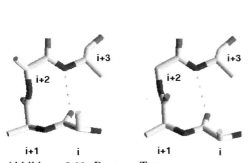 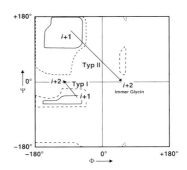

Abbildung 8.11: Reverse Turns.
Links: Typ I mit Konformation einer deformierten 3_{10}-Helix.
Mitte: Typ II; nur Glycin ist als Einheit $(i + 2)$ möglich.
Rechts: Zugehörige Winkelkombinationen im Ramachandran-Plot.
Nach www.cryst.bbk.ac.uk/PPS95/course/6_super_sec/super1.html

8.6 Supersekundärstrukturen

Im Folgenden werden einige Beispiel gegeben, wie Sekundärstrukturelemente miteinander assoziieren; diese Aggregate sind meist keine kompletten Proteine.

8.6.1 β-Hairpins

Als Loop-Regionen zwischen antiparallelen β-Faltblättern treten sog. β-Hairpinss auf. Hier sind eine ganze Reihe von Varianten möglich, die unterschiedlich häufig auftreten. β-Hairpins aus zwei Einheiten (siehe Abb. 8.12 auf der nächsten Seite) sind am häufigsten, wobei der Typ I' bevorzugt ist, da er eine optimale Verdrehung für die anschließenden Einheiten in β-Faltblatt-Konformation ergibt. Eine solche günstige Stellung der benachbarten Ketten für β-Faltblatt-Konformation kann nicht mit reversen Turns erzielt werden. Der Hauptunterschied zwischen Typ I' und II' ist die verschiedene Orientierung der Peptidgruppe zwischen Einheit 1 und 2.

Oft bilden die Einheiten am Ende von zwei β-Faltblättern nur eine Wasserstoffbrücke innerhalb drei oder vier Einheiten, die den Loop bilden (siehe Abb. 8.13 auf Seite 165).

Ein Helix-Hairpin oder $\alpha\alpha$-Hairpin verbindet zwei antiparallele α-Helices. Die kürzeste Verbindung besteht aus zwei Einheiten bestimmter Konformation wie in Abb. 8.14 auf Seite 166 gezeigt. Solche Hairpins mit definierter Konformation sind auch mit drei oder vier Einheiten möglich.

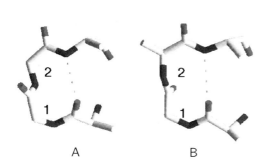

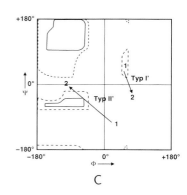

A   B

C

Abbildung 8.12: β-Hairpins aus zwei Aminosäuren.
A: Typ I': Aminosäure 1 ist in linksgängiger α-Helix-Konformation, die daher bevorzugt Glycin wegen fehlenden Seitenkette oder Asparagin oder Aspartat wegen zusätzlicher Wasserstoffbrücken zwischen Seitenkette und Rückgrat ist. Aminosäure 2 ist fast immer Glycin, da ansonsten sterische Hinderungen auftreten.
B: Typ II': Aminosäure 1 kann nur Glycin sein; als Aminosäure 2 sind polare Aminsäuren wie z. B. Serin oder Threonin bevorzugt.
C: Zugehörige Winkelkombinationen im Ramachandran-Plot.
Nach `www.cryst.bbk.ac.uk/PPS95/course/6_super_sec/super1.html`

8.6.2 Helix-Turn-Helix-Motiv

Loop-Regionen, die α-Helices verbinden, haben oft wichtige Funktionen. In Abb. 8.15 auf Seite 166 ist oben ein Beispiel, ein ubiquitär vorhandenes Binde-Motiv für Kalzium-Ionen, gezeigt; die Ionenbindung wird hier durch Wasser, Carboxyl-Seitenketten und Rückgrat-Carbonyl-Gruppen des Loops vermittelt.

Weitere Helix-Loop-Helix-Motive sind sehr häufig bei Nukleinsäure-Binde-Proteinen. In Abb. 8.15 unten ist das RNA-bindende rop Protein gezeigt, das von bestimmten Plasmiden kodiert wird und in deren Replikation involviert ist. Ein DNA-bindendes Helix-Loop-Helix-Motiv wurde zuerst beschrieben beim cro Repressor (siehe Abb. 8.16 auf Seite 167) des Bakteriophagen λ. Dieses Protein ist ein Homodimer aus je 66 Aminosäuren. Jede Untereinheit besteht aus drei antiparallelen β-Faltblättern und drei α-Helices inseriert zwischen die ersten zwei β-Faltblätter; die Untereinheiten assoziieren über das jeweils dritte Faltblatt durch Bildung eines sechssträngigen β-Faltblatts. Die durch das Protein erkannte Sequenz ist ein Palindrom (interne zweifache Symmetrieachse, siehe Abb. 5.3 auf Seite 102). Die zwei Erkennungshelices stehen ebenfalls über eine zweifache Symmetrieachse in Beziehung zueinander. Jede der Erkennungshelices passt in die große Grube der DNA und interagiert mit der identischen Hälfte des DNA-Palindroms. Diese entscheidende Konformation wird durch die restliche Proteinstruktur in der korrekten relativen Position gehalten.

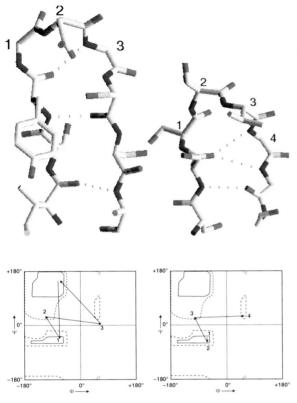

Abbildung 8.13: β-Hairpins aus drei und vier Aminosäuren.
Links: β-Hairpin aus drei Aminosäuren: Aminosäure 1 besitzt rechtsgängige α-helikale Konformation; die Winkelkombination der Aminosäure 2 liegt im Brückenbereich zwischen α-Helix und β-Faltblatt; Aminosäure 3 besitzt eine Winkelkombination nahe einer Linkshelix und besteht daher meist aus Glycin, Asparagin oder Aspartat.
Rechts: β-Hairpin aus vier Aminosäuren: Die ersten beiden Aminosäuren besitzen α-helikale Konformation; die Winkelkombination der Aminosäure 3 liegt im Brückenbereich zwischen α-Helix und β-Faltblatt; Aminosäure 4 besitzt eine Winkelkombination nahe einer Linkshelix und besteht daher meist aus Glycin, Asparagin oder Aspartat.
Unten: Zugehörige Winkelkombinationen im Ramachandran-Plot.
Nach `www.cryst.bbk.ac.uk/PPS95/course/6_super_sec/super1.html`

Für weitere Informationen und Bilder zu DNA-bindenden Proteinen siehe u. a. folgende Adressen:

- DNA-binding protein structural families, grouped by DNA recognition motif[5]

- Protein-Nucleic Acid-Interaction-Server[6]

8.6.3 Coiled-coil α-Helix

In Faser-Proteinen ist eine Superhelix relativ häufig, die aus zwei links umeinandergewundenen, rechtsgängigen α-Helices besteht (siehe Abb. 8.17 auf Seite 167). Die Kontaktlinie zwischen den zwei α-Helices bildet dabei die Helixachse der Superhelix; der Winkel zwischen den zwei Helices beträgt etwa 10 °. Jede siebte Einheit

---

[5] http://www.biochem.ucl.ac.uk/bsm/prot_dna/prot_dna.html

[6] http://www.biochem.ucl.ac.uk/bsm/DNA/server/

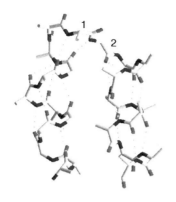

Abbildung 8.14: Helix-Hairpin aus zwei Aminosäuren. Aminosäure 1 besitzt eine Winkelkombination im Brückenbereich zwischen α-Helix und β-Faltblatt und Aminosäure 2, meist Glycin, besitzt ϵ-Konformation.
Nach www.cryst.bbk.ac.uk/PPS95/ course/6_super_sec/super1.html

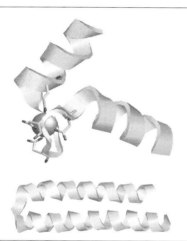

Abbildung 8.15: Helix-Turn-Helix-Motiv. Oben: Das gezeigte Helix-Turn-Helix-Motiv wird als "EF hand" bezeichnet nach seinem Auftreten zwischen den Helices E und F in Parvalbumin. Dieses Motiv ist eine weit verbreitete Kalzium-Bindestelle. Der Loop besteht aus 12 Einheiten mit polaren und hydrophoben Aminosäuren an definierten Positionen. Das Kalzium-Ion ist oktaedrisch durch die gezeigten Carboxyl-Seitenketten, Rückgrat-Wechselwirkungen und Wasser koordiniert.
Unten: Struktur des RNA-Binde-Proteins rop, das in der Replikation bestimmter Plasmide involviert ist.

innerhalb einer Helix kommt wieder an äquivalenter Position zu liegen. Zwischen den zwei α-Helices besteht enger Kontakt, da die hydrophoben Seitenketten der Einheiten $(a,d)_m$ zwischen die hydrophoben Seitenketten der Einheiten $(a',d')_m$ wie ein Reißverschluss passen.

8.6.4 $\beta\xi\beta$-Einheit und β-Mäander

Relativ häufig treten diverse Kombinationen von zwei parallelen β-Strängen separiert durch eine sog. ξ Verbindung auf (z. T. auch als $\beta x\beta$ bezeichnet; siehe Abb. 8.18 auf Seite 168). Die Verbindung kann z. B. eine ungeordnete Kette (coil; $\beta c\beta$), eine α-Helix ($\beta\alpha\beta$) oder ein weiterer β-Strang ($\beta\beta\beta$) sein. Die Kombination von zwei $\beta\alpha\beta$-Einheiten hat aufgrund ihrer Häufigkeit einen eigenen Namen: Rossmann-Fold. Drei aufeinanderfolgende β-Stränge verknüpft über kurze

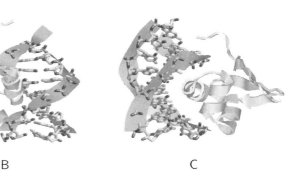

A B C

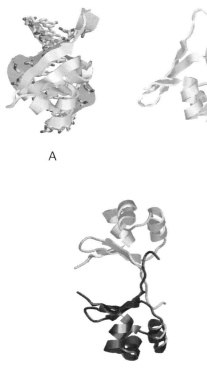

Abbildung 8.16:
Cro-Repressor-DNA-Wechselwirkung.
Gezeigt ist schematisch die Konformation
des für die Bindung entscheidenden Teils
eines Protein-Monomers als Bandmodell
und der DNA als Band- und Draht-Modell
(PDB: 6CRO). Die Blickrichtung ist in **A**
von vorne und in **B** und **C** von gegenüber
liegenden Seiten.
Links: Das Protein bindet als Homodimer
(PDB: 5CRO); die entscheidenden Wechselwirkungen werden über je eine α-Helix vermittelt, die in der großen Grube der DNA
liegt (vergleiche Teil b).

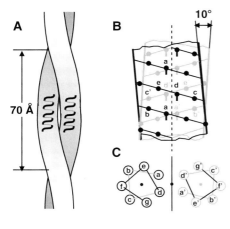

Abbildung 8.17: Coiled-coil α-Helix.
A: Schematische Struktur der linksgängigen Superhelix mit 14 nm Einheitslänge aus zwei parallelen α-Helices.
B: Zylinderplots der zwei parallelen α-
Helices. Die Zentralachse der Superhelix ist
gestrichelt gezeichnet. Die C^α-Atome sind
als Punkte markiert. Die Kontakte aa', dd'
usw. sind auf der Zentralachse angeordnet,
sodass z. B. die Seitenkette von d' zwischen
die Seitenketten von a, e, d und wieder-
holtem a passt.
C: Querschnitt durch die Superhelix. Die
C^α-Positionen sind alphabetisch beschriftet
entlang der Peptidketten, wobei a und a'
auf gleicher Höhe liegen.
Nach Schulz & Schirmer (1979).

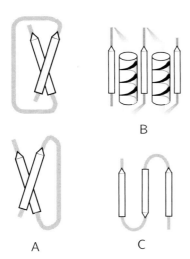

Abbildung 8.18: Supersekundärstrukturen mit β-Faltblättern.
A: βξβ-Einheit: Eine linksgängige (oben) und eine rechtsgängige (unten) Verbindung ξ zwischen zwei parallelen Faltblättern mit linksgängiger Verdrehung, wobei praktisch nur letztere beobachtet wird.
B: Rossmann-Fold zwischen zwei aufeinanderfolgenden βαβ-Einheiten.
C: β-Mäander, ein antiparalleles Blatt aus drei Strängen.
Nach Schulz & Schirmer (1979).

Loops werden als β-Mäander bezeichnet; sind die Loops reverse Turns, dann sind die drei β-Stränge durch etwa zwei Drittel der maximal möglichen Wasserstoffbrücken verbunden und in dieser Beziehung vergleichbar mit einer α-Helix.

8.6.5   β-Helix

Bei einer β-Helix (zur Übersicht siehe Jenkins & Pickersgill, 2001) handelt es sich um eine Superhelix, bei der jede Windung aus drei kurzen, parallelen β-Strängen und kurzen Zwischenstücken zusammengesetzt ist. Die β-Stränge von aufeinander folgenden Windungen bilden dabei β-Faltblätter; der Kern der Helices wird durch nach innen gerichtete hydrophobe Seitenketten gebildet, was für die Vorhersage solcher Strukturen ausgenutzt werden kann (Cowen *et al.*, 2002). Beispiele für einzelsträngige, linksgängige bzw. rechtsgängige β-Helices sind in Abb. 8.19 auf der nächsten Seite gezeigt. Proteine mit linksgängiger, paralleler β-Helix-Struktur gehören zu einer größeren Enzym-Familie, die sich durch ein wiederholtes Hexapeptid-Motiv [LIV] − [GAED] − X_2 − [STAV] − X auszeichnet; die aktive Form dieser Enzyme ist ein Trimer aus β-Helices. Auch hier wird die Struktur durch die zur Helixachse gerichteten hydrophoben Aminosäuren Leucin, Isoleucin und Valin der Position 1 des Hexapeptids stabilisiert. Diese Strukturmodelle werden zur Zeit in Zusammenhang mit der Protein-Aggregatbildung bei Alzheimer- und TSE-Erkrankungen diskutiert (zur Übersicht siehe Wetzel, 2002).

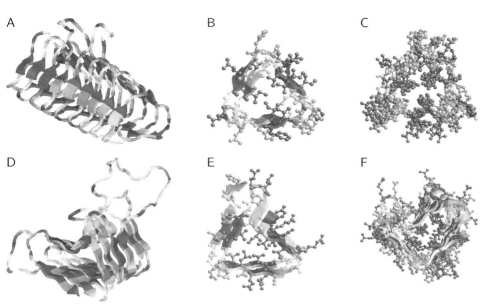

Abbildung 8.19: β-Helices. **Oben:** Gezeigt sind die Aminosäuren 1 bis 190 (**A**), 7 bis 42 (**B**) bzw. Ausschnitte 1 bis 72, 85 bis 101 und 110 bis 190 (**C**) von UDP-N-acetylglucosamin-acetyltransferase (PDB: 1LXA).
Unten: Gezeigt sind die Aminosäuren 164 bis 353 (**D**), 262 bis 306 (**E**) bzw. Ausschnitte 27 bis 64, 77 bis 96, 104 bis 153, 164 bis 177, 183 bis 227 und 260 bis 294 (**F**) des *Bordetella pertussis*-Virulenzfaktors (PDB: 1DAB).
In **A** und **D** ist erkennbar, dass Inserts in den Knickregionen der β-helikalen Strukturen toleriert werden. In **B** und **E** sind jeweils zwei Turns einer β-Helix gezeigt, während in **C** und **F** mehrere Turns ohne die zusätzlichen Inserts gezeigt sind, sodass der hydrophobe Kern der Helices aus Leucin, Isoleucin und Valin klar erkennbar ist.

8.7 Tertiärstrukturen

Im Folgenden soll die Organisation von Sekundär- und Supersekundär-Strukturen zu Tertiärstrukturen betrachtet werden. Hier gibt es eine Reihe von Anordnungen zu charakteristischen Einheiten, die oft als Domänen bezeichnet werden. Ein simples Beispiel für Domänenstruktur eines Proteins ist in Abb. 8.20 auf der nächsten Seite gezeigt. Komplette Domänen werden oft durch einzelne Exons kodiert, was für die evolutionäre Fusion von simplen Einheiten spricht, um eine komplexe Funktion zu erzielen. Hilfreich kann hier die "Protein Domain Database ProDom"[7] sein. Bei bekannter Proteinstruktur lassen sich Domänen oft auf mathematischem Weg finden, da diese eine kompakte Struktur mit einem eigenen hydrophoben Kern

---

[7] http://http://protein.toulouse.inra.fr/prodom.html

Substrat-Binde-Domäne

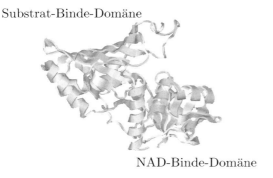

Abbildung 8.20:
D-Glyceraldehyd-3-phosphat-
dehydrogenase.

NAD-Binde-Domäne

Abbildung 8.21: β-**Sandwiches.**
Links: Orthogonales β-Sandwich in Lipocalin-Intestinal-Fettsäure-bindendem Protein (PDB: 1IFB).
Rechts: Aligniertes β-Sandwich in Fibronectin (PDB: 1TTF).

besitzen und zwischen einzelnen Domänen oft nur marginale Kontakte bestehen. Zusätzlich kann die „Aufspaltung" eines Proteins in Domänen die korrekte Faltung vereinfachen und beschleunigen. Allerdings sind auch oft die Bindungstaschen oder katalytischen Zentren zwischen Domänen lokalisiert. Zwischen verschiedenen Domänen kann es auch erhebliche Flexibilität durch relative Bewegungen geben; diese können dann wichtig sein für enzymatische Funktionen.

8.7.1 β-Topologien

Zwei β-Faltblätter können ein sog. β-Sandwich bilden (siehe Abb. 8.21). Im Fall von z. B. Immunoglobulinen besitzen die zwei Faltblätter einen Winkel von nur -30 ° gegeneinander und werden daher als aligniert bezeichnet. Die Faltblätter können auch orthogonal zueinander angeordnet sein.

Eine weitere häufige Anordnung mehrerer β-Faltblätter ist das sog. β-Barrel („Fass", siehe Porin in Abb. 10.3 auf Seite 195). Im "Greek Key"-Motiv ist ein

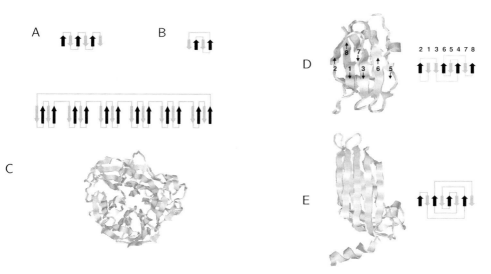

Abbildung 8.22: β-**Topologien. A:** Antiparalleles β-Faltblatt mit kurzen Hairpins, die die Stränge verbinden. **B:** "Greek key"-Motiv. **C:** Sechs β-Faltblätter bilden ein Superbarrel in Neuraminidase. **D:** "Greek key"-Motiv in Plastocyanin. **E:** "Jellyroll"-Motiv im Hüllprotein des "satellite tobacco necrosis"-Virus.
Nach www.cryst.bbk.ac.uk/PPS2/course/section10/all_beta.html

β-Faltblatt aus drei antiparallelen Strängen, die durch kurze Hairpins verbunden sind, über eine längere Verbindung mit einem vierten β-Strang verbunden, der benachbart zum ersten Strang liegt (siehe Abb. 8.22B und D). Im "Jellyroll"-Motiv ist das "Greek Key"-Motiv um zusätzliche β-Stränge und entsprechende Verbindungen erweitert (siehe Abb. 8.22E). Sechs verbundene vier-strängige antiparallele β-Faltblätter werden als "Superbarrel" oder β-Propeller bezeichnet (siehe Abb. 8.22C).

8.7.2   Membranproteine und Transmembran-Domänen

Die Proteinregion, die die Membran durchspannt, besteht üblicherweise aus einer (siehe Abb. 8.23(2)) oder mehreren (siehe Abb. 8.23(4)) α-Helices von je etwa 20 Aminosäuren. Im Fall mehrerer α-Helices sind diese durch Loops aus Aminosäuren mit polaren Seitenketten wie z. B. Helix-Hairpins (Abb. 8.14 auf Seite 166) verbunden. Ein typisches Beispiel ist Bacteriorhodopsin (siehe Abb. 8.24 auf der nächsten Seite), eine Licht-getriebene Protonenpumpe aus der Purpurmembran von *Halobacterium halobium*. Porin aus *Rhodobacter capsulatus* (siehe Abb. 10.3 auf Seite 195) ist ein weiteres Beispiel für ein integrales Membran-

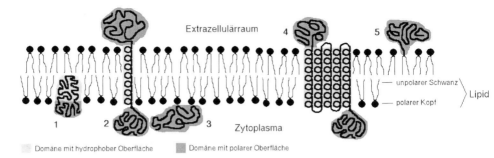

Abbildung 8.23: Membran-Protein-Klassifizierung.
(1) Amphipatisches Protein mit hydrophoben Oberflächenteil, der in der Membran steckt, und einem hydrophilen Oberflächenteil, der mit den polaren Köpfen der Membran und dem Lösungsmittel interagiert; kommt selten vor.
(2) Eine hydrophobe Domänen durchspannt die Membran; hydrophile Domänen sitzen am Ende der Transmembran-Domäne. Typischerweise besteht die Transmembran-Domäne aus α-Helices; z. B. Insulin-Rezeptor.
(3) Periphere Proteine, die über ionische Wechselwirkung mit Kopfgruppen der Lipide oder anderen Membranproteinen an die Membran gebunden sind; z. B. Cytochrom c.
(4) Proteinkette, die mehrfach die Membran durchspannt; z. B. Bacteriorhodopsin.
(5) Kovalente Verbindung mit einem Glykolipid-Anker; z. B. Prion-Protein.
Nach `www.cryst.bbk.ac.uk/PPS2/course/section10/membrane.html`

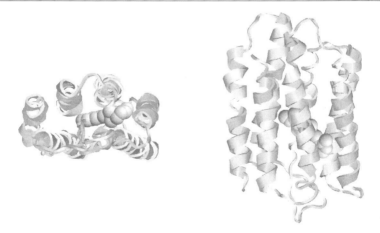

Abbildung 8.24: Struktur von Bacteriorhodopsin in Purpurmembran. Die Struktur des Proteins (Band-Modell; PDB: 1AP9) ist ein Helix-Bündel aus sieben α-Helices. Die einzelnen α-Helices stehen nicht senkrecht zur Membranoberfläche. Das Retinal (Kalotten-Modell) bildet eine Schiffsche Base mit Lys216. Blick von oben (**links**) bzw. von der Seite (**rechts**) auf die Membran.

protein. Porin ist ein Trimer aus drei identischen Untereinheiten, die zusammen ein 16-strängiges "β-Barrel" mit einer Membranpore von 1,7 bis 2,5 nm bilden.

Im Fall einer einzelnen Transmembran-α-Helix muss diese aus hydrophoben Seitenketten bestehen, um in die apolare Membran zu integrieren. Im Fall mehrerer Transmembran-Helices sind diese in einem Bündel zusammengefasst, dessen Außenseite hydrophob sein muss; der Kanal zwischen den α-Helices kann hydrophil sein und dann z. B. als Ionenkanal dienen. Solche Transmembran-Regionen lassen sich theoretisch über Hydropathie-Plots (siehe Abschnitt 10.3 auf Seite 194) oder spezialisierte Programme (siehe Abschnitte 12.4 auf Seite 214, 13.3 auf Seite 238 und 13.4 auf Seite 241) identifizieren.

8.7.3 α/β-Topologien

Eine der regelmäßigsten Domänenstruktur bestehen aus wiederholten rechtshändigen α-β-α-Supersekundärstrukturen, in denen eine äußere Schicht von α-Helices gegen einen zentralen Kern aus parallelen β-Faltblättern gepackt ist. Dies ist nicht vergleichbar mit Domänen, die gemischte α-Helices und β-Faltblätter enthalten; diese werden allgemein als $\alpha + \beta$-Topologie bezeichnet. Die α/β-Topologie mit der Reihenfolge β-α-β-α-β wird als "Rossmann-Fold" bezeichnet (siehe Abb. 8.18B auf Seite 168). Weitere Varianten mit α/β-Topologien sind in Abb. 8.25 auf der nächsten Seite zusammengefasst.

8.8 Folds und Superfolds, Familien und Superfamilien

Zwei Sequenzen sind homolog, wenn sie einen gemeinsamen Vorfahren besitzen. Homologie ist daher ein Indikator für gemeinsame Struktur und oft auch ähnliche Funktion. Auf Grundlage von Ähnlichkeit werden homologe Sequenzen mit klarer evolutionärer Verwandtschaft in Familien gruppiert. Familien mit möglicher evolutionärer Beziehung, aber nur geringer Sequenzhomologie werden dann zu Superfamilien zusammengefasst.

Mit "Fold" wird die Architektur eines Proteins beschrieben. Zwei Proteine besitzen einen gemeinsamen Fold, wenn sie vergleichbare Sekundärstrukturelemente mit gleicher Verknüpfungstopologie besitzen. Ein gemeinsamer Fold muss nicht auf Homologie hinweisen. Superfolds sind Folds, die von einer größeren Zahl von nicht-homologen Sequenzen eingenommen werden. Solche Superfolds sollten Strukturen repräsentieren, die speziell geeignet sind, um z. B. eine stabile Faltung zu ermöglichen. Informationen über die Methoden, solche Superfamilien oder Superfolds zusammenzustellen, bzw. über die erzielten Ergebnisse findet man in Datenbanken[8].

---

[8] SCOP: `scop.mrc-lmb.cam.ac.uk/scop/`; CATH: `www.biochem.ucl.ac.uk/bsm/cath/`

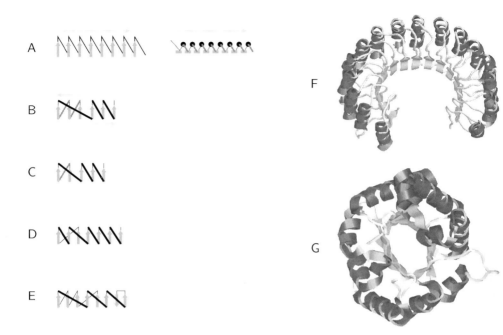

Abbildung 8.25: α/β-**Topologien.**
A: Schematische Darstellungen eines α/β-Barrels, einer Sequenz aus acht β/α-Motiven.
B: Doppelt gewundene α/β-Topologie in Lactat-Dehydrogenase.
C: α/β-Fold in Flavodoxin.
D: α/β-Fold in Subtilisin.
E: α/β-Fold in Dihydrofolat-Reduktase.
F: Plazentaler RNase-Inhibitor (PDB: 2BNH): 17strängiges paralleles β-Faltblatt mit 16 α-Helices gegen die Außenseite gepackt (α/β-Hufeisen).
G: α/β-Barrel in Triose-Phosphat-Isomerase.
Nach www.cryst.bbk.ac.uk/PPS2/course/section10/alphbeta.html

8.9   Quartärstrukturen

Unter Quartärstruktur werden biologische Strukturen zusammengefasst, die zusammengesetzt sind aus individuellen Tertiärstrukturelementen. Dies können kovalent verbundene Domänen sein; hier spricht man oft vom Mosaik-Proteinen. Funktionale Proteine können natürlich auch nicht-kovalent aus gleichen oder verschiedenen Untereinheiten (Homo- bzw. Hetero-Multimere) zusammengesetzt sein. Im Fall intramolekularer Assoziation kann dies über Oberflächenwechselwirkungen funktionieren; es kann aber auch eine simultane Ausbildung von Tertiär- und Quartär-Strukturwechselwirkungen vorliegen, sodass beide Strukturniveaus nur zusammen formiert werden.

9

Energetik von Protein-Strukturen

In diesem kurzen Kapitel soll auf die Energien und Wechselwirkungen eingegangen werden, die die Faltung vom ungefalteten Zustand der Proteinkette in den nativen Zustand des Proteins bewirken. Die prinzipielle Idee ist in Abb. 9.1 auf der nächsten Seite dargestellt: Außer dem ungefalteten Zustand U existiert zumindest ein intermediärer Zustand I auf dem Faltungsweg zum nativen Zustand N, der die Umlagerung durch die Aktivierungsenergien $\Delta G_U^{\#}$ bzw. $\Delta G_N^{\#}$ behindert. Dabei wird davon ausgegangen, dass der native Zustand des Proteins gleichzeitig die Struktur mit minimaler freier Energie ist. Zwei bemerkenswerte Zitate sollen in diesem Zusammenhang bedacht werden:

Dogma von Anfinsen (Anfinsen & Haber, 1961): Die dreidimensionale Struktur eines Proteins ist komplett durch seine Aminosäure-Sequenz bestimmt. D. h. zum einen, dass jedes Protein vollständig denaturiert und zum nativen Zustand renaturiert werden kann ("no special genetic information, beyond that contained in the amino acid sequence, is required for the proper folding of the molecule and for the formation of 'correct' disulfide bonds" (Goldberger et al., 1963)), und zum anderen, dass auch Chaperone keine aktive Hilfe bei der Proteinfaltung liefern können/brauchen, sondern nur optimale Bedingungen für die Faltung zum nativen Zustand zur Verfügung stellen.

Zur Übersicht siehe Ruddon & Bedows (1997) und "The Christian Anfinsen Papers" in der "National Library of Medicine"[1].

---

[1] http://www.profiles.nlm.nih.gov/KK/

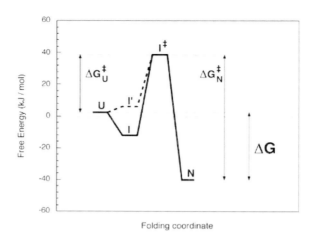

Abbildung 9.1: Freie Energie der Faltung eines Proteins.
Die Faltung wird angenähert durch ein Zwei-Zustandsmodell, in dem praktisch nur die
Zustände U und N besetzt sind, solange nur Zwischenzustände I' mit $\Delta G_{I'} > \Delta G_U >$
ΔG_N existieren.
U: ungefalteter Zustand.
N: nativer Zustand.
I, I': intermediäre Zustände der Faltung.
$I^{\ddagger}$: Übergangszustand, dessen Struktur die positivste Energie des Faltungswegs besitzt.
Kopiert aus http://www.LMB.uni-muenchen.de/users/steipe/lectures/structure/
protein_structure.html.

Paradox von Levinthal (1968): Die dreidimensionale Struktur eines Proteins ist
primär durch die Winkel im Ramachandran-Plot bestimmt; hier kommen
noch die möglichen Winkeleinstellungen der Seitenketten hinzu. Nimmt man
grob an, dass pro Aminosäure etwa 10 verschiedene Konformationen möglich
sind, dann kann ein Protein aus N Aminosäuren 10^N verschiedene Konformationen einnehmen. Nimmt man ferner an, dass ein Protein durch Rotation
um die entsprechenden Bindungen 10^{14} Strukturen pro Sekunde ausprobie-
ren kann, um das energetische Minimum zu finden, dann wird das Protein bei
einer Kettenlänge von $N = 40$ etwa 10^{26} s $\approx 10^{18}$ y benötigen, um alle Strukturen auszuprobieren. Proteine finden aber ihre native Konformation im Bereich von Sekunden bis wenige Minuten. Die Lösung des Problems/Paradox
liegt wohl darin, dass durch die Sequenz ein Faltungsweg mit relativ kleinen
Aktivierungsenergien zum nativen Zustand vorgegeben ist und längst nicht
alle Möglichkeiten der Faltung durchsucht werden müssen. Dieser Faltungsweg wird oft als Funnel – abgeleitet von "folding tunnel" – bezeichnet.

Experimente deuten daraufhin, dass die ungefaltete Kette zuerst in einem sehr
schnellen Prozess zu einem sogenannten "molten globule" kollabiert, das bereits

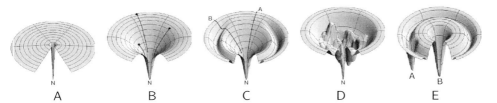

Abbildung 9.2: Modelle zu Energie-Landschaften der Proteinfaltung.
A: Energielandschaft nach Levinthal.
B: Energielandschaft mit nur zwei Zuständen.
C: Energielandschaft mit einem schnellen Faltungsweg A und einem langsamen Faltungs-weg B, der eine kinetische Falle enthält.
D: Landschaft mit energetischen Fallen auf dem Weg zum nativen Zustand.
E: Energielandschaft mit zwei verschiedenen Zuständen A und B eines Proteins.
Nach Dill & Chan (1997) und Chan & Dill (1998).

die Mehrzahl der Sekundärstruktur-Elemente des nativen Zustands enthält, aber noch weniger kompakt als der native Zustand ist, nur wenige Tertiärstrukturkon-takte und nicht-optimale Konformationen der Seitenketten besitzt. Dieser Zustand lagert dann langsam in den nativen um. Vergleiche dazu die verschiedenen Energie-Landschaften in Abb. 9.2.

9.1   Nicht-kovalente Wechselwirkungen, die die Proteinstruktur bestimmen

Die für Proteinstruktur wichtigen Kräfte (siehe Tab. 9.1 auf der nächsten Seite) werden im Folgenden kurz besprochen. Die entscheidenden Punkte sind, dass der Hauptbeitrag für Proteinstabilität durch hydrophobe Kräfte zustande kommt und dass die Packungsdichte von Proteinen sehr hoch ist, sodass alle Potentiale optimal ausgenutzt werden können. Zu beachten ist, dass die Gesamtstabilität (ΔG) von Proteinen im Bereich von -15 bis -50 kJ/mol liegt.

9.1.1   Dispersionskräfte und Elektronen-Schalen-Abstoßung

Dispersionskräfte, auch London-Kräfte genannt, wirken zwischen jedem Paar von Atomen. Ein Atom verhält sich wie ein oszillierender Dipol aufgrund der Elektro-nenbewegung um den Atomkern. Dieser Dipol polarisiert ein Nachbaratom, sodass gekoppelte Oszillationen auftreten und sich die Atome anziehen. Im Gegensatz dazu stoßen sich die Elektronenhüllen ab (Lennard-Jones-Potential). Beide Kräfte

Tabelle 9.1: Typen von nicht-kovalenten Wechselwirkungen, die die Proteinstruktur bestimmen. Nach Schulz & Schirmer (1979).

Typ	Beispiel		Bindungs-energie (kJ/mol)
Dispersionskräfte	Aliphat. Proton	$R_2C-H\cdots H-CR_2$	$-0{,}13$
	Carbonyl-Sauerstoff	$R_2C{=}O\cdots O{=}CR_2$	$-1{,}00$
Elektrostat. WW	Salzbrücke	$-COO^{\ominus}\cdots{}^{\oplus}H_3N-$	-21
	2 Dipole	$\overset{\delta+\ \delta-}{R_2C = O}\ \cdots\ \overset{\delta-\ \delta+}{O = C\,R_2}$	$+1{,}3$
Wasserstoffbrücken	Eis	$\diagdown O{-}H\cdots O\diagup$	-17
	Protein-Rückgrat	$\diagup N{-}H\cdots O{=}$	-13
Hydrophobe Kräfte	Seitenkette von Phe	–	–

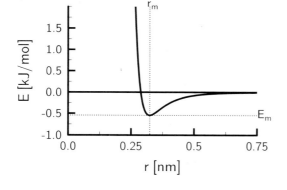

Abbildung 9.3:
Lennard-Jones-Potential für Dispersionskräfte und Elektronenabstoßung.
$r_m = 0{,}324$ nm;
$E_m = -0{,}544$ kJ/mol.
Nach Schulz & Schirmer (1979).

werden üblicherweise als 6–12-Potential zusammengefasst (siehe Abb. 9.3):

$$E = \frac{A}{r^{12}} - \frac{B}{r^6} = E_m \cdot \left[-\left(\frac{r_m}{r}\right)^{12} + 2\left(\frac{r_m}{r}\right)^{6}\right],$$

wobei die Energie der Wechselwirkung minimal ist, wenn der Abstand r zwischen den Atomen r_m beträgt. Daraus ergibt sich einerseits, dass die Abstoßung gleich der Anziehung ist bei $r \approx 0{,}89{\cdot}r_m$, aber andererseits die Anziehung mit wachsendem Abstand nur langsam abfällt; z. B. ist $E = 1/6 \cdot E_m$ bei $r = 1{,}5{\cdot}r_m$. Die Energie pro einzelne Wechselwirkung ist sehr klein, allerdings ist bei dichtester Kugelpackung die Zahl der Nachbarn auch hoch.

Tabelle 9.2: Elektrostatische Wechselwirkungsenergien zwischen Dipolen. Siehe Gleichung (9.1). Die Zahlen gelten für einen Abstand $r_{12} = 0{,}5$ nm zwischen den Dipolen mit Momenten $\mu_1 = \mu_2 = 1$ D (1 D = 1 Debye = 0,0208 e_0 nm) in Medium mit Dielektrizitätskonstante $\epsilon = 4$.

Richtung der Dipole	Energie (kJ/mol)
$\rightarrow \ \rightarrow$	$-5{,}6$
$\rightarrow \ \leftarrow$	$+5{,}6$
$\uparrow \ \uparrow$	$+2{,}8$
$\uparrow \ \downarrow$	$-2{,}8$

9.1.2 Elektrostatische Wechselwirkung

Die Mehrzahl der Atome sowohl im Peptidrückgrat als auch in den Aminosäure-Seitenketten besitzen Partialladungen. Da es sich im Inneren des Proteins immer um neutrale Moleküle handelt – auch Salzbrücken sind Dipole –, lassen sich diese also als Dipole oder Multipole beschreiben, für die dann das Coulombsche Gesetz gilt:

$$E = \frac{1}{\epsilon} \left[\frac{\vec{\mu_1} \cdot \vec{\mu_2}}{\vec{r_{12}}^3} - \frac{3(\vec{\mu_1} \vec{r_{12}})(\vec{\mu_2} \vec{r_{12}})}{\vec{r_{12}}^5} \right] \tag{9.1}$$

mit den Dipolmomenten μ_1 und μ_2 und dem Abstand r_{12} zwischen den Dipolen und

$$\epsilon = \text{Dielektrizitätskonstante}$$

$$\epsilon_{\text{Vakuum}} = 4\pi \cdot 8{,}85 \cdot 10^{-12} \ \frac{\text{C}^2}{\text{Jm}} = 4\pi\epsilon_0$$

$$\epsilon_{\text{H}_2\text{O}} = 80 \cdot \epsilon_{\text{Vakuum}}$$

$$\epsilon_{\text{Protein}} = 4 \text{ bis } 8 \cdot \epsilon_{\text{Vakuum}}.$$

Für Beispielwerte siehe Tab. 9.2.

Die Wechselwirkung fällt also mit der dritten Potenz des Abstands, sodass bei entsprechenden Berechnungen nur die nächsten Nachbarn berücksichtigt werden müssen. In α-Helices liegen die Dipole in Linie, sodass sie sich außer an den Enden aufheben; daher sind antiparallele α-Helices begünstigt gegenüber parallelen. In antiparallelen β-Faltblättern heben sich die benachbarten Dipole gegenseitig auf.

9.1.3 Van-der-Waals-Kräfte

Meist werden die drei bisher besprochenen Wechselwirkungen, also Dispersionswechselwirkung, Elektronenschalen-Abstoßung und elektrostatische Wechselwir-

Tabelle 9.3: Van-der-Waals-Radien. In der zweiten Hälfte der Tabelle sind untere Grenzen für nicht-bindende Abstände der Atome angegeben, die meist etwa 10 % kleiner sind als die Summe der entsprechenden van-der-Waals-Radien.

Atom	r (pm)	Nachbaratome	Abstand (pm)
Aromat. H	100	$H \cdots H$	200
Aliphat. H	120	$H \cdots O$	240
O	152	$H \cdots N$	240
N	155	$H \cdots C$	240
C	170	$O \cdots O$	270
S	180	$O \cdots N$	270
P	180	$N \cdots C$	290

kung zu einem Potential oder Kraftfeld zusammengefasst, das als van-der-Waals-Potential bezeichnet wird. Zur Vereinfachung wird dabei angenommen, dass die elektrostatischen Wechselwirkungen als effektive Ladungen ohne Vorzugsrichtung behandelt werden können. Dann folgt für die Kontaktpartner i und j:

$$E = \frac{A}{r_{ij}^{12}} - \frac{B}{r_{ij}^{6}} + \frac{q_i q_j}{r}$$

Van-der-Waals-Potentiale erlauben die Definition sog. van-der-Waals-Radien, die den energetisch günstigen Distanzen zwischen Atomen entsprechen, wobei angenommen wird, dass sich die Abstände auf die beiden Partner aufteilen lassen (siehe Tab. 9.3).

9.1.4 Wasserstoffbrücken

In Wasserstoffbrücken sind die Abstände zwischen dem Proton und den Bindungspartnern um 10 bis 25 % kleiner als die Summe der entsprechenden van-der-Waals-Radien (siehe Tab. 9.4 auf der nächsten Seite). Hier spielen zum einen die Partialladungen der beteiligten Atome und zum anderen zusätzliche Dispersionswechselwirkungen eine Rolle, da das Elektron des Protons teilweise zum kovalenten Bindungspartner verschoben ist. Die optimale Anordnung für eine Wasserstoffbrücke ist linear, da dies die beste Anordnung für das teilweise positiv geladene Proton zwischen den beiden teilweise negativ geladenen Bindungspartnern ist. Die Orbitalüberlappung ist bei den meisten biologisch relevanten Wasserstoffbrücken klein.

Für eine Übersicht zu den möglichen Wasserstoffbrücken siehe "Atlas of Side-Chain and Main-Chain Hydrogen Bonding"[2].

---

[2] http://www.biochem.ucl.ac.uk/~mcdonald/atlas/index.html

Tabelle 9.4: Typen von Wasserstoffbrücken in Proteinen.

Typ		r (pm)[a]	% von r_{vdW} [b]
Hydroxyl–Hydroxyl	$-O-H\cdots O{<}^{/}_{H}$	280 ± 10	75
Hydroxyl–Carbonyl	$-O-H\cdots O{=}C{\big\langle}$	280 ± 10	75
Amid–Carbonyl	${\big\rangle}N-H\cdots O{=}C{\big\langle}$	290 ± 10	80
Amid–Hydroxyl	${\big\rangle}N-H\cdots O{<}^{/}_{H}$	290 ± 10	80
Amid–Imidazol-N	${\big\rangle}N-H\cdots N{\overline{\big\langle}}$	310 ± 20	85
Amid–Schwefel	${\big\rangle}N-H\cdots S{\big\langle}$	370	90

[a] Abstand zwischen Donor und Akzeptor.
[b] Wert relativ zum van-der-Waals-Abstand; siehe Tab. 9.3 auf der vorherigen Seite.

9.1.5 Entropische Kräfte bzw. hydrophobe Wechselwirkungen

Bei den in den vorigen Abschnitten behandelten Energien handelt sich um Enthalpien ΔH; die Proteinstruktur hängt aber von der freien Energie ΔG ab. Hierzu müssen zusätzlich die Entropie ΔS des Systems aus Protein P und Lösungsmittel LM und die Energie des Lösungsmittels betrachtet werden:

$$\begin{aligned}
-\mathrm{R}T\ln K = -\mathrm{R}T\ln & \frac{\text{Zahl der Proteine in } N}{\text{Zahl der Proteine in } R} \\
= & \; \Delta G_{\text{total}} \\
= & \; \Delta H_{\mathrm{P}} + \Delta H_{\mathrm{LM}} - T\Delta S_{\mathrm{P}} - T\Delta S_{\mathrm{LM}}.
\end{aligned} \tag{9.2}$$

Hierbei sei die Wechselwirkung zwischen Protein und Lösungsmittel im Term ΔH_{P} berücksichtigt. Der native Zustand des Proteins ist mit N und der denaturierte Zustand mit R ("random coil") bezeichnet.

Im denaturierten Zustand ist die Oberfläche zwischen Polypeptidkette und Wasser groß im Ggs. zur nativen Kette, wo die Oberfläche klein ist.

Würde die Polypeptidkette nur aus hydrophoben Gruppen bestehen (siehe Abb. 9.4A und B auf der nächsten Seite), dann wäre $\Delta S_{\mathrm{P}} < 0$ und $\Delta H_{\mathrm{P}} > 0$, da die Wechselwirkung zwischen den hydrophoben Gruppen schlechter sind (nur Dispersionskräfte) als zwischen hydrophoben Gruppen und Wasser (Dispersionskräfte und elektrostatische Wechselwirkung). Die Entropie des Lösungsmittels ΔS_{LM} ist positiv, da die Wassermoleküle geordnete Käfige um die hydrophoben Moleküle bauen (Clathrat-Struktur), um Wasserstoffbrücken zu ermöglichen, was wiederum

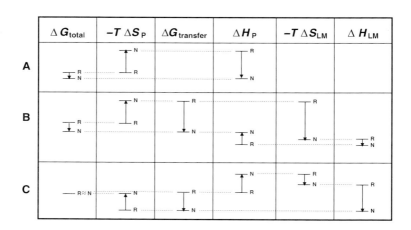

Abbildung 9.4: Energiebeiträge an der Proteinstruktur. Die Pfeile bezeichnen die Vorzeichen der Beiträge: Abwärtsrichtung favorisiert den nativen Zustand (N); Aufwärtsrichtung favorisiert den Zustand der zufälligen, ausgedehnten Kette (R). Für die Definition von ΔG_{total} und $\Delta G_{\text{transfer}}$ siehe Gleichungen (9.2) und (9.3).
A: Die Polypeptidkette im Vakuum ($\Delta H_{\text{LM}} = 0$; $\Delta S_{\text{LM}} = 0$); ΔG_{total} favorisiert den N-Zustand.
B: Unpolare Gruppen der Kette im wässrigen Medium.
C: Polare Gruppen der Kette im wässrigen Medium.
Nach Schulz & Schirmer (1979).

$\Delta H_{\text{LM}} < 0$ verursacht. Die analoge Betrachtung trifft auf Lipide in Wasser zu und ist da die Ursache für die Bildung von Membranen, Micellen und Vesikeln.

Eine Proteinkette besteht aber aus polaren und unpolaren Gruppen. Also sollten in einem nativen, löslichen Protein die unpolaren Seitengruppen im Inneren des Proteins „versteckt" sein (hydrophober Kern). Dies hat aber zur Folge, dass auch die zugehörigen polaren Teile des Rückgrats ins Innere kommen, die eigentlich lieber Wasserstoffbrücken mit Wasser bilden würden. Diese müssen dann durch Wasserstoffbrücken zwischen den Rückgratteilen im Inneren ersetzt werden.

Für eine normale Polypeptidkette mit polaren und unpolaren Seitenketten ist weiterhin $\Delta S_{\text{P}} < 0$. Für die unpolaren Teile sind die Enthalpien klein mit entgegengesetzten Vorzeichen: $\Delta H_{\text{P}} > 0$ und $\Delta H_{\text{LM}} < 0$; die Entropie des Lösungsmittels $\Delta S_{\text{LM}} > 0$ ist dagegen groß (siehe Abb. 9.4B).

Polare Gruppen können sowohl Wasserstoffbrücken mit dem Wasser als auch untereinander bilden (siehe Abb. 9.4C); folglich ist $\Delta H_{\text{P}} > 0$, da zwei Wasserstoffbrücken zum Wasser gegen nur eine im Inneren eingetauscht werden. Aus dem gleichen Grund ist die Enthalpie des Lösungsmittels negativ: $\Delta H_{\text{LM}} < 0$. Die Addition aller Beiträge ergibt, dass die freie Energie des Gesamtsystems $\Delta G_{\text{total}} \approx 0$ ist.

Werte für die einzelnen diskutierten Beiträge lassen sich durch Phasentransfer-experimente ermitteln, in denen die entsprechenden Aminosäuren aus Wasser in ein unpolareres Lösungsmittel wie Ethanol oder Dioxan überführt werden. Teilt man die gemessenen Energie wie folgt auf:

$$\Delta H_{\text{transfer}} = \Delta H_{\text{P}} + \Delta H_{\text{LM}}$$
$$\Delta S_{\text{transfer}} = \Delta S_{\text{LM}}$$
$$\Delta G_{\text{transfer}} = \Delta H_{\text{transfer}} - T\Delta S_{\text{transfer}}, \tag{9.3}$$

so werden die obigen Ausführungen bestätigt.

9.2 Salzbrücken

Salzbrücken im Inneren eines Proteins sind relativ selten. Die Enthalpie einer solchen Salzbrücke ist hoch (~ -21 kJ/mol). Da entsprechende Wechselwirkungen zwischen den geladenen Aminosäure-Seitenketten und den Dipolen des Wassers aber ebenfalls groß sind, resultiert ein Energiebeitrag $\Delta H_{\text{P}} \approx 0$. Da im Fall der Wechselwirkung mit Wasser der Ordnungsgrad der Wassermoleküle höher ist, resultiert insgesamt ein $\Delta G_{\text{transfer}} \approx -4$ kJ/mol zugunsten einer internen Salzbrücke.

9.3 Molekulare Packung

Im Inneren eines Proteins bilden etwa 90 % aller polaren Gruppen Wasserstoff-brücken aus; dies resultiert in dem hohen Ausmaß an Sekundärstruktur in einem Protein. Zusätzlich ist die lokale Packungsdichte im Inneren von Proteinen zwischen 0,68 und 0,82 mit einem Mittelwert von 0,75. Die niedrigeren Werte treffen insbesondere für aktive Zentren zu, da hier ja eine gewisse Flexibilität existieren muss. Kristalle aus kleinen Molekülen, die primär durch van-der-Waals-Wechselwirkungen zusammengehalten werden, besitzen Packungsdichten von etwa 0,74. Zum Vergleich besitzen Gläser oder Öle nur Packungsdichten von unterhalb 0,7. Also zeichnen sich Proteine durch eine sehr hohe Packungsdichte aus, die dann die hohe Zahl an günstigen Wechselwirkungen ermöglicht.

10

Protein-Sekundärstruktur-Vorhersage

Das Problem der Tertiärstrukturvorhersage für Proteine soll hier mit einem gekürzten Zitat aus einem Übersichtsartikel (Rost & O'Donoghue, 1997) eingeführt werden:

> In Greek mythology, Sisyphus is condemned to an eternity of hard labor; his labor is a frustrating and fruitless, for just as he is about to achieve his goal, his work is undone and he must start again from the beginning. Those who work in protein structure prediction seem to share the same fate.
>
> For over 30 years, there has been an ardent search for methods to predict the three-dimensional (3D) structure from the sequence. Many methods were found which looked initially very promising, but always the hope has been dashed. . . .
>
> The search has been driven by the belief that the 3D structure of a protein is determined by its amino acid sequence (Anfinsen, 1973) [siehe Seite 175]. While it is now known that chaperones often play a rôle in the folding pathway, and in correcting misfolds (. . .), it is believed that the final structure is at the free-energy minimum. Thus, all information needed to predict the native structure of a protein is contained in the amino acid sequence, plus a knowledge of its native solution environment.

Der auch sonst sehr lesenswerte Artikel[1] kommt aber zu folgenden Schlussfolgerungen:

---

[1] http://www.embl-heidelberg.de/~rost/Papers/sisyphus.html

Native 3D structures of proteins are encoded by a linear sequence of amino acid residues. To predict 3D structure from sequence is a task challenging enough to have occupied a generation of researchers. Have they finally succeeded in their goal? The bad news is: no, we still cannot predict structure for any sequence. The good news are: we have come closer, and growing databases facilitate the task.

(i) Evolutionary information is successfully used for predictions of secondary structure, solvent accessibility, and transmembrane helices [Mehr dazu in Abschnitten 12.4, 13.2 und 13.4]. These predictions of protein structure in 1D are significantly more accurate, and more useful than five years ago.

(ii) Databases of protein structure can be used to derive mean-force-potentials. Residue-pair mean-force-potentials are extremely valuable for the detection of remote homologues, and for the distinction between alternative models (generated by theory or experiment). Moreover, the database of protein structures contains a record of structure formation that has recently been unraveled by the derivation of atom-atom mean-force-potentials (...). [mehr dazu in Kapitel 14]

(iii) Homology modelling allows predictions of 3D structure for about one tenth of all expressed proteins (...). [mehr dazu in Kapitel 16]

(iv) Recent improvements in fold recognition (threading), and alignment techniques enable remote homology modelling for another considerable fraction of the expressed proteins (...). [mehr dazu in Kapitel 15]

Alle Methoden, die in diesem Zitat angegeben sind, und deren Zusammenspiel, um zu einer vernünftigen Aussage über ein „neues" Protein – ausgehend entweder von der Nukleinsäure-Sequenz oder auch von der Protein-Sequenz – zu bekommen, sind in Abb. 10.1 auf der nächsten Seite zusammengefasst. Im Original[2] ist diese Abbildung eine "clickable map", was dann nach einer kurzen Erklärung zu Verweisen auf die zugehörigen, im Web verfügbaren Applikationen führt. Weitere Übersichten über Proteinstruktur-Vorhersage-Programme sind unter "Sequence Analysis Tools"[3] oder "Protein Structure Prediction & Databases"[4] verfügbar.

In diesem Kapitel soll ein prinzipieller Eindruck über verschiedene Methoden zur Protein-Sekundärstruktur-Vorhersage gegeben werden; dies sind die im obigen Zitat unter Punkt (i) angegebenen 1D-Methoden. Optimistische Aussagen lassen hoffen, dass diese Methoden zusammengefasst zu einer Aussage mit einer Korrektheit von bis zu 75 % kommen (siehe Kapitel 11). Werkzeuge, die die Anwendung dieser und ähnlicher Methoden im Web erlauben, sind z. B. Jpred[5] oder The PredictProtein Server[6]. In vielen Rechenzentren kann das simplere Programm peptidestructure aus dem GCG-Programmpaket (GCG, 2002) benutzt werden (siehe

---

[2] http://biotech.dbbm.unina.it/corsi/lezione7.htm

[3] http://molbio.info.nih.gov/molbio/analysis.html

[4] http://biology.technion.ac.il/biolsite/biotools/biotools9.html

[5] http://www.compbio.dundee.ac.uk/~www-jpred/

[6] http://maple.bioc.columbia.edu/predictprotein/

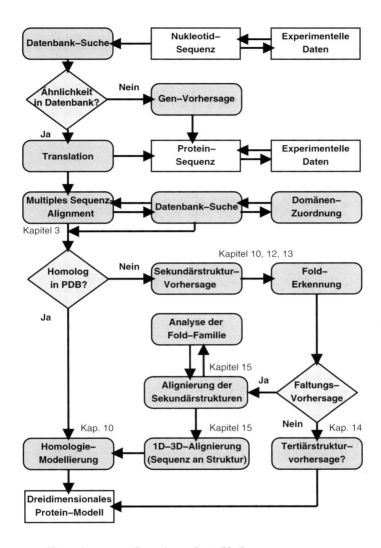

Abbildung 10.1: Flussschema zur Proteinstruktur-Vorhersage.
Modifiziert nach http://biotech.dbbm.unina.it/corsi/lezione7.htm.

Abb. 10.2). Komplexere Methoden wie "Threading", Homologie-Modelling und *ab-initio*-Methoden werden in den nächsten Kapiteln behandelt. Eine Übersicht über die im Folgenden geschilderten Methoden findet man in dem Handbuch von Doolittle (1996) oder in dem Übersichtsartikel von Eisenhaber *et al.* (1995).

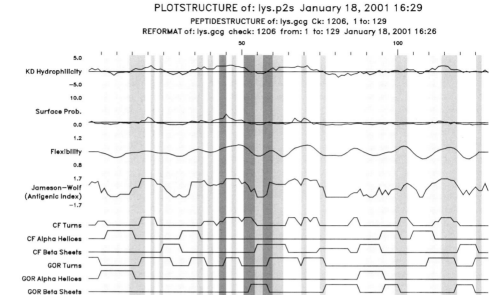

PLOTSTRUCTURE of: lys.p2s January 18, 2001 16:29
PEPTIDESTRUCTURE of: lys.gcg Ck: 1206, 1 to: 129
REFORMAT of: lys.gcg check: 1206 from: 1 to: 129 January 18, 2001 16:26

Abbildung 10.2: Sekundärstruktur-Vorhersage für Lysozym mit peptidestructure (GCG, 2002).

Oben: Die Balken markieren Positionen von Strukturelementen entsprechend einer Röntgenstrukturanalyse (PDB-Eintrag 135L); die genaue Zuordnung ist unten abgegeben: grau, T: Turn mit Wasserstoffbrücken;
hellgrau, H: Helix;
dunkelgrau, E: extended β-Strang;
I: π-Helix; S: Bend; B: Einheit in isolierter β-Brücke; G: 3_{10}-Helix.

Rechts: Tertiärstruktur.

In der GCG-Dokumentation (GCG, 2002) werden für die hier nicht weiter behandelten Methoden folgende Zitate gegeben: Oberflächenwahrscheinlichkeit nach Emini *et al.* (1985) mit Parametern von Janin & Wodak (1978); Flexibilität nach Karplus & Schulz (???); Glykosilierungsstellen werden für das Peptid NXT und NXS vorhergesagt, wobei die Stelle schwach ist bei $X \in \{D, W, P\}$.

```
 1 KVYGRCELAA AMKRLGLDNY RGYSLGNWVC AAKFESNFNT HATNRNTDGS TDYGILQINS RWWCNDGRTP
   B  HHHHHH HHHHTTTTTB TTBTHHHHHH HHHHHHTTBT T EEE TTS  EEETTTTEET TTT B SSST

71 GSKNLCNIPC SALLSSDITA SVNCAKKIAS GGNGMNAWVA WRNRCKGTDV HAWIRGCRL
   T   TT SBG GGGGSS  HH HHHHHHHHHT TTTGGGGSHH HHHHTTTTTG GGGGTT
```

10.1   Sekundärstruktur nach Chou & Fasman (1978)

Das originale Verfahren zur Vorhersage der Sekundärstruktur, d. h. die Position von α-Helices, β-Strängen und β-Turns, von globulären (!) Proteinen benutzt Parameter für die 20 Aminosäuren, die deren Neigung beschreiben, die genannten Konformationen einzunehmen. Diese Parameter (siehe Abb. 10.1 auf der nächsten Seite) wurden aus Röntgenstrukturen einiger Proteine ermittelt. Der Algorithmus war eigentlich für Handauswertung gedacht und enthält einige Regeln, die informationstechnisch nicht einfach zu implementieren sind; daher sollte man bei der Verwendung irgendwelcher undokumentierter Web-Tools Vorsicht walten lassen.

Der in peptidestructure (siehe Abb. 10.2 auf der vorherigen Seite; GCG, 2002) verwendete Algorithmus ist gegenüber dem hier beschriebenen Original-Algorithmus modifiziert.

1. *Suche nach helikalen Regionen*

   (a) *Helix-Nukleation:* Suche Folgen (Cluster) von vier helikalen Einheiten (H_α oder h_α) innerhalb von sechs Einheiten entlang der Peptidkette. Schwache helikale Einheiten (I_α) zählen wie $0{,}5 \cdot h_\alpha$; d. h., drei h_α- und zwei I_α-Einheiten in sechs Einheiten reichen, eine Helix zu initiieren. Helix-Nukleation ist ungünstig, wenn das Segment 1/3 oder mehr Helix-Brecher (b_α oder B_α) oder weniger als die Hälfte Helix-Bildner enthält.

   (b) *Helix-Termination:* Dehne die Helix in **beide** Richtungen aus, bis sie durch ein Tetrapeptid mit $\langle P_\alpha \rangle < 1{,}00$ terminiert wird. Die folgenden Helix-Brecher beenden die Helix-Verlängerung: b_4, b_3i, b_3h, b_2i_2, b_2ih, b_2h_2, bi_3, b_2h und i_4; diese Tetrapeptid-Zusammensetzungen gelten auch für solche mit I, B oder H anstelle von i, b oder h. Nach der Definition der Helix können einige Einheiten aus diesen Tetrapeptiden, insbesondere h- oder i-Einheiten, an die Helix-Enden angefügt werden. Benachbarte β-Regionen können ebenfalls Helices terminieren.

   (c) *Ausnahme:* Prolin kann nicht im Inneren einer Helix oder an derem C-terminalen Ende auftreten.

   (d) *Helix-Grenzen:* Pro, Asp und Glu bevorzugen das N-terminale Ende einer Helix. His, Lys und Arg bevorzugen das C-terminale Ende einer Helix. Falls es notwendig ist, die Bedingung (1a) zu erfüllen, dann erhalten Pro, Asp und Arg die Zuordnung I_α, wenn Pro oder Asp am N-terminalen Helix-Ende auftreten bzw. wenn Arg am C-terminalen Helix-Ende auftritt.

   (e) *Vorhersage:* Jedes Segment aus sechs oder mehr Einheiten mit $\langle P_\alpha \rangle \geq 1{,}03$ und $\langle P_\alpha \rangle > \langle P_\beta \rangle$, das die Bedingungen (1a) bis (1d) erfüllt, wird als helikale Region vorhergesagt.

Tabelle 10.1: Strukturbildungspotentiale von Aminosäuren. Zuordnung von Aminosäuren als Bildner, Brecher oder indifferent für helikale oder β-Strang-Regionen aufbauend auf Helix- bzw. β-Strang-Potentialen P_α bzw. P_β (**links**) und Turn-Potential P_T und Häufigkeiten von Aminosäuren in β-Turns (**rechts**).
H_α: starke Helix-Former; h_α: Helix-Former;
I_α: schwache Helix-Former; i_α: indifferent;
b_α: Helix-Terminatoren; B_α: starke Helix-Terminatoren.
Diese Bezeichnungen gelten analog für β-Stränge. Nach Chou & Fasman (1978).

α-Helix			β-Strang			β-Turns					
AA	P_α		AA	P_β		AA	f_i	f_{i+1}	f_{i+2}	f_{i+3}	P_T
Glu⊖	1,53	H_α	Met	1,67	H_β	Ala	0,049	0,049	0,034	0,029	0,57
Ala	1,45		Val	1,65		Arg	0,051	0,127	0,025	0,101	1,17
Leu	1,34		Ile	1,60		Asn	0,101	0,086	0,216	0,065	1,26
His⊕	1,24	h_α	Cys	1,30	h_β	Asp	0,137	0,088	0,069	0,059	0,44
Met	1,20		Tyr	1,29		Cys	0,089	0,022	0,111	0,089	0,71
Gln	1,17		Phe	1,28		Gln	0,050	0,089	0,030	0,089	1,68
Trp	1,14		Gln	1,23		Glu	0,011	0,032	0,053	0,021	0,69
Val	1,14		Leu	1,22		Gly	0,104	0,090	0,158	0,113	0,58
Phe	1,12		Thr	1,20		His	0,083	0,050	0,033	0,033	1,01
Lys⊕	1,07	I_α	Trp	1,19		Ile	0,068	0,034	0,017	0,051	0,53
Ile	1,00		Ala	0,97	I_β	Leu	0,038	0,019	0,032	0,051	0,67
Asp⊖	0,98	i_α	Arg⊕	0,90	i_β	Lys	0,060	0,080	0,067	0,073	1,68
Thr	0,82		Gly	0,81		Met	0,070	0,070	0,036	0,070	1,54
Ser	0,79		Asp⊖	0,80		Phe	0,031	0,047	0,063	0,063	0,56
Arg⊕	0,79		Lys⊕	0,74	b_β	Pro	0,074	0,272	0,012	0,062	1,00
Cys	0,77		Ser	0,72		Ser	0,100	0,095	0,095	0,104	1,56
Asn	0,73	b_α	His⊕	0,71		Thr	0,062	0,093	0,056	0,068	1,00
Tyr	0,61		Asn	0,65		Trp	0,045	0,000	0,045	0,205	0,30
Pro	0,59	B_α	Pro	0,62		Tyr	0,136	0,025	0,110	0,102	1,11
Gly	0,53		Glu⊖	0,26	B_β	Val	0,023	0,029	0,011	0,029	1,25

2. *Suche nach β-Strang-Regionen*

   (a) *β-Strang-Nukleation:* Suche Folgen von drei helikalen Einheiten (H_β oder h_β) innerhalb von fünf Einheiten entlang der Peptidkette. β-Strang-Nukleation ist ungünstig, wenn das Segment 1/3 oder mehr β-Strang-Brecher (b_β oder B_β) oder weniger als die Hälfte β-Strang-Bildner enthält.

   (b) *β-Strang-Termination:* Wende die Regel (1b) an, wobei natürlich α gegen β und umgekehrt ausgetauscht werden muss.

   (c) *Ausnahme:* Glu tritt selten in β-Strängen auf. Prolin tritt nur selten im Inneren eines β-Strangs auf.

(d) *β-Strang-Grenzen:* Geladene Einheiten treten äußerst selten am N-terminalen Ende eines β-Strangs und selten im Inneren oder am C-terminalen Ende eines β-Strangs auf. Trp tritt meistens am N-terminalen Ende eines β-Strangs und äußerst selten am C-terminalen Ende eines β-Strangs auf.

(e) *Vorhersage:* Jedes Segment aus fünf oder mehr Einheiten mit $\langle P_\beta \rangle \geq 1{,}05$ und $\langle P_\beta \rangle > \langle P_\alpha \rangle$, das die Bedingungen (2a) bis (2d) erfüllt, wird als helikale Region vorhergesagt.

3. *β-Turns:*

(a) Die Wahrscheinlichkeit des Auftretens eines β-Turns ist gegeben durch

$$p_\mathrm{t} = f_i \cdot f_{i+1} \cdot f_{i+2} \cdot f_{i+3},$$

wobei f_i, f_{i+1}, f_{i+2} und f_{i+3} die Frequenzen der Häufigkeit des Auftretens der bestimmten Aminosäure an der ersten, zweiten, dritten und vierten Position des β-Turns sind.

(b) *Vorhersage:* Wenn für ein Tetrapeptid gilt, dass $p_\mathrm{t} > 0{,}5 \cdot 10^{-4}$, $\langle P_\mathrm{T} \rangle > \langle P_\beta \rangle$ und $\langle P_\alpha \rangle < 0{,}90$, dann ist die Wahrscheinlichkeit für das Auftreten eines β-Turns hoch.

Die Potentiale, die in Tab. 10.1 auf der vorherigen Seite aufgeführt sind, wurden auf der Grundlage von nur 15 Röntgenstrukturanalysen bestimmt und beinhalten *per se* keine Nachbarschaftsbeziehungen. Die Vorhersagequalität, die damit erreicht werden kann, soll in der Nähe von 50 bis 55 % liegen. Die Qualität der Vorhersagen soll nicht gesteigert werden können, wenn die Potentiale auf inzwischen natürlich erheblich größerem Datensatz bestimmt werden. Das (generelle) Problem der Bestimmung der Vorhersagequalität wird in Kapitel 11 auf Seite 199 behandelt.

10.2   Sekundärstruktur nach Garnier *et al.* (1978)

Von Garnier *et al.* (1978) wurde eine Methode zur Vorhersage von Protein-Sekundärstruktur entwickelt, die auf Informationstheorie (siehe Kapitel 5 auf Seite 95) basiert. Die verschiedenen Verfeinerungen der Methode werden als GOR I bis GOR IV bezeichnet (zur Übersicht siehe Garnier *et al.*, 1996). Im Folgenden werden die vier vorhergesagten Struktureigenschaften einer Aminosäure (α-Helix, β-Strang, Turns und "coil" als nicht-strukturiert) mit S und die 20 Aminosäuren mit R abgekürzt. Die einseitige Rate der Informationsübertragung ist dann definiert als

$$I(S, R) = \log \left[\frac{P(S|R)}{P(S)} \right]$$

mit $P(S|R)$ als bedingte Wahrscheinlichkeit, die Konformation S zu beobachten, wenn es sich um die Aminosäure R handelt, und mit der Wahrscheinlichkeit $P(S)$, die Konformation S zu beobachten. Für die bedingte Wahrscheinlichkeit gilt $P(S|R) = P(S, R)/P(R)$ mit $P(S, R)$ als Wahrscheinlichkeit des gemeinsamen Auftretens der Ereignisse S und R und mit $P(R)$ als Wahrscheinlichkeit des Auftretens der Aminosäure R. Die Zahlenwerte für $I(S, R)$ werden aus Röntgenstrukturanalysen berechnet:

$$P(S, R) = \frac{f_{S,R}}{N}, \qquad P(R) = \frac{f_R}{N} \qquad \text{und} \qquad P(S) = \frac{f_S}{N}$$

mit $\qquad f_{S,R} =$ Zahl der Aminosäuren R in Konformation S

$\qquad\qquad\quad f_R =$ Zahl der Aminosäuren R

$\qquad\qquad\quad f_S =$ Zahl der Konformationen S

und der Gesamtzahl N an Aminosäuren in der analysierten Datenbank.

Zusätzlich werden die $I(S, R)$-Werte noch normalisiert durch die Berücksichtigung, dass an einer Stelle, die als S, z. B. α-helikal, vorhergesagt wird, gleichzeitig nS (nicht-S) vorhergesagt wird, z. B. dass diese Stelle weder in β- noch in coil-Konformation vorliegt:

$$I(\Delta S, R) = I(S, R) - I(nS, R) = \log(\frac{f_{S,R}}{f_{nS,R}}) + \log(\frac{f_{nS}}{f_S}). \qquad (10.1)$$

Gleichung (10.1) wird für die drei oder vier Konformationen berechnet und der höchste dieser Werte bestimmt die vorhergesagte Konformation. Die Zahlenwerte werden mit natürlichen Logarithmen berechnet und in centinats (1/100 nit; siehe Seite 97 unten) angegeben.

Möchte man jetzt die Konformation für eine Aminosäure an der Position j innerhalb eines Sequenzstücks $1, \ldots, n$ vorhersagen, muss man den Einfluss dieser Nachbarpositionen berücksichtigen. Mit der "joint probability" $P(S_j; R_1, \ldots, R_n)$ folgt:

$$I(\Delta S; R_1, \ldots, R_n) = \log\left[\frac{P(S_j; R_1, \ldots, R_n)}{P(nS_j; R_1, \ldots, R_n)}\right] + \log\left[\frac{P(nS)}{P(S)}\right].$$

Mit wachsendem n werden hier natürlich sehr viele Werte benötigt, die auch eine sehr große Datenbank nicht mehr liefern kann; daher sind verschiedene Näherungen nötig.

GOR I: Die Information wird berechnet für ein Fenster von ± 8 Aminosäuren um die Aminosäure an Position j, für die die Konformationsvorhersage gemacht werden soll:

$$I(\Delta S; R_1, \ldots, R_n) \approx I(\Delta S_j; R_j) + \sum_{\substack{m=-8 \\ m \neq 0}}^{+8} I(\Delta S_j; R_{j+m}).$$

Hier wird also angenommen, dass keine Korrelation zwischen den 16 Aminosäuren des Fensters auftritt. Die Informationsgehalte wurden auf einer Datenbasis aus 67 Proteinen bestimmt.

GOR II: Hier wurde der identische Formalismus wie in GOR I benutzt, nur die Parameter wurden aus einer vergrößerten Datenbasis gewonnen.

GOR III: Da mit zunehmender Komplexität der Datenbasis keine eindeutige Zuordnung zu Turns mehr möglich war, wurde die Vorhersage von vier Konformationen auf drei reduziert. Neu eingeführt wurde eine Paar-Korrelation zwischen der Aminosäure an Position j und den Aminosäuren im Fenster:

$$I(\Delta S; R_1, \ldots, R_n) \approx I(\Delta S_j; R_j) + \sum_{\substack{m=-8 \\ m \neq 0}}^{+8} I(\Delta S_j; R_{j+m}|R_j),$$

wobei aber nicht die Konformation der Aminosäuren an Positionen m berücksichtigt wurde:

$$I(\Delta S_j; R_{j+m}|R_j) = \log \frac{f_{S_j, R_{j+m}, R_j}}{f_{nS_j, R_{j+m}, R_j}} + \log \frac{f_{nS_j, R_j}}{f_{S_j, R_j}}.$$

Da die Datenbasis für die benötigten Werte nicht ausreichend war, wurden einige Werte für seltene Aminosäure-Kombinationen abgeschätzt.

GOR IV: Mit der zum damaligen Zeitpunkt (1996) verfügbaren Datenbasis von 63.000 Aminosäuren aus 267 nicht-homologen Proteinen waren keine Näherung für die Paar-Wahrscheinlichkeiten mehr nötig. Daher wurden zusätzlich zu GOR III alle Paarwahrscheinlichkeiten im Fenster berücksichtigt; dies sind insgesamt $(17 \cdot 16)/2$ Paare:

$$\log \frac{P(S_j; R_1, \ldots, R_{17})}{P(nS_j; R_1, \ldots, R_{17})} = \frac{2}{17} \sum_{\substack{m=-8 \\ n>m}}^{+8} \log \frac{P(S_j, R_{j+m}, R_{j+n})}{P(nS_j, R_{j+m}, R_{j+n})}$$

$$- \frac{15}{17} \sum_{m=-8}^{+8} \log \frac{P(S_j, R_{j+m})}{P(nS_j, R_{j+m})}.$$

Diese Formel, die direkt die Konformationswahrscheinlichkeiten ergibt, sagt allerdings auch sehr kurze α-Helices aus nur zwei Aminosäuren oder auch längere Stücke mit aufeinanderfolgenden Aminosäuren in α- und β-Konformation voraus. Daher wurde zusätzlich ein komplexer Filter implementiert, der nur Helices aus mindestens vier und β-Stränge aus mindestens zwei Aminosäuren zulässt, wobei im Filterschritt noch versucht wird, zu kurze Abschnitte zu verlängern.

Die Vorhersagequalität ist in Tab. 10.2 auf der nächsten Seite spezifiziert; der Anteil der korrekt vorhergesagten Konformationen beträgt 64,4 %±9,3 %.

Tabelle 10.2: Vorhersagequalität von GOR IV.

Vorhergesagt	Beobachtet			
	H	E	C	Total
H	14460	3094	4790	22344
E	1124	4965	2089	8178
C	6002	5546	21496	33044
Total	21586	13605	28375	63566
$Q_{\mathrm{prd}}{}^{a}$	64,7	60,7	65,1	
$Q_{\mathrm{obs}}{}^{b}$	67,0	36,5	75,8	
$Q_3{}^{c} = 64{,}4\,\%$				

a $\dfrac{\text{Zahl korrekt vorhergesagter Einheiten}}{\text{Zahl vorhergesagter Einheiten.}}$; siehe (11.1) auf Seite 204

b $\dfrac{\text{Zahl korrekt vorhergesagter Einheiten}}{\text{Zahl beobachteter Einheiten.}}$; siehe (11.2) auf Seite 204

c $\dfrac{\text{Gesamtzahl korrekt vorhergesagter Einheiten}}{\text{Gesamtzahl an Einheiten.}}$; siehe (11.3) auf Seite 204

Als Einzelvorhersage ist insbesondere der geringe TP-Wert für β-Strang beachtenswert.

Mit zunehmender Komplexität der für die Vorhersage benutzten Gleichungen und mit wachsender Datenbasis stieg der Q_3-Wert von 55 % (GOR I) auf 64,4 % (GOR IV). Aus mathematischen Überlegungen folgt, dass wohl alle Information, die aus lokalen Sequenzbetrachtungen herausgezogen werden kann, mit GOR IV berücksichtigt wird. Die insbesondere für β-Stränge schlechte Vorhersagequalität ist also wahrscheinlich darauf zurückzuführen, dass keine langreichweitigen Wechselwirkungen berücksichtigt werden.

10.3 Hydropathie und Amphiphilie von α-Helices

Hydropathie ist der Oberbegriff zu Hydrophobie bzw. Hydrophilie bestimmter Einheiten. Die Hydropathie-Werte für die zwanzig Aminosäuren kann man durch unterschiedliche Methoden erhalten (siehe Diskussionen in Engelman *et al.*, 1986; Kyte & Doolittle, 1982):

Phasentransfer-Experimente: Wie schon in Abschnitt 9.1.5, Gleichung (9.3) auf Seite 183 erläutert, lassen sich die $\Delta G_{\mathrm{transfer}}$-Werte aus Verteilungskoeffizienten von Aminosäuren zwischen verschieden hydrophoben Lösungsmitteln, z. B. Wasser und Ethanol oder Dioxan, messen. Diese Energie-Werte kann

Abbildung 10.3: helicalwheel-Vorhersage für einen β-Strang aus Porin.
Das Protein ist als Ribbon und die Aminosäuren 27 bis 35 als Kalottenmodelle dargestellt.
Die hydrophoben Aminosäuren (Positionen 27, 29, 31, 33 und 35; hellgraue Atome)
des β-Strangs zeigen zur Membranseite; die hydrophilen (Positionen 28, 30, 32 und 34;
dunkelgraue Atome) sind in der Pore lokalisiert.
Links: Sicht auf das Protein (PDB: 1PRN) von der Membran-Seite; der zweite β-Strang
mit Sequenz [25]TIISSR LRINIVGTTE[40] ist dunkelgrau eingefärbt.
Mitte: Sicht auf den Protein-Kanal.
Rechts: helicalwheel-Plot (GCG, 2002) für $\phi = 160$ °; die Namen hydrophober Aminosäuren sind umrahmt.

---

man direkt als Hydropathie-Indices benutzen. Die Behauptung, die hinter
dieser Zuordnung steckt, ist, dass das Innere eines Proteins dem hydrophoberen der beiden Lösungsmittel im Experiment entspricht.

Verteilung von Aminosäuren in Proteinstrukturen: Die statistische Verteilung einer Aminosäure zwischen Innen und Oberfläche in globulären Proteinen
sollte ebenfalls ihrer Hydropathie entsprechen. Je nach Aussage, die mit
der späteren Vorhersage gemacht werden soll, kann hier bei ausreichend
großer Datenbasis die statistische Auswertung auch nur für bestimmte Sekundärstrukturelemente oder auch speziell für Transmembran-Helices in
Membranproteinen gemacht werden.

Für den Vergleich unterschiedlicher Hydropathie-Skalen und Vorhersage-Programme, die meist auf gleitender Mittelwert-Berechnung und Vorhersage über Schwellenwerte beruhen, siehe Engelman *et al.* (1986); Fasman & Gilbert (1990); Jähnig
(1990). In peptidestructure (GCG, 2002) wird für die Hydrophilie-Vorhersage das
gleitende Mittel nach Kyte & Doolittle (1982) eingesetzt.

In allen Helices, also sowohl α-Helices als auch β-Strängen (siehe Abschnitt 8.5
auf Seite 158), kann man davon ausgehen, dass die dem wässrigen Lösungsmittel
zugewandte Seite hydrophil ist, während die Seite, die entweder dem Inneren des
Proteins oder bei Membranproteinen den Fettsäureresten zugewandt ist, hydro-

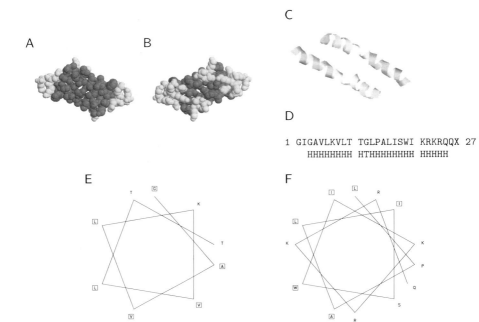

Abbildung 10.4: helicalwheel-Vorhersage für das α-helikale Protein Melittin. Melittin (PDB: 2MLT) bildet in Lösung ein Tetramer; jedes Monomer besteht hauptsächlich aus einer α-Helix. Sequenz und Strukturzuordnung sind in **D** gezeigt (H: Helix; T: Turn mit Wasserstoffbrücken). Die zwei antiparallelen α-Helices eines Dimers sind in **C** dargestellt. In **A** ist der identische Blick auf das Dimer gezeigt wie in **C**; die hydrophilen Aminosäuren der Helices sind hellgrau und die hydrophoben dunkelgrau eingefärbt. In **B** ist ein Blick von der Gegenseite zu **A** dargestellt. In **E** und **F** sind helicalwheel-Plots (GCG, 2002) für $\phi = 100$ ° gezeigt; diese gelten für Aminosäurepositionen 3 bis 11 (**E**) und 13 bis 25 (**F**); die Namen hydrophober Aminosäuren sind umrahmt.

phob sein muss. Bei Kenntnis der Hydropathie H_n der einzelnen Aminosäuren eines Proteins der Kettenlänge N und seiner Struktur lässt sich dann das „hydrophobe Moment" $\vec{\mu}_s$ ausrechnen:

$$\vec{\mu}_s = \sum_{n=1}^{N} H_n \vec{s}_n,$$

wobei $\vec{s}_n$ ein Einheitsvektor vom C^α-Atom der Aminosäure in Richtung ihrer Seitenkette ist (Eisenberg *et al.*, 1984). Proteinstrukturabschnitte, die viele apolare Seitenketten auf einer Seite besitzen, müssen hohe $\vec{\mu}_s$-Werte zeigen.

Für definierte Abschnitte eines Proteins, z. B. solche, die über Chou-Fasman- oder GOR-Vorhersagen ermittelt wurden, kennt man aber hoffentlich die Periodizitätsparameter, z. B. die Zahl m der Einheiten pro Windung. Daraus ergibt sich der Drehwinkel $\delta = 2\pi/m$; für α-Helices gilt $\delta \approx 100\,°$ ($m = 3{,}6$) und für β-Stränge gilt $160\,° \leq \delta \leq 180\,°$ ($2{,}3 \geq m \geq 2{,}0$). Für beliebige Drehwinkel folgt dann (siehe Mathebücher für Kreis in Parameterdarstellung):

$$\mu = \left\{ \left[\sum_{n=1}^{N} H_n \sin(\delta n) \right]^2 + \left[\sum_{n=1}^{N} H_n \cos(\delta n) \right]^2 \right\}^{1/2}.$$

Diese Gleichung ist dann die Grundlage sog. "helical wheel"-Darstellungen, in denen die Aminosäuren des betrachteten Segments für einen gewünschten Drehwinkel dargestellt sind. Amphiphile Segmente sollten sich dann problemlos erkennen lassen. Entsprechende Beispiele sind in Abb. 10.3 auf Seite 195 und 10.4 auf der vorherigen Seite gezeigt.

Für beliebige Winkel bzw. für die Suche nach Winkeln mit charakteristischen hydrophoben Momenten lässt sich z. B. das Programm **moment** einsetzen (Eisenberg *et al.*, 1984; Finer-Moore & Stroud, 1984; GCG, 2002). Eine entsprechende Darstellung ist in Abb. 10.5 auf der nächsten Seite gezeigt.

10.4 Antigenitätsindex nach Jameson & Wolf (1988)

In **peptidestructure** (GCG, 2002) wird der Antigenitäts-Index AI (Jameson & Wolf, 1988) wie folgt berechnet:

$$AI = 0{,}3 \cdot [H] + 0{,}15 \cdot [S] + 0{,}15 \cdot [F] + 0{,}2 \cdot [Cs] + 0{,}2 \cdot [Rs]$$

mit

$$[H] = \begin{cases} 2 & \text{für Hydrophilie } > 0{,}5 \\ 1 & \text{für Hydrophilie } > 0{,}0 \\ -1 & \text{für Hydrophilie } > \text{-}0{,}4 \\ -2 & \text{für Hydrophilie } < \text{-}0{,}4 \end{cases}$$

$$[S] = \begin{cases} 1 & \text{für Oberflächenwahrscheinlichkeit } \geq 1{,}0 \\ 0 & \text{für Oberflächenwahrscheinlichkeit } < 1{,}0 \end{cases}$$

$$[F] = \begin{cases} 1 & \text{für Flexibilität } \geq 1{,}0 \\ 0 & \text{für Flexibilität } < 1{,}0 \end{cases}$$

$$[Cs] = \begin{cases} 2 & \text{für hohe Turn-Vorhersage nach Chou & Fasman} \\ 1 & \text{für Turn- oder Coil-Vorhersage nach Chou & Fasman} \\ 0 & \text{sonst} \end{cases}$$

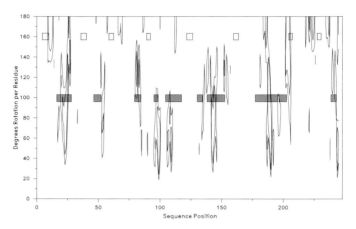

Abbildung 10.5: Darstellung des hydrophoben Moments für beliebige Drehwinkel.
Oben: Der Plot wurde mit moment (GCG, 2002) für das Protein Triose-Phosphat-Isomerase erstellt mit einer Fenstergröße von 5 Aminosäuren, über die das hydrophobe Moment gemittelt wird, und Konturlinien bei 0,4 und 0,5. Entsprechend der Strukturzuordnung im PDB-Eintrag wurden Balken für Helix (dunkelgrau) und β-Strang (hellgrau) in den Plot eingefügt.
Unten: PDB-Eintrag (1YPI:A) mit der Strukturzuordnung; H: Helix; E: extended β-Strang; T: Turn mit Wasserstoffbrücken; S: Bend; G: 3_{10}-Helix).
Für eine Darstellung des Proteins siehe Abb. 8.25 auf Seite 174.

```
  1 ARTFFVGGNF KLNGSKQSIK EIVERLNTAS IPENVEVVIC PPATYLDYSV SLVKKPQVTV GAQNAYLKAS GAFTGENSVD
    EEEEEE     S     HHHHH HHHHHHHHS     SSEEEEEE    GGGHHHHH HH   TTEEE EES    SSSS SS TT    HH

 81 QIKDVGAKWV ILGHSERRSY FHEDDKFIAD KTKFALGQGV GVILCIGETL EEKKAGKTLD VVERQLNAVL EEVKDWTNVV
    HHHHTT  EE EES HHHHTT T    HHHHHH HHHHHHHTT  EEEEEE    H HHHHTT HHH HHHHHHHHHH HH S  TTEE

161 VAYEPVWAIG TGLAATPEDA QDIHASIRKF LASKLGDKAA SELRILYGGS ANGSNAVTFK DKADVDGFLV GGASLKPEFV
    EEE  GGGSS SS    HHHH HHHHHHHHHH HHHHHTHHHH HH EEEE SS   TTTGGGGT TTTT  EEEE SGGGTTTHHH

241 DIINSRN
    HHHTS
```

Die Idee ist also relativ simpel: Für die Bindung eines Antikörpers an ein Protein steht natürlich nur dessen hydrophile Oberfläche zur Verfügung; zusätzlich liegen Turns sehr oft an der Oberfläche. Eine Methode, die nur die Hydrophilie der Aminosäuren berücksichtigt, ist von Hopp & Woods (1981) beschrieben.

$$[Rs] = \begin{cases} 2 & \text{für hohe Turn-Vorhersage nach GOR (I?)} \\ 1 & \text{für Turn- oder Coil-Vorhersage nach GOR (I?)} \\ 0 & \text{sonst} \end{cases}$$

Die Idee ist also relativ simpel: Für die Bindung eines Antikörpers an ein Protein steht natürlich nur dessen hydrophile Oberfläche zur Verfügung; zusätzlich liegen Turns sehr oft an der Oberfläche. Eine Methode, die nur die Hydrophilie der Aminosäuren berücksichtigt, ist von Hopp & Woods (1981) beschrieben.

11

Qualität von Vorhersagen

Die Bestimmung der Qualität einer Vorhersagemethode, wie z. B. die Protein-Sekundärstrukturvorhersage nach Chou & Fasman (1978) im vorigen Kapitel auf Seite 185 oder die RNA-Strukturvorhersage, ist sowohl für den reinen Anwender der Methode als auch für den Informatiker, der die Methode entwickelt, von großem Interesse („Kann ich der Vorhersage für mein spezielles Makromolekül glauben?" bzw. „Ist die Methode im Mittel besser als eine andere?").

Die ermittelte Qualität einer Vorhersagemethode hängt zuerst vom Datensatz ab, mit dem die Methodenevaluation geschieht. Banal (aber verbreitet) ist es, eine Überprüfung der Anwendbarkeit der Methode für spezielle Daten zu vergessen: Gilt sie nur für globuläre, lösliche Proteine oder auch für Membran-Proteine? (Für ein positives Beispiel siehe Abschnitt 12.5 auf Seite 217.) Gilt sie für eukaryotische und/oder für prokaryotische Makromoleküle? Berücksichtigt die Methode den Einfluss von Lösungsmittel und Temperatur? Spielt die Größe des Makromoleküls eine Rolle? usw.

Eine Evaluation darf nicht mit dem identischen Datensatz geschehen, mit dem auch die Parameter für die Methode abgeleitet wurden. Falls der Datensatz relativ klein ist, besteht z. B. die Möglichkeit die sog. "jack-knife"-Methode zu verwenden: Für die Bestimmung der Vorhersageparameter wird aus dem Datensatz ein Molekül/Sequenz/Versuch etc. ausgeklammert; die Qualität der Methode wird dann an diesem überprüft. Eine Variante der "jack-knife"-Methode ist in Abschnitt 13.2.5 auf Seite 236 erläutert.

Die Methode zur Qualitätsbestimmung hängt von den Aussagen des zu bewertenden Algorithmus ab. Soll der Algorithmus z. B. entscheiden, ob es sich bei der vorgegebenen RNA-Sequenz um eine mRNA handelt, müssen binäre Aussagen bewertet werden; soll der Algorithmus z. B. die Position des Stopp-Codons bestimmen, so müssen quantitative Aussagen bewertet werden („Die tatsächliche Position ist um x Positionen von der vorhergesagten entfernt.").

Im Fall der Sekundärstrukturvorhersage nach Chou & Fasman (1978) (siehe Abschnitt 10.1 auf Seite 189) handelt es sich eigentlich um quantitative Aussagen, die aber über die Definition von Schwellenwerten (siehe Vorhersageregeln (1e), (2e) und (3b) auf Seiten 189–191) in binäre Aussagen umgewandelt werden. Dies vereinfacht das Qualitätsproblem erheblich.

Im Folgenden sollen Qualitätsbestimmungsmethoden kurz aufgeführt werden; für eine ausführlichere Behandlung für Proteine wird auf Schulz & Schirmer (1979) bzw. für RNA auf Mathews *et al.* (1999) und Zuker *et al.* (1991) verwiesen. Einen Überblick über mögliche mathematische Methoden gibt Baldi *et al.* (2000).

11.1 Eine binäre Aussage oder eine Aussage mit Wertebereich

Im Fall der Sekundärstrukturvorhersage handelt es sich um N Aussagen für ein Protein der Länge N. Aus der Röntgenstrukturanalyse (und den nötigen Zuordnungsprogrammen, die leider auch nicht exakt sind) sind die „richtigen" Zuordnungen bekannt: $\mathbf{D} = d_1, \ldots, d_N$. Hier soll sich zuerst auf das Problem der Vorhersage von α-Helix *versus* Nicht-α-Helix beschränkt werden; dann bestehen die Zuordnungen aus der Wertemenge $d_i \in \{0, 1\}$. Bei der Qualität z. B. der Antigenitätsvorhersage würde es sich um reelle Zahlen handeln. Die Vorhersage liefert entsprechend Werte $\mathbf{M} = m_1, \ldots, m_N$. Wie vergleicht man jetzt $\mathbf{D}$ und $\mathbf{M}$?

Im skizzierten Fall lässt sich der Vergleich auf vier Zahlen zurückführen:

TP = "true positive" = wie oft sind d_i und m_i Helix,

TN = "true negative" = wie oft sind d_i und m_i Nicht-Helix,

FP = "false positive" = wie oft ist d_i Nicht-Helix aber m_i Helix,

FN = "false negative" = wie oft ist d_i Helix aber m_i Nicht-Helix,

mit der Nebenbedingung $TP + TN + FP + FN = N$. Üblicherweise wird jetzt versucht, diese vier Zahlen auf eine einzige zu reduzieren, wobei natürlich Aussagekraft verloren gehen muss.

Prozentangaben: Von Chou & Fasman (1978) wurden Prozentwerte für korrekt vorhergesagte α-helikale Positionen PCP und für korrekt vorhergesagte nicht-α-helikale Positionen PCN angegeben:

$$PCP(\mathbf{D}, \mathbf{M}) = 100 \cdot \frac{TP}{TP + FN}$$

$$PCN(\mathbf{D}, \mathbf{M}) = 100 \cdot \frac{TN}{TN + FP}.$$

Oft werden diese beiden Werte dann gemittelt und als Q_α bezeichnet. Diese Zahl kann einleuchtenderweise sehr irreführend sein.

Hamming-Distanz: Im binären Fall entspricht die Hamming-Distanz

$$HD(\mathbf{D}, \mathbf{M}) = \sum_i |d_i - m_i|$$

der Summe aller Fehler ($FP + FN$).

Quadratischer Abstand: Dieses Maß wird auch als Euklidischer Abstand oder mittlere quadratische Abweichung ("least means square" LMS) bezeichnet:

$$Q(\mathbf{D}, \mathbf{M}) = \sum_i (d_i - m_i)^2.$$

Im binären Fall ist der Wert identisch zur Hamming-Distanz; dieser Abstand erlaubt aber auch nicht-binäre Zahlen. Der Wertebereich liegt zwischen 0 und 1; falls dies zu klein ist, kann eine Variante mit Logarithmen benutzt werden:

$$LQ(\mathbf{D}, \mathbf{M}) = \sum_i \log \left[1 - (d_i - m_i)^2 \right].$$

L^p-Abstand: Dieses Abstandsmaß ist eine Verallgemeinerung des quadratischen Abstands:

$$L^p(\mathbf{D}, \mathbf{M}) = \left[\sum_i |d_i - m_i|^p \right]^{1/p}.$$

Bei $p = 1$ ergibt sich die Hamming-Distanz, bei $p = 2$ der quadratische Abstand und im binären Fall ist $L^p = (FP + FN)^{1/p}$.

Korrelationskoeffizient: Mit den Mittelwerten $\bar{d} = \sum_i d_i/N$, $\bar{m} = \sum_i m_i/N$ und den Standardabweichungen

$$\sigma_{DV} = \sqrt{\frac{(\bar{d} - d_i)^2}{N(N-1)}}, \qquad \sigma_{MV} = \sqrt{\frac{(\bar{m} - m_i)^2}{N(N-1)}}$$

ist der Korrelationskoeffizient definiert als:

$$C(\mathbf{D}, \mathbf{M}) = \sum_i \frac{(d_i - \bar{d}) \cdot (m_i - \bar{m})}{\sigma_{DV} \sigma_{MV}}.$$

Der Korrelationskoeffizient liegt zwischen -1 und $+1$; der Wert -1 bedeutet völligen Widerspruch und $+1$ totale Übereinstimmung; 0 ergibt sich bei zufälligen d. h. unabhängigen Werten. Der Korrelationskoeffizient benutzt alle vier Werte TP, TN, FP und FN und liefert daher sinnvollere Aussagen als die vorigen Maße, kann aber auch „lügen": Liefert die Vorhersage z. B. wenige oder keine falsch-positiven Aussagen aber auch nur wenige wahrpositive Aussagen, ist der Korrelationskoeffizient hoch. Auf Korrelationskoeffizienten kann der χ^2-Test angewendet werden ($\chi^2 = N \cdot C^2(\mathbf{D}, \mathbf{M})$), was die Aussage erlaubt, ob die Vorhersage besser mit den Daten korreliert als Raten. Der Korrelationskoeffizient ist nicht definiert, wenn irgendeine der Summen $TP + FN$, $TP + FP$, $TN + FP$ oder $TN + FN$ Null ist. Dies tritt z. B. ein, wenn keine positiven Aussagen getroffen werden; dann ist aber die Vorhersage auch bedeutungslos.

Relative Entropie: Diese Definition geht auf Informationstheorie zurück (siehe Kapitel 5 auf Seite 95). Im Fall der Sekundärstrukturvorhersage gilt:

$$H(\mathbf{D}, \mathbf{M}) = \sum_i \left[d_i \log \frac{d_i}{m_i} + (1 - d_i) \log \frac{1 - d_i}{1 - m_i} \right].$$

Falls $\mathbf{M}$ und $\mathbf{D}$ binär sind, kann die Formel nicht benutzt werden.

Gegenseitiger Informationsgehalt ("mutual information"; siehe Kapitel 5 auf Seite 95): Im Fall der Protein-Sekundärstrukturvorhersage gilt mit der Entropie:

$$H = -\frac{TP}{N} \log \frac{TP}{N} - \frac{TN}{N} \log \frac{TN}{N} - \frac{FP}{N} \log \frac{FP}{N} - \frac{FN}{N} \log \frac{FN}{N}$$

die gegenseitige Information

$$I(\mathbf{D}, \mathbf{M}) = -H$$

$$-\frac{TP}{N} \log \left[\frac{TP + FP}{N} \cdot \frac{TP + FN}{N} \right]$$

$$-\frac{FN}{N} \log \left[\frac{TP + FN}{N} \cdot \frac{TN + FN}{N} \right]$$

$$-\frac{FP}{N} \log \left[\frac{TP + FP}{N} \cdot \frac{TN + FP}{N} \right]$$

$$-\frac{TN}{N} \log \left[\frac{TN + FN}{N} \cdot \frac{TN + FP}{N} \right].$$

Oft wird der normalisierte gegenseitige Informationskoeffizient benutzt:

$$IC(\mathbf{D}, \mathbf{M}) = \frac{I(\mathbf{D}, \mathbf{M})}{H(\mathbf{D})}$$

$$\text{mit } H(\mathbf{D}) = -\frac{TP + FN}{N} \log \frac{TP + FN}{N} - \frac{TN + FP}{N} \log \frac{TN + FP}{N}$$

$$= -\bar{m} \log \bar{m} - (1 - \bar{m}) \log(1 - \bar{m}).$$

$$0 \leq IC(\mathbf{D}, \mathbf{M}) \leq 1.$$

Wenn $IC(\mathbf{D}, \mathbf{M}) = 0$, dann sind $\mathbf{D}$ und $\mathbf{M}$ unabhängig; wenn $IC(\mathbf{D}, \mathbf{M}) = 1$, dann ist die Vorhersage perfekt.

Sensitivität und Spezifität: Sensitivität ist definiert als Wahrscheinlichkeit korrekterweise ein positives Ergebnis vorherzusagen ("hit rate", Trefferrate); Spezifität ist definiert als Wahrscheinlichkeit, dass eine positive Vorhersage korrekt ist ("false alarm rate"):

$$\text{Sensitivität} = \frac{TP}{TP + FN},$$

$$\text{Spezifität} = \frac{TP}{TP + FP}.$$

Diese Werte lassen sich mit $x = TP/(TP + FN)$ und $y = TP/(TP + FP)$ so umsetzen, dass ein Korrelationskoeffizient als Funktion der Sensitivität und Spezifität berechnet werden kann:

$$C(\mathbf{D}, \mathbf{M}) = \frac{Nxy - TP}{\sqrt{(Nx - TP)(Ny - TP)}}.$$

Zahlenbeispiele für Sensitivität und Spezifität sind z. B. in Tab. 12.4 auf Seite 217 aufgeführt.

11.2   Aussagen mit mehr als zwei Klassen

Im Fall einer binären Aussage entsprechen die vier Werte einer 2×2-Matrix:

	$\mathbf{M}$	$\overline{\mathbf{M}}$
$\mathbf{D}$	TP	FN
$\overline{\mathbf{D}}$	FP	TN

Im Fall einer Vorhersage mit mehr als zwei Klassen erhält man analog eine $K \times K$ große Matrix $\mathbf{Z} = (z_{ij})$. Bei Proteinstruktur-Vorhersagen handelt es sich meist um eine 3×3-Matrix für die Klassen Helix H, β-Strang E und unstrukturierte Kette C (random coil). Der Wert z_{ij} gibt an, wie oft die jeweilige Einheit als zur Klasse j gehörig vorhergesagt wurde, aber tatsächlich in Klasse i gehört. Die Zahl der Einheiten in Klasse i ist gegeben durch

$$x_i = \sum_j z_{ij};$$

die Zahl der Einheiten vorhergesagt in Klasse i ist gegeben durch

$$y_i = \sum_j z_{ji};$$

$$N = \sum_{ij} z_{ij} = \sum_i x_i = \sum_i y_i.$$

Prozentangaben: Die Sensitivität für die Klasse i ist gegeben durch

$$Q_i = Q_i^{\mathbf{D}} = Q_{\mathrm{prd}} = 100 \cdot \frac{z_{ii}}{x_i}, \tag{11.1}$$

was dem Anteil der Einheiten entspricht, die korrekt in Klasse i vorhergesagt wurden, bezogen auf die Gesamtzahl der Einheiten in Klasse i. Ähnlich lässt sich ein Wert

$$Q_i = Q_i^{\mathbf{M}} = Q_{\mathrm{obs}} = 100 \cdot \frac{z_{ii}}{y_i}, \tag{11.2}$$

definieren, der dem Anteil der Einheiten entspricht, die korrekt in Klasse i vorhergesagt wurden, bezogen auf die Gesamtzahl der Einheiten, die in Klasse i vorhergesagt wurden. Dies entspricht einer bedingten Wahrscheinlichkeit für korrekte Vorhersagen, wenn Klasse i vorhergesagt wurde. In der Literatur wird dann noch oft (z. B. Chou & Fasman, 1978; Schulz & Schirmer, 1979) ein Wert

$$Q_{\mathrm{total}} = Q_3 = 100 \cdot \frac{\sum_i z_{ii}}{N} \tag{11.3}$$

angegeben, der die Zahl korrekter Vorhersagen zusammenfasst. Diese Zahl ist natürlich sehr irreführend: Die Strukturelement-Verteilung in globulären Proteinen liegt nahe bei 35 % Helix, 15 % β-Strang, 25 % reverse Turns und 25 % Coil. Wenn ein Vorhersage-Algorithmus nur Helix vorhersagt, täuscht er also schon ein Korrektheit von $Q_{total} = 35\%$ vor!

Ein Zahlenbeispiel findet sich in Tab. 10.2 auf Seite 194.

Gegenseitiger Informationsgehalt: Mit $\mathbf{X} = (x_i/N)$, $\mathbf{Y} = (y_i/N)$ und $\mathbf{Z} = (z_{ij}/N)$ gilt:

$$IC(\mathbf{D}, \mathbf{M}) = \frac{H(\mathbf{X}) + H(\mathbf{Y}) - H(\mathbf{Z})}{H(\mathbf{X})}$$

$$= \frac{-\sum_i \frac{x_i}{N} \log \frac{x_i}{N} - \sum_i \frac{y_i}{N} \log \frac{y_i}{N} + \sum_i \frac{z_{ij}}{N} \log \frac{z_{ij}}{N}}{-\sum_i \frac{x_i}{N} \log \frac{x_i}{N}}.$$

Bei zufälligen Vorhersagen, wie sie im vorigen Punkt angesprochen wurden, ergibt sich $IC(\mathbf{D}, \mathbf{M}) = 0{,}0$, was natürlich wesentlich sinnvoller und interpretierbarer ist.

11.3 Objektive Prüfung von Vorhersagen

Zur möglichst objektiven Überprüfung der Vorhersageleistung von Sequenz-Alignmentprogrammen wurde die Datenbank BAliBASE[1] ("Benchmark Alignment dataBASE") entwickelt, die hauptsächlich per Hand alignierte Protein-Sequenzen enthält, von denen auch die Struktur bekannt ist (Bahr *et al.*, 2001; Thompson *et al.*, 1999b). Hier stehen also „perfekte" Alignments zur Verfügung, an denen Alignment-Programme getestet werden können.

Das "Protein Structure Prediction Center"[2] des Lawrence-Livermore-National-Laboratories stellt die Mittel bereit, um Proteinstruktur-Vorhersagemethoden objektiv zu testen. In den seit 1994 zwei-jährlichen sog. CASP-Experimenten ("Critical Assessment of Techniques for Protein Structure Prediction") werden den Teilnehmern Protein-Sequenzen zur Verfügung gestellt, deren Struktur noch unbekannt ist; d. h., von Röntgenstruktur- oder NMR-Gruppen werden solche Sequenzen zur Verfügung gestellt, von denen die Kenntnis der Struktur erst nach Ende des Experiments/Wettbewerbs erwartet wird. Ähnliche Ziele, aber für vollautomatische Vorhersagen, verfolgen die seit 1998 stattfindenden Analysen CAFASP[3] ("Critical Assessment of Fully Automated Structure Prediction"), LiveBench[4] und EVA[5] ("EValuation of Automatic protein structure prediction").

---

[1] http://www-igbmc.u-strasbg.fr/BioInfo/BAliBASE2/index.html

[2] http://predictioncenter.llnl.gov/

[3] http://bioinfo.pl/cafasp/

[4] http://bioinfo.pl/LiveBench/

[5] http://cubic.bioc.columbia.edu/eva/

12

Vorhersage von Transmembran-Helices per Hidden-Markov-Modell

In Kapitel 10 auf Seite 185 zur Vorhersage von Protein-Sekundärstruktur war erkennbar, dass die Vorhersagequalität nicht ausreichend war. Ein Problem mag darin liegen, dass der betrachtete Sequenzkontext zu klein war; man denke hier an die Vorhersage von β-Strängen, die ja meist erst im β-Faltblatt oder anderen weitreicherenden Wechselwirkungen stabilisiert werden. Hier müsste man also per menschlicher Intelligenz kompliziertere Regeln aufstellen oder man benutzt entsprechende informationstechnische Modelle, die solche Regeln selbst „lernen". In diesem Kapitel soll ein solches System anhand der Vorhersage von Transmembran-Helices mit Hilfe eines „Hidden-Markov-Modells" (HMM) vorgestellt werden; im nächsten Kapitel wird die Vorhersage von Protein-Sekundärstruktur mit Hilfe eines „Neuronalen Netzes" gezeigt.

Schöne Einführungen in HMMs zur Erzeugung von multiplen Alignments und zur Klassifizierung von Sequenzen finden sich z. B. unter:

- R. Karchin, "Hidden Markov Models and Protein Sequence Analysis"[1] und

- A. Fejes, "Hidden Markov Models Made Easy"[2].

---

[1] http://www.cse.ucsc.edu/research/compbio/ismb99.handouts/KK185FP.html

[2] http://www.stat.yale.edu/~jtc5/BioinformaticsCourse2001/EasyHMM.htm

Programme, die auf HMMs basieren und im Netz verfügbar sind, sind z. B.:

SAM, ein **S**equenz[3]-**A**lignment[4]- und **M**odeling[5]-System zur Erzeugung und Optimierung von Hidden-Markov-Modellen für biologische Sequenzanalyse;

Pfam, eine Datenbank[6] für Protein-Familien und konservierte Protein-Regionen (Bateman *et al.*, 2000). Die Alignments repräsentieren evolutionär konservierte Strukturen, die Bezug zur Funktion des Proteins besitzen. Hidden-Markov-Modelle, die auf der Basis der Alignments erstellt wurden, können benutzt werden, um ein neues Protein zu einer existierenden Protein-Familie zuzuordnen;

HMMER, ein "Profile Hidden Markov Model"-Programm[7] zur Analyse von Protein-Sequenzen (Krogh *et al.*, 1994);

signalP-HMM, ein HMM zur Vorhersage von Signalpeptiden inkl. zugehöriger Spaltstellen und von Signalankern; siehe Abschnitt 13.4 auf Seite 241 und Abb. 13.12 auf Seite 245.

12.1   Markov-Ketten

Eine Markov-Kette beschreibt einen statistischen Prozess, mit dem auf ein bestimmtes Eingabezeichen aus einem vordefinierten Alphabet (Worte, Aminosäuren, etc.) ein Ausgabezeichen aus dem Alphabet mit einer für diesen Zustand charakteristischen Wahrscheinlichkeitsverteilung generiert wird.

Zum Beispiel werden solche Modelle bei der Sprachanalyse eingesetzt. Es soll gelten, dass das $k$te Wort nur von den $(n-1)$ vorherigen Wörtern abhängt; solche Modelle werden auch als n-gramm-Modelle bezeichnet:

$$P(w_k|w_1,\ldots,w_N) = P(w_k|w_{k-n+1},\ldots,w_{k-1}) \qquad \text{für } N \geq k \geq n.$$

In Trigramm-Modellen ist $n = 3$; hier hängt also die Wahrscheinlichkeit eines Wortes nur von den zwei vorherigen Worten ab:

$$P(w_k|w_1,\ldots,w_{n-1}) = P(w_k|w_{k-2},w_{k-1}).$$

---

[3] http://www.cse.ucsc.edu/research/compbio/sam.html

[4] http://mendel.imp.univie.ac.at/documents/SAM-T99/

[5] http://www.cse.ucsc.edu/research/compbio/HMM-apps/HMM-applications.html

[6] http://pfam.wustl.edu/

[7] http://hmmer.wustl.edu/

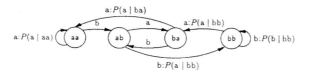

Abbildung 12.1: Markov-Kette. Es sollen nur die zwei möglichen Ausgabesymbole a und b existieren. Jeder Pfeil repräsentiert einen Übergang und das angegebene Symbol ist von der Wahrscheinlichkeit abhängig, dass dieser Übergang genommen wird: $P(w_{1,n}) = \prod_{i=1}^{n} P(w_i | w_{i-2}, w_{i-1})$.

Das Sprach-Modell hat damit die einfache Form:

$$
\begin{aligned}
P(w_{1,n}) &= P(w_1, w_2, \ldots, w_n) \\
&= P(w_1)P(w_2|w_1)P(w_3|w_1, w_2) \ldots P(w_n|w_1, \ldots, w_{n-1}) \\
&= P(w_1)P(w_2|w_1)P(w_3|w_1, w_2) \ldots P(w_n|w_{n-2}, w_{n-1}) \\
&= P(w_1)P(w_2|w_1) \prod_{i=3}^{n} P(w_i | w_{i-2}, w_{i-1}).
\end{aligned}
$$

Abgesehen von den zwei Anfangszuständen $P(w_1)$ und $P(w_2|w_1)$ lässt sich diese Gleichung durch das in Abb. 12.1 gezeigte Schema repräsentieren, wenn nur die zwei Ausgabesymbole a und b existieren. Zum Beispiel ist dann die Wahrscheinlichkeit für $aababaa$, falls aa schon beobachtet wurde:

$$P(aababaa|w_1 = a, w_2 = a) = P(b|aa)P(a|ab)P(b|ba)P(a|ab)P(a|ba).$$

Bei dieser Darstellung ist es nicht möglich, den Zustand des Modells durch das zuletzt beobachtete Symbol festzustellen. Er kann nur anhand der beiden letzten Ausgabesymbole ermittelt werden. Die einzelnen Wahrscheinlichkeiten werden durch die Häufigkeit des Auftretens der entsprechenden Kombinationen der Ausgabezeichen in einem Trainingstext festgestellt:

$$P(w_i|w_{i-2}, w_{i-1}) = \frac{\text{Häufigkeit von } (w_{i-2}, w_{i-1}, w_i)}{\text{Häufigkeit von } (w_{i-2}, w_{i-1})}.$$

12.2 Hidden-Markov-Modell

Hidden-Markov-Modelle (HMMs) sind eine Verallgemeinerung von Markov-Ketten, in denen der gegebene Zustand mehrere Übergänge mit gleichem Ausgabesymbol haben kann: Es sei

$S = \langle s^1, s^2, \ldots, s^\sigma \rangle$ eine Menge von Zuständen,

$W = \langle w^1, w^2, \ldots, w^\omega \rangle$ eine Menge von Ausgabesymbolen und

$E = \langle e^1, e^2, \ldots, e^\epsilon \rangle$ eine Menge von Übergängen von s_i nach s_j mit $0 \le i \le j$.

Ein Übergang ist dann ein Quadrupel $\langle s^i, s^j, w^k, P \rangle$ aus dem Ausgangszustand s^i in den Zielzustand s^j mit dem Ausgabesymbol w^k mit der Übergangswahrscheinlichkeit P. Es ist zu beachten, dass ein Zustand der Ausgangszustand von mehreren Übergängen mit gleichem Ausgabesymbol sein kann. Allerdings sind dann die Zielzustände verschieden. In solchen Fälle ist es nicht möglich, den Zustand anhand der Ausgabesymbole festzustellen. Der Zustand ist versteckt (hidden), daher auch der Name Hidden-Markov-Modell.

Die Wahrscheinlichkeit für eine bestimmte Ausgabe $w_{1,n}$ ist gleich der Wahrscheinlichkeit von allen möglichen Pfaden, die bei der Erzeugung der Ausgabe durchlaufen werden:

$$
\begin{aligned}
P(w_{1,n}) &= \sum_{s_{1,n+1}} P(w_{1,n}, s_{1,n+1}) \\
&= \sum P(w_1, s_2|s_1) P(w_2, s_3|s_2) \ldots P(w_n, s_{n+1}|s_n) \\
&= \sum_{s_{1,n+1}} \prod_{i=1}^{n} P(w_i, s_{i+1}|s_i).
\end{aligned}
\tag{12.1}
$$

12.3   Hidden-Markov-Modelle zur Sequenz-Analyse

In Abb. 12.1 auf der nächsten Seite ist ein Ausschnitt aus einem Protein-Alignment zu sehen, anhand dessen die Möglichkeit gezeigt werden soll, Hidden-Markov-Modelle zur Beschreibung einer Art von Konsensus-Sequenzen bzw. zur Datenbanksuche nach homologen Sequenzen einzusetzen.

Entsprechend des gezeigten Alignments ist es möglich, ein statistisches Modell, ein Profil, dieser Proteinfamilie zu erstellen: Aus der Häufigkeit der einzelnen Aminosäuren an den einzelnen Sequenzpositionen folgt z. B., dass die Wahrscheinlichkeit eines Alanins $p = 0{,}8$ an Position 1 und $p = 0{,}2$ an Position 6 ist. Bei gegebenem Profil kann die Wahrscheinlichkeit einer Aminosäuresequenz als Produkt der einzelnen Wahrscheinlichkeiten angegeben werden:

$$
\begin{aligned}
p(\texttt{ACGVVC}) &= 0{,}8 \cdot 0{,}6 \cdot 0{,}8 \cdot 0{,}6 \cdot 0{,}4 \cdot 0{,}8 \\
&= 0{,}074
\end{aligned}
$$

oder

$$
\begin{aligned}
p(\texttt{CGSIIA}) &= 0{,}2 \cdot 0{,}4 \cdot 0{,}2 \cdot 0{,}2 \cdot 0{,}2 \cdot 0{,}2 \\
&= 0{,}128 \cdot 10^{-3}
\end{aligned}
$$

Da diese Trefferwahrscheinlichkeiten oder "scores" oft sehr klein sind, kann es praktischer sein, die Logarithmen der Einzelwahrscheinlichkeiten im Profil zu

Tabelle 12.1: Statistische Analyse eines Alignments von Protein-Sequenzen. Im unteren Teil der Tabelle sind die Häufigkeiten der einzelnen Aminosäuren in Abhängigkeit von ihrer Position gegeben.

Sequenz	Position					
	1	2	3	4	5	6
1	C	C	S	V	L	C
2	A	G	G	V	I	C
3	A	G	G	I	M	C
4	A	C	G	L	V	C
5	A	C	G	V	V	A
AA						
C	0,2	0,6				0,8
A	0,8					0,2
G		0,4	0,8			
S			0,2			
V				0,6	0,4	
I				0,2	0,2	
L				0,2	0,2	
M					0,2	

tabellieren und diese dann zum Score aufzuaddieren:

$$p(\texttt{ACGVVC}) = \log_e(0{,}8) + \log_e(0{,}6) + \log_e(0{,}8) + \log_e(0{,}6) + \log_e(0{,}4) + \log_e(0{,}8)$$
$$= -2{,}607$$

Zusätzlich kann/muss man natürlich Strafpunkte ("penalties") für notwendige Insertionen oder Deletionen geben und die Wahrscheinlichkeiten an bestimmten, z. B. funktional besonders wichtigen Positionen können anders gewertet werden als an unwichtigen Positionen. Dies macht die Erstellung eines Profils schwieriger. Anstelle der Berechnung eines Profils per Hand lässt sich die Bestimmung der Profil- oder Modell-Parameter auch systematisch über ein HMM erledigen. Ein Beispiel für ein solches HMM ist in Abb. 12.2 auf der nächsten Seite als finite Zustandsmaschine ("finite state machine") dargestellt: Die Maschine bewegt sich durch eine Serie von Zuständen und produziert dabei Ausgaben, wenn die Maschine spezielle Zustände erreicht hat oder wenn sie sich von einem Zustand zu nächsten bewegt. Im gezeigten Modell können drei Typen von Zuständen auf dem Weg von Start nach Ende durchlaufen werden:

1. Treffer-Zustände ("match states"), im Modell durch Quadrate bezeichnet, geben Aminosäuren aus, die der konservierten Sequenz des Proteins entsprechen,

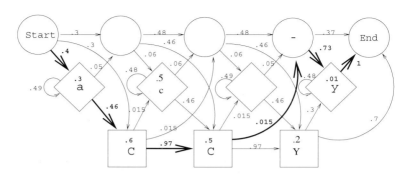

Abbildung 12.2: Ein Hidden-Markov-Modell mit mehreren Wegen für die Proteinsequenz ACCY. Die Sequenz ist als eine Folge von Wahrscheinlichkeiten repräsentiert. Die Zahlen in den Quadern geben die Wahrscheinlichkeit für die Anwesenheit einer Aminosäure an dieser Stelle bzw. in diesem bestimmten Zustand an; diese werden als Treffer ("match states") bezeichnet. Die Rauten bezeichnen Insertionszustände, die Aminosäuren infolge von Insertionen ausgeben. Die Kreise bezeichnen Deletionszustände. Die Zahlen an den Pfeilen geben die Übergangswahrscheinlichkeiten zwischen den Zuständen an. Einer von mehreren möglichen Wegen für die Ausgabe von ACCY ist durch dicke Pfeile markiert. Kopiert von http://www.cse.ucsc.edu/research/compbio/ismb99. handouts/KK185FP.html.

2. Insertionszustände, im Modell durch Rauten bezeichnet, emittieren Aminosäuren, die durch Insertionen in die konservierte Sequenz entstanden sind und

3. Deletionszustände, im Modell durch Kreise bezeichnet.

Die Bewertung einer Sequenz erfolgt durch Multiplikation der Emissions- und Übergangswahrscheinlichkeiten entlang des Wegs durch das HMM. Im Beispiel von Abb. 12.2 ist die Wahrscheinlichkeit für die Ausgabe der Sequenz ACCY auf dem Weg, der durch die dicken Pfeile markiert ist:

$$p(\text{ACCY}) = 0{,}4 \cdot 0{,}3 \cdot 0{,}46 \cdot 0{,}6 \cdot 0{,}97 \cdot 0{,}5 \cdot 0{,}015 \cdot 0{,}73 \cdot 0{,}01 \cdot 1$$
$$= 1{,}76 \cdot 10^{-6}.$$

Nur wenn der exakte Weg bekannt ist, ist die Berechnung einfach. Im Prinzip können jedoch viele verschiedene Wege die identische Sequenz generieren. Daher ist die Wahrscheinlichkeit für eine Sequenz die Summe der Wahrscheinlichkeiten über alle möglichen Wege durch das Modell (siehe Gleichung (12.1) auf Seite 210). Da die Aufzählung aller möglichen Wege bei langen Sequenzen zu komplex ist, wird meist entweder der Viterbi-Algorithmus für die Bestimmung des wahrscheinlichsten Wegs oder der Vorwärts-Algorithmus (Dynamische Programmierung) für die Berechnung der Summen über alle Wege eingesetzt. Beide Algorithmen werden im folgenden kurz anhand des Beispiels in Abb. 12.2 demonstriert.

Tabelle 12.2: Matrix für Viterbi-Algorithmus zur Ermittelung des wahrscheinlichsten Wegs für die Sequenz ACCY im HMM von Abb. 12.2 auf der vorherigen Seite.

AA	I0	I1	M1	I2	M2	I3	M3
A	0,12	0	0	0	0	0	0
C	0	0,0015	0,276	0	0	0	0
C	0	0	0	0	0,485	0	0
Y	0	0	0	0	0	0,0001	0,136

Tabelle 12.3: Matrix für Vorwärts-Algorithmus zur Ermittelung der Wahrscheinlichkeit der Sequenz ACCY im HMM von Abb. 12.2 auf der vorherigen Seite.

AA	I0	I1	M1	I2	M2	I3	M3
A	0,12	0	0	0	0	0	0
C	0	0,0002	0,0331	0	0	0	0
C	0	0	0	0	0,0161	0	0
Y	0	0	0	0	0	$1{,}6 \cdot 10^{-6}$	0,0022

Viterbi-Algorithmus: Zur Berechnung wird eine mit Null initialisierte Matrix benutzt (siehe Tab. 12.2), deren Spalten den Zuständen des HMM und deren Zeilen den Aminosäuren der Sequenz entsprechen. Deletionszustände brauchen nicht berücksichtigt zu werden, da diese nichts ausgeben.

1. Das Modell beginnt mit einem zusätzlichen Insertionszustand I0. Berechne für diesen die Wahrscheinlichkeit für das Auftreten der ersten Aminosäure und trage die Wahrscheinlichkeit an entsprechender Position in die Matrix ein: $p_{A,I0} = 0{,}4 \cdot 0{,}3 = 0{,}12$

2. Die nächste Aminosäure an Position i kann durch einen der nächsten Zustände Ii oder Mi emittiert werden. Multipliziere die Wahrscheinlichkeiten für die entsprechenden Wege und trage sie in die zugehörigen Positionen ein:
   $p_{C,I1} = 0{,}05 \cdot 0{,}06 \cdot 0{,}5 = 0{,}15$ und $p_{C,M1} = 0{,}46 \cdot 0{,}6 = 0{,}276$.

3. Berechne die maximale Wahrscheinlichkeit der beiden Zustände im letzten Schritt: $p_{max} = \max(Ii, Mi) = 0{,}276$.

4. Setze einen Zeiger vom Zustand maximaler Wahrscheinlichkeit auf den vorigen Zustand.

5. Fahre fort mit Schritt 2 bis die Matrix aufgefüllt ist.

6. Für den wahrscheinlichsten Weg durch das Modell folgt man den Zeigern rückwärts. Die Wahrscheinlichkeit für die Sequenz ergibt sich durch Multiplikation der Wahrscheinlichkeiten entlang dieses Wegs.

Vorwärts-Algorithmus: Er gleicht im Prinzip dem Viterbi-Algorithmus mit dem Unterschied in Schritt 3 auf der vorherigen Seite; hier werden direkt die Produkte der Wahrscheinlichkeiten, um in diesen Zustand zu kommen, gebildet, sodass keine Zeiger notwendig sind.

Jetzt bleibt noch das Problem, wie man zu den Wahrscheinlichkeiten des HMM kommt. Dazu wird ein Satz von Trainingssequenzen benötigt, der es erlaubt alle Emissionswahrscheinlichkeiten und alle Übergangswahrscheinlichkeiten zu bestimmen. Falls der Zustandsweg für alle Sequenzen bekannt ist (evolutionärer Baum!?), kann dies durch Berechnung geschehen: Die Wahrscheinlichkeit entspricht der Häufigkeit des Auftretens jedes Übergangs bzw. der Emission einer Aminosäure im Trainingsset dividiert durch die Summe aller Übergangs- bzw. Emissionswahrscheinlichkeiten. Falls der Zustandsweg unbekannt ist, muss das beste Modell für das gegebene Trainingsset durch Optimierung gelöst werden. Dies kann z. B. iterativ geschehen, in dem für alle Wege für jede Sequenz die Wahrscheinlichkeiten berechnet werden mit einem Startsatz an Wahrscheinlichkeiten. Die Optimierung kann dann nach einem Toleranzschwellen- (siehe Abschnitt 7.1 auf Seite 128) oder Sintflut-Algorithmus (siehe Abschnitt 7.2 auf Seite 130) oder per Simulated Annealing (siehe Abschnitt 7.5 auf Seite 135) passieren.

12.4 Transmembran-Helices per Hidden-Markov-Modell (TMHMM)

Ein Algorithmus, der auf einem Hidden-Markov-Modell beruht, zur Vorhersage von Transmembran-Helices in Proteinen ist TMHMM[8] (Sonnhammer *et al.*, 1998); ein Beispiel ist in Abb. 12.4 auf Seite 216 zu sehen.

Das Modell, das hinter diesem Algorithmus steht, ist ein Zyklus aus sieben Zuständen: Helix-Kern, Helix-Enden an jeder Seite ("cap"), Loop auf der zytoplasmatischen Seite, zwei Loops auf der nicht-zytoplasmatischen Seite und globuläre Domäne in der Mitte jedes Loops (siehe Abb. 12.3 auf der nächsten Seite). Die zwei Loop-Zustände auf der nicht-zytoplasmatischen Seite werden benötigt, um kurze bzw. lange Loops zu modellieren, die zwei verschiedenen biologischen Mechanismen der Membran-Insertion entsprechen. Jeder Zustand ist assoziiert mit Wahrscheinlichkeiten für die 20 Aminosäuren und Übergangswahrscheinlichkeiten in die anderen Zustände und in sich selbst, sodass die einzelnen Zustände länger sein können als eine Aminosäure. Die Feinheiten des Trainings bzw. der Lernphase des Modells sind in Sonnhammer *et al.* (1998) dargestellt.

---

[8] http://www.cbs.dtu.dk/services/TMHMM/

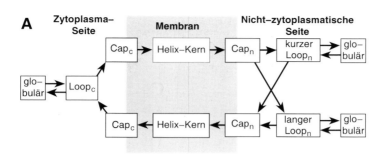

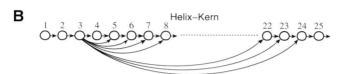

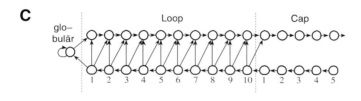

Abbildung 12.3: Struktur des HMM-Modells von TMHMM.
A) Schemadarstellung des Modells. Jeder Kasten entspricht einem oder mehreren Zuständen.
B) Zustandsdiagramm der Teile des Modells aus A), die mit Helix-Kern bezeichnet sind. Aus dem letzten "cap"-Zustand (Kopfgruppe) existiert ein Übergang in den Kern-Zustand 1. Die ersten drei und die letzten zwei Kernzustände müssen durchlaufen werden, alle anderen Kernzustände können übersprungen werden, sodass Kern-Regionen aus fünf bis 25 Aminosäuren modelliert werden können. Alle Kernzustände sind an Aminosäure-Wahrscheinlichkeiten gebunden.
C) Die Zustandsstruktur der globulären, Loop- und Cap-Regionen. Die drei verschiedenen Loop-Regionen werden alle nach gleichem Schema aber verschiedenen Parametern modelliert.
Nach Sonnhammer *et al.* (1998).

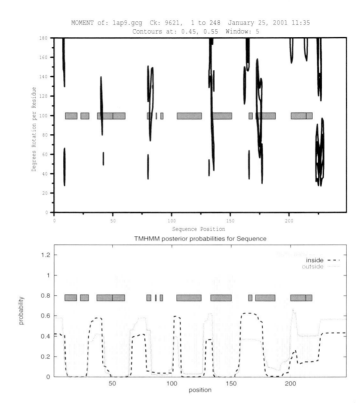

```
  1 QAQITGRPEW IWLALGTALM GLGTLYFLVK GMGVSDPDAK KFYAITTLVP AIAFTMYLSM LLGYGLTMVP FGGEQNPIYW
           TTH HHHHHHHHHH TTHHHHHHHH SS  S HHHH HHHHHHHHTH HHHHHHHHHH HTT      SS S SSS       S

 81 ARYADWLFTT PLLLLDLALL VDADQGTILA LVGADGIMIG TGLVGALTKV YSYRFVWWAI STAAMLYILY VLFFGFTSKA
     TTHHHHTTTH HHHTTTTSTT TT  HHHHHH HHHHHHHHHH HHHHHHS  S SS HHHHHHH HHHHHHHHHH HHTTTTTTTT

161 ESMRPEVAST FKVLRNVTVV LWSAYPVVWL IGSEGAGIVP LNIETLLFMV LDVSAKVGFG LILLRSRAIF GEAEAPEPSA ...
     TT SHHHHT THHHHHHHHH HHHHHHHHHT TTTSSSSSS  SHHHHHHHHH HHHHHTHHHH TTTT
```

Abbildung 12.4: Vorhersage von Transmembran-Helices in Bacteriorhodopsin. Für eine Darstellung des Proteins siehe Abb. 8.24 auf Seite 172. In die Ausgaben beider Vorhersagen wurden per Hand graue Balken an den Positionen eingetragen, an denen laut PDB-Eintrag (1AP9) α-Helices liegen.

Oben: Vorhersage mittels moment (GCG, 2002) mit einer Fenstergröße von 5 Aminosäuren, über die das hydrophobe Moment gemittelt wird, und Konturlinien bei 0,45 und 0,55 (siehe Abschnitt 10.3 auf Seite 194).

Mitte: Vorhersage mittels TMHMM (http://www.cbs.dtu.dk/services/TMHMM-1.0/) (Sonnhammer *et al.*, 1998);

Unten: Gekürzter PDB-Eintrag (1AP9) mit Strukturzuordnung; H: Helix; T: Turn mit Wasserstoffbrücken; S: Bend.

Tabelle 12.4: Qualität von Programmen zur Vorhersage von Transmembranregionen für alle biochemisch charakterisierten Transmembran-Proteine. MSR: Membran-überspannende Region; TP: Zahl korrekt vorhergesagter MSRs; FN: Zahl nicht vorhergesagte MSRs; FP: Zahl falsch vorhergesagter MSRs. Die Methoden sind sortiert nach der Summe $FN+FP$. Die Summe $TP+FN$ sollte die Gesamtzahl an MSRs ergeben; dies ist nicht der Fall, wenn eine vorhergesagte Region mehr als eine tatsächliche Region überspannt oder umgekehrt. Für die Definition von Sensitivität und Spezifität siehe in Kapitel 11 auf Seite 203. Verändert nach Möller *et al.* (2001).

Methode	Zitat	siehe Abschnitt	TP	FN	FP	Sensi- tivität	Spezi- fität
TMHMM 2.0	Sonnhammer *et al.* (1998)	12.4	812	65	38	0,93	0,96
HMMTOP	Tusnády & Simon (1998)		841	40	97	0,95	0,90
MEMSAT 1.5	Jones *et al.* (1994)	15.3	772	110	78	0,88	0,91
Eisenberg *et al.* (1982)		10.3	809	72	163	0,92	0,83
ALOM 2	Nakai & Kanehisa (1992)		429	545	17	0,44	0,96
PHD	Rost *et al.* (1996a,b)	13.2	564	319	207	0,64	0,73
TopPred	Claros & von Heijne (1994)		468	417	123	0,53	0,79
Gesamtzahl an MSRs:			883				

12.5 Qualität von Programmen zur Vorhersage von Transmembranregionen

Laut Sonnhammer *et al.* (1998) lassen sich Transmembran-Helices relativ einfach vorhersagen, da sich diese α-Helices durch ihre hohe Hydrophobie auszeichnen; 95 % korrekte Vorhersagen für Sequenzbereiche, die Transmembran-Helices entsprechen ohne die korrekten Enden zu berücksichtigen, sei durchaus üblich. Der Witz an TMHMM ist die zusätzliche Vorhersage der korrekten Enden inkl. der korrekten Insertierungsorientierung der Helices.

Möller *et al.* (2001) haben unterschiedlichste Programme zur Vorhersage von Transmembran-Helices verglichen; ein Teil ihrer Ergebnisse ist in Tab. 12.4 bis 12.6 auf Seiten 217–218 gezeigt.

Tabelle 12.5: Qualität von Programmen zur Vorhersage von Transmembranregionen für biochemisch charakterisierte MSRs, die den Methoden unbekannt sind. Die Analyse bezieht sich auf Komplettproteine. Die Methoden sind sortiert nach dem Prozentsatz korrekt vorhergesagter Proteine. Als korrekte Vorhersage werden nur solche ohne falsch-positive und ohne falsch-negative Aussagen und mit korrekter Anzahl an MSRs gewertet. Für den Test über Signalsequenzen wurden 34 Proteine mit abzuspaltenden Signalpeptiden und acht mit Transitpeptiden eingesetzt. Für weiteres siehe Tab. 12.4 auf der vorherigen Seite. Kopiert aus Möller *et al.* (2001).

Methode	Zahl an Proteinen	Alle MSRs gefunden	korrekte Orientierung	Anzahl Signal-Sequenzen als MSR
TMHMM 2.0	108	64 (59 %)	40 (63 %)	7
HMMTOP	106	54 (51 %)	42 (78 %)	29
MEMSAT 1.5	159	80 (50 %)	58 (73 %)	12
Eisenberg *et al.*	188	72 (38 %)	n.a.	26
PHD	151	49 (33 %)	34 (70 %)	1
TopPred	188	48 (26 %)	23 (48 %)	3
ALOM 2	188	14 (7 %)	n.a.	0

Tabelle 12.6: Qualität von Programmen zur Vorhersage von Transmembranregionen für lösliche Proteine. Die zweite Spalte gibt die Zahl an falsch-positiv vorhergesagten Proteinen an. Die dritte Spalte gibt die Zahl an falsch-positiv vorhergesagten Membran-überspannenden Regionen an; die Zahl in Klammern ist die Anzahl von Signalsequenzen, die fälschlich als Transmembran-Helices identifiziert wurden. Für weiteres siehe Tab. 12.4 auf der vorherigen Seite. Kopiert aus Möller *et al.* (2001).

Methode	Zahl an FP Proteinen		Zahl an FP MSRs (− Signale)		Zahl Einträge pro 100 s CPU
TMHMM 2.0	8	(1,3 %)	8	(2)	37
HMMTOP	70	(11,0 %)	84	(9)	72
MEMSAT 1.5	431	(68,0 %)	784	(8)	84
Eisenberg *et al.*	84	(13,0 %)	290	(2)	3993
PHD	120	(18,9 %)	212	(1)	18
TopPred	472	(76,0 %)	1198	(8)	40
ALOM 2	61	(9,6 %)	65	(0)	2438

13

Protein-Sekundärstruktur-Vorhersage per Neuronalem Netz

Problem: Man hat eine ganze Reihe von Beispielen für eine bestimmte Eigenschaft gesammelt; z. B. DNA-Sequenzabschnitte, die funktional charakterisierten Promotoren entsprechen, oder Proteinsequenzen, die laut Röntgenstruktur- oder NMR-Analysen in α-helikaler Konformation vorliegen.

Ziel: Wie lässt sich das mit den Beispielen angesammelte Wissen dazu verwenden, weitere Sequenzen mit diesen Eigenschaften zu finden?

Lösung: Das Ziel lässt sich u. a. mit Markov-Modellen (siehe Kapitel 12 auf Seite 207) oder Neuronalen Netzen lösen, die in der Lage sind, anhand der vorliegenden Beispiele weitere Sequenzen zuzuordnen. Genauer gesagt, kann ein Neuronales Netz aus den Trainingsdaten – und eventuellen Gegenbeispielen – lernen, die Daten in Gruppen (auch Klassen oder Kategorien genannt) einzuteilen, und anschließend neue, unbekannte Daten ebenfalls zu klassifizieren.

Literaturhinweise: Künstliche Neuronale Netze – der Begriff wird gleich näher erläutert – sind ein seit mindestens 50 Jahren untersuchtes Feld, das sich in einem weiten Bereich zur Lösung von Problemen einsetzen lässt. Entsprechend groß ist die verfügbare Literatur; hier seien nur einige Lehrbücher angegeben (Baldi & Brunak, 1999; Ritter *et al.*, 1991; Rumelhart & McClelland, 1989).

Mit Neuronalen Netzen werden in der Bioinformatik eine Vielzahl von Problemstellungen bearbeitet. Beispiele sind die Vorhersage der Protein-2D-Struktur (siehe Abschnitt 13.2 auf Seite 232) oder die Vorhersage von Signalpeptiden (siehe Abschnitt 13.4 auf Seite 241).

13.1   Neuronale Netze

Ähnlich wie Genetische Algorithmen (siehe Kapitel 6 auf Seite 115) ist zumindest die Entwicklung des Gebiets von biologischen Vorstellungen beeinflusst. Darauf soll hier nicht näher eingegangen werden, sondern nur einige Eigenschaften künstlicher Neuronen aufgelistet werden:

- Ein Neuron besitzt viele Eingänge (synaptische Verbindungen) und einen Ausgang (Axon).

- Eine Nervenzelle kann zwei Zustände annehmen (Ruhe- und Erregungszustand); künstliche Neurone müssen nicht darauf beschränkt sein.

- Der Ausgang eines Neurons kann zu vielen Eingängen anderer Neuronen führen.

- Ein Neuron geht in den Erregungszustand über, wenn an seinen Eingängen ausreichende Signale anliegen.

- Ein Neuron hängt nur von seinen Eingängen ab und arbeitet unabhängig von anderen.

Koppelt man solche Neuronen oder Verarbeitungselemente aneinander, entsteht ein Neuronales Netz.

Das Konzept der Neuronalen Netze geht auf McCulloch & Pitts (1943) zurück, die als Neuron ein Element vorschlugen, das mehrere Eingänge und einen Ausgang besitzt, zwei Ausgangszustände annehmen kann und einer Schwellenwertfunktion genügt. Mit der Hebbschen Hypothese (Hebb, 1949) wurde noch ein entscheidender Teil eingeführt: Die Verschaltung zwischen zwei Neuronen ist plastisch, d. h., ein Neuron kann den Eingangssignalen entsprechend ihrer Herkunft unterschiedliche Gewichte zuordnen. Durch schrittweises Anpassen der Gewichte w_{ij}, mit denen die Signale von Neuronen j an das Neuron i bewertet werden, kann ein Neuron lernen, ein gewünschtes Ausgangssignal zu erzielen.

13.1.1   Das Neuron

Ein Neuron besitzt folgende Bestandteile (siehe Abb. 13.1 auf der nächsten Seite):

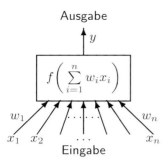

Ausgabe

y

$$f\left(\sum_{i=1}^{n} w_i x_i\right)$$

w_1 $\cdots|\cdots$ w_n

x_1 x_2 $\cdots$ x_n

Eingabe

Abbildung 13.1: Konzept für ein Neuron, dem Basismodul für Neuronale Netze. Jedes Neuron besitzt n Eingänge, an denen die Signale x_1 bis x_n anliegen. Jedes der Eingangssignale x_i wird mit dem Faktor w_i gewichtet. Die Summe aller Produkte $w_i x_i$ ist die Eingabe an die Schwellenwertfunktion f, deren Wert als y ausgegeben wird.

Eingänge: Ein Neuron hat n Eingänge x_i, $i = 1, \ldots, n$, an die reelle Eingangswerte „angelegt" werden. Ein Eingabe-Neuron hat gewöhnlich nur einen Eingang.

Eingangsfunktion: Ein Neuron kann den Wert, der an einem Eingang x_i anliegt, mit einem Gewicht versehen; als effektiver Eingang wird meist folgenden einfache Form benutzt

$$\epsilon = \sum_{i=1}^{n} w_i x_i.$$

Die Eingangsfunktion kann bei sog. Sigma-Pi-Neuronen auch Terme höherer Ordnung besitzen:

$$\epsilon = w^0 + \sum_{i=1}^{n} w_i^1 x_i + \sum_{i,k=1}^{n} w_{ik}^1 x_i x_k + \ldots;$$

der Name bezieht sich auf die Summe von Produkten. Die Gewichtsfaktoren sind variabel und werden in der Trainingsphase vom Netz „gelernt".

Aktivierungsfunktion: Der effektive Eingang eines Neurons kann mit Faktoren skaliert werden

$$c = s \cdot \epsilon$$

(in Abb. 13.1 ist $s = 1$) oder, um z.B. das Membranpotential einer Nervenzelle zu simulieren, mit einer Abklingkonstanten d und Ruhewert c_0 der Aktivität versehen sein:

$$c(z + 1) = c(z) + s \cdot \epsilon - d \cdot (c(z) - c_0).$$

Schwellenwertfunktion: Die Verbindung zwischen Aktivität des Neurons und seinem Ausgang

$$y = f(c) = f\left(s \sum_{i=1}^{n} w_i x_i\right) \tag{13.1}$$

$$f(c) = \Theta(c - \partial) = \begin{cases} 1 & \text{falls } c \geq \partial \\ 0 & \text{sonst} \end{cases} \qquad\qquad f(c) = \frac{1}{1 + \exp\{-c\}}$$

mit Schwelle $\partial = 0{,}5$

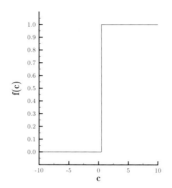 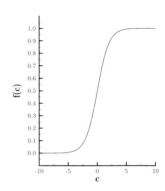

Abbildung 13.2: Zwei Beispiele für Schwellenwertfunktionen. Links ist ein Beispiel für eine Sprungfunktion und rechts für die häufig verwendete Fermi-Funktion (logistic function) gezeigt.

bildet die Ausgangsfunktion, deren Wert entweder beliebige reelle Zahlen, Zahlen aus einem definierten Wertebereich oder auch nur zwei Zustände annehmen kann (Baldi & Brunak, 1999). Eine Nervenzelle feuert, wenn ihr Membranpotential eine Schwelle überschreitet; analog kann ein binäres Neuron die in Abb. 13.2 links gezeigte Sprungfunktion als Schwellenfunktion besitzen. Häufig werden sigmoide Kurven wie die in Abb. 13.2 rechts gezeigte einfache Fermi-Funktion eingesetzt. Diese Funktionen lassen sich mit Koeffizienten so modifizieren, dass die Ausgangswerte zwischen Minimum m und Maximum M liegen und eine Steigung σ um den Schwellenwert besitzen; die allgemeine Fermi-Funktion lautet z. B.

$$f(c) = m + \frac{M - m}{1 + \exp\left(-4\sigma \frac{c - \partial}{M - m}\right)}.$$

Die Schwellenwertfunktion wird im Ggs. zu den Gewichten beim Entwurf des Netzwerks gewählt und nicht mehr verändert.

13.1.2 Architektur von Neuronalen Netzen

Ein Neuronales Netz entsteht durch Zusammenschaltung einzelner Neurone. Der Ausgangswert jedes Neurons wird an die Eingänge anderer Neuronen weiterge-

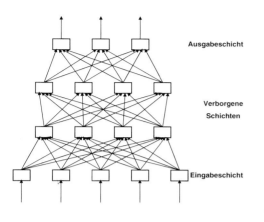

Abbildung 13.3: Schichtenmodell.
Geschichtete, vorwärts gekoppelte Architektur eines Neuronalen Netzes. Die Eingabe wird von den Neuronen des Input Layers entgegengenommen. Diese Neuronen sind mit denen der ersten, nicht sichtbaren Schicht (hidden layer) verknüpft. Die Neuronen der letzten, nicht sichtbaren Schicht sind mit den Neuronen im output layer verbunden, die wiederum die Ausgabe präsentieren. Die Pfeile geben die Richtung an, in der Signale innerhalb des Neuronalen Netzes weitergegeben werden.

leitet. Jedes Neuron erhält pro Eingang ein Signal von einem anderen Neuron. An die am Beginn des Netzes stehenden Eingangsneuronen sind die Netzeingänge angeschlossen; diese Eingangsneurone können auch Eingangssignale von anderen Neuronen erhalten. Bestimmte Neuronen leiten ihre Ausgangssignale an die Netzausgänge; dies sind die Ausgangsneurone. Grundsätzlich kann jedes Neuron an jedes angeschlossen sein (Selbstrückkopplung). Nach Art der Netzverschaltung unterscheidet man rekurrente Architekturen, die gerichtete Schleifen enthalten, und vorwärts gekoppelte ("feed forward") Architekturen, die keine Schleifen enthalten.

Häufig teilt man ein Netz in verschiedene Schichten (siehe Abb. 13.3), die auch als Gruppen oder Lagen ("layer") bezeichnet werden. Eine Schicht von Neuronen erhält meist nur Signale von der darunter liegenden Schicht und reicht sie an die darüber liegenden weiter. Die Eingangsschicht enthält die Eingangsneuronen, die Ausgangsschicht die Ausgangsneuronen und dazwischen liegen die von außen nicht sichtbaren "hidden layers". In den meisten Anwendungen in der Bioinformatik werden solche geschichteten, vorwärts gekoppelten Netze verwendet.

13.1.3 Problemtypen für Neuronale Netze

An die Eingänge eines Netzes wird ein Eingangsmuster X angelegt und das Netz reagiert darauf an seinen Ausgängen mit dem Ausgangsmuster Y. Im allgemeinen Fall, der auch den Nervenzellen entspricht, erhält man eine Zeitreihe. Meist sind aber Eingang und Ausgang statisch; d. h., nach einer endlichen Zahl an Schritten erhält man oft auch bei rückgekoppelten Netzen einen konstanten Ausgangszustand.

Es folgt eine unvollständige Aufzählung von Problemen, die man mit Neuronalen Netzen behandeln kann:

Klassifikation ist die durch ein Netz bewerkstelligte Einteilung von Mustern in Gruppen, die auch als Klassen oder Kategorien bezeichnet werden. Im einfachsten Fall besitzen die Netzausgänge nur zwei Werte und nur ein Ausgang ist aktiv, der dann die Klasse angibt.

Speicher: Hier können mehrere Ausgänge aktiv werden.

Autoassoziativer Speicher speichert einzelne Muster. Bietet man einem solchen Netz ein Teil eines gelernten Musters oder eine z. B. verrauschte Variante eines gelernten Musters an, so liefert es im Idealfall das komplette gespeicherte Muster am Ausgang (Musterergänzung). Falls die zu lernenden Muster zum Teil untereinander ähnlich sind, kann das Muster Prototypen ableiten, die es dann speichert und eventuell ausgibt.

Heteroassoziativer Speicher lernt Musterpaare; d. h., auf ein Eingangsmuster wird das zugehörige Ausgangsmuster ausgegeben. Auf die Eingabe eines Musters, das zu einem gelernten Eingabemuster ähnlich ist, soll das Muster mit dem gelernten Ausgabemuster reagieren; das Netz soll also generalisieren.

Musterfolge: Ein rückgekoppeltes Netz kann nach Anlegen eines Musters mit der laufenden Wiederholung eines Ausgangsmusters reagieren (Zeitsequenz).

Zeitreihe: Ein Netz kann lernen, den zukünftigen Verlauf einer Zeitreihe vorherzusagen; d. h., an den Eingang werden Werte für vergangene Zeitpunkte angelegt und es werden Werte für zukünftige Zeitpunkte ausgegeben.

Anwendungen für diese und weitere Netztypen oder Kombinationen aus diesen sind z. B. Schrifterkennung per Klassifikation, das Erkennen von Gesichtern oder Bildern per autoassoziativem Speicher, Aktienkursprognose per Zeitreihe, Datenkompression und Prozessregelung.

13.1.4 Neuronen für Boolesche Funktionen

Die Gewichtsfaktoren beeinflussen das Verhalten eines Neuronalen Netzes, d. h., bei ansonsten gleicher Architektur und Schwellenwertfunktion hängt die Ausgabe des Netzes von den Gewichtsfaktoren ab. Ein einfaches Beispiel sind die in Abb. 13.4 auf der nächsten Seite gezeigten Neuronen, die mit mit einer bzw. zwei Eingaben Boolesche Funktionen simulieren. Mit Hilfe dieser einfachen Funktionen lassen sich nun alle dualen Funktionen oder auch logische Schaltungen darstellen; für diese Aufgabe genügt z. B. schon die Verknüpfung von UND- mit NICHT-Funktionen. Abgesehen von solchen einfachen Problemen sind die Gewichte w_{ri} natürlich beim Entwurf des Netzes nicht bekannt, sondern sie müssen in einer Trainingsphase so „erlernt" werden, dass sie optimal die gewünschten Ausgaben für die Trainingsdaten erzielen.

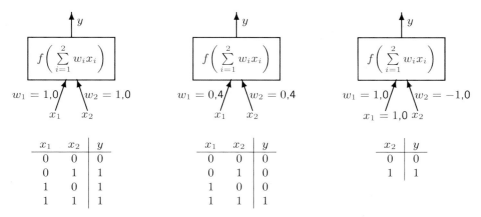

Abbildung 13.4: Drei Beispiele zur Simulation von Booleschen Funktionen durch Neuronen.
Schwellenwertfunktion ist die unter Abb. 13.2 auf Seite 222 gezeigte Sprungfunktion.
Mit den Gewichten $w_1 = w_2 = 1{,}0$ reagiert das Neuron wie eine ODER-Funktion (**links**),
mit den Gewichten $w_1 = w_2 = 0{,}4$ wie die logische UND-Funktion (**Mitte**), mit den
Gewichten $w_1 = 1{,}0$ und $w_2 = -1{,}0$ und konstanter Eingabe $x_1 = 1{,}0$ wie die NICHT-
Funktion (**rechts**).
Unten ist jeweils eine Wahrheitstabelle für die genannten Funktionen angegeben.

13 1.5   Lösbarkeit von Klassifikationsaufgaben

Neuronale Netze werden in der Bioinformatik u. a. zur Klassifikation eingesetzt; bei
dieser Aufgabe soll jeder Eingabe eine von (wenigen) Klassen des Lösungsraumes
zugeordnet werden. In den folgenden Beispielen soll deutlich gemacht werden, dass
lineare Separierbarkeit eine wichtige Voraussetzung für die prinzipielle Lösbarkeit
von Problemen ist.

Zu den mit einem Neuron nicht lösbaren Augaben gehört das sog. XOR-Problem;
d. h., ein Neuron mit zwei Eingängen ist nicht in der Lage, die Boolesche Entweder-
Oder-Funktion zu simulieren. Mit Gleichung (13.1) auf S. 220 und $s = 1$ folgt für
die Ausgabe des Neurons:

$$y = f(w_1 x_1 + w_2 x_2).$$

Dies ergibt entsprechend der zu lernenden Tabelle aus Abb. 13.5 auf der nächsten
Seite vier Gleichungen, die mit zwei Gewichten und einer Schwelle nicht lösbar
sind. Veranschaulichen kann man sich das über eine graphische Darstellung der
Eingangsmuster: Die Eingangsmuster sind zweikomponentige Vektoren, die in
Abb. 13.5 (Mitte) als Punkte in der Ebene dargestellt sind. Die Schwellenwertfunktion aus Abb. 13.2 auf Seite 222 macht an der Schwelle $w_0 = 0{,}5$ einen Sprung,
sodass der Ausgang die Werte 0 oder 1 annimmt:

$$w_1 x_1 + w_2 x_2 + w_0 = 0.$$

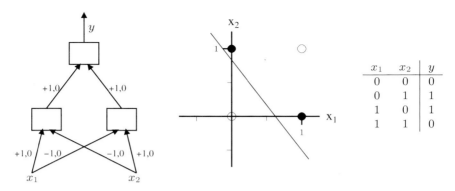

Abbildung 13.5: Simulation der XOR-Funktion. Links: Die EXKLUSIV-ODER-Funktion kann nur durch ein aus zwei Schichten bestehendes Neuronales Netz realisiert werden. An den Kanten sind Gewichte für eine mögliche Lösung angegeben. Mitte: In dieser x_1,x_2-Darstellung sind die vier Musterpaare eingetragen. Zu den ausgefüllten Kreisen gehört der Zielwert $y = 1$, zu den offenen der Wert $y = 0$. Eine mögliche, aber nicht das Problem lösende Schwellengerade mit $w_0 = 0{,}5$, $w_1 = -0{,}8$ und $w_2 = -0{,}6$ ist eingetragen. Rechts: Wahrheitstabelle der XOR-Funktion.

Dies ist eine Geradengleichung

$$x_2 = -\frac{w_1}{w_2}x_1 - \frac{w_0}{w_2}$$

mit Steigung $-w_1/w_2$ und Achsenabschnitt $-w_0/w_2$. Der Ausgang ist positiv für Werte oberhalb der Geraden und negativ unterhalb der Geraden. Allgemein gilt, dass Mengen im n-dimensionalen Raum dann linear separierbar sind, wenn es eine Hyperebene der Dimension $(n - 1)$ gibt, die die Mengen unterteilt. Im Fall des XOR-Problems müsste das Neuron eine Gerade finden, die die Punkte gerader von der ungerader Parität trennt; aus Abb. 13.5 (Mitte) ist aber offensichtlich, dass eine solche Gerade nicht existiert. Das XOR-Problem lässt sich also nicht durch ein Neuron, sondern nur durch ein aus zwei Schichten bestehendes Neuronales Netz simulieren (siehe Abb. 13.5 links). Meist reicht eine Architektur mit drei Schichten zur Lösung auch komplexer Probleme aus.

Im folgenden Beispiel (siehe Abb. 13.6 auf der nächsten Seite) sollen zwei Neuronen Muster in Form von Mustervektoren $x = \{x_1, x_2\}$ angeboten werden, die zu zwei Klassen K_1, K_2 gehören. Nach der Trainingsphase soll Neuron 1 auf Mustervektoren aus K_1 mit der Ausgabe $y_1 = 1$ und auf Vektoren aus K_2 mit der Ausgabe $y_1 = 0$ reagieren; für Neuron 2 soll dies umgekehrt gelten. Gibt es Gewichte, sodass diese Klassifikationsaufgabe gelöst werden kann?

Jeder der Mustervektoren x entspricht einem Punkt im zweidimensionalen Raum $\mathbb{R}^2$, der durch die Variablen x_1 und x_2 aufgespannt wird. Die Klassen K_1 und K_2 entsprechen Punktmengen in diesem Raum. Wie bereits beim XOR-Pro-

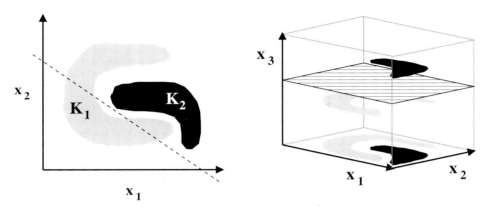

Abbildung 13.6: Separierbarkeit zweier Musterklassen.
Links: Im zweidimensionalen Raum, der durch die beiden Merkmale x_1 und x_2 der Mustervektoren aufgespannt wird, sind die Klassen K_1, deren Punkte in der grau eingezeichneten Fläche liegen, und K_2, deren Punkte in der schwarzen Fläche liegen, durch eine Gerade nicht separierbar. Die gestrichelte Gerade zeigt einen vergeblichen Versuch der Separation.
Rechts: Die Auswertung eines weiteren Merkmals x_3 erhöht die Dimensionalität des Merkmalsraums; die beiden Klassen K_1 und K_2 sind jetzt z. B. durch die schraffiert eingezeichnete Ebene linear separierbar. Die Projektion der Klassen auf die (x_1, x_2) Ebene entspricht dem links dargestelltem Zustand.

---

blem im vorigen Absatz erläutert, entspricht jede Wahl eines Gewichts in Gleichung (13.1) einer Unterteilung des Raums $\mathbb{R}^2$ durch eine $(n-1)$ dimensionale Hyperebene, die hier mit $n = 2$ wieder einer Geraden entspricht. Mit $y_1 = 1$ bzw. $y_2 = 1$ wird in $\mathbb{R}^2$ jeweils eine Punktmenge ausgewählt, die mit geeigneten Gewichten der Punktemenge einer der Klassen entspricht bzw. entsprechen soll. Liegen die Punktemengen beider Klassen zu sehr ineinander, so ist eine Trennung mit einer Geraden nicht möglich (siehe Abb.13.6 links). Falls ein weiteres Merkmal x_3 existiert, kann dies die Unterscheidbarkeit der Klassen erhöhen; im Beispiel der Abb. 13.6 rechts ist die Separierung durch eine Ebene möglich. Dieses Problem ist also durch Erhöhung der Dimensionalität des Merkmalsraums lösbar.

13.1.6   Eingabekodierung

Im vorigen Abschnitt wurde impliziert, dass Art und Anzahl von Merkmalen über die Lösbarkeit eines Problems durch ein Neuronales Netz entscheiden können. Zusätzlich ist eine geeignete Kodierung der Eingabe eine wesentliche Voraussetzung für eine erfolgreiche Problemlösung. Bereits bei der Merkmalspräsentation sollte die Nichtlinearität des Problems möglichst klein gehalten werden, damit das

Netz nicht vergeblich mittels Anpassung der Gewichte versucht, den Raum, der durch die Eingabevektoren aufgespannt wird, durch Hyperebenen aufzuteilen.

In der Bioinformatik werden meist Sequenzen über ein Alphabet A aus $|A|$ Symbolen analysiert. Innerhalb einer Sequenz werden dann meist Fenster einer Länge l betrachtet. Die Anzahl der Neuronen der Eingabeschicht hängt neben der Fenstergröße von der Kodierung der Eingabesymbole ab. Eine komprimierte Kodierung, in der z. B. die Aminosäuren als Werte im Intervall $[0, 1]$ kodiert sind, vereinfacht aber nicht das Problem, sondern erhöht die Nichtlinearität des zu lösenden Problems. Günstiger ist es, die Symbole $\{a_1, a_2, a_3, \ldots\}$ durch Vektoren $\{(1, 0, 0, 0, \ldots), (0, 1, 0, 0, \ldots), (0, 0, 1, 0, \ldots), \ldots\}$ zu kodieren. Dann können Sequenzen jenseits von N- bzw. C-Terminus oder auch unbekannte Bausteine einfach als Vektor $(0, 0, \ldots)$ angegeben werden und geben so kein Signal an die Eingabeneuronen ab. Nachteilig bei dieser Kodierung ist natürlich die resultierende Größe der Eingabeschicht, die $|A| \times l$ Eingaben entgegen nehmen muss. Eventuell hilft dann eine Vorverarbeitung der Sequenzen durch Wahl eines anderen Alphabets (siehe Abb. 8.2 auf Seite 153 oder Tab. 8.2 auf Seite 153), die Nichtlinearität zu erniedrigen.

13.1.7 Lernen in Neuronalen Netzen per "backpropagation"

Ein vorwärts gekoppeltes Neuronales Netz ist in Schichten organisiert. In die erste Schicht werden die Eingabewerte eingelesen. Jedes Neuron dieser Schicht überträgt seine Ausgabewerte an alle Neuronen der nächsten, verborgenen Schicht. Dieser Prozess wird bis zur letzten Schicht fortgesetzt; deren Ausgabewerte bilden die Ausgabe des Netzes. Dabei werden in der ersten Schicht die Eingabe bzw. in jeder weiteren Schicht die Ausgabewerte der Vorgängerschicht entsprechend der fixen Schwellenwertfunktion (siehe S. 220) und der Gewichte w_{ij} transformiert. Die Gewichte müssen dabei solche Werte besitzen, dass die optimalen Ausgabewerte erzeugt werden. Die optimalen Gewichte werden in der sog. Lern- oder Trainingsphase durch eine rückwärts gerichtete Anpassung ("backpropagation"; Rumelhardt *et al.*, 1986) festgelegt: Es soll eine Trainingsmenge $\{(x^{(t)}, y^{(t)}), 1 \leq t \leq T\}$ existieren, wobei $x^{(t)}$ die verschiedenen $N^{(1)}$-dimensionalen Eingabevektoren und $y^{(t)}$ die zugehörigen, korrekten und gewünschten $N^{(S)}$-dimensionalen Lösungen sind. Das Netz soll aus S Schichten, $1 \leq s \leq S$, bestehen. In der Eingabeschicht werden also $N^{(1)}$ Neuronen und in der Ausgabeschicht $N^{(S)}$ Neuronen benötigt. In der Lernphase werden nun die Gewichte w_{ij} so angepasst, dass die Ausgabe des Netzes für jedes $x^{(t)}$ dem jeweiligen $y^{(t)}$ möglichst nahekommt. Anschließend sollte das Netz in der Lage sein, für einen Eingabevektor, der nicht in der Trainingsmenge enthalten war, ein richtiges Ergebnis zu erzeugen; d. h., das Netz soll von der Trainingsmenge auf andere Fälle verallgemeinern können.

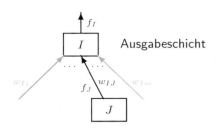

Abbildung 13.7: Bezeichnung für Signale und Gewichte in der Beschreibung des backpropagation-Algorithmus. Es wird die Abhängigkeit des Gesamtfehlers E von einem spezifischen Gewicht w_{IJ} entwickelt. Die Ausgaben der Neuronen I und J werden mit f_I und f_J bezeichnet. Neuron I ist Teil der Ausgabeschicht, Neuron J gehört zum letzten hidden layer.

Ein Maß für die Abweichung der Netzausgabe $x^{(S,t)}$ von der korrekten Lösung $y^{(t)}$ ist z. B. ein mittleres Fehlerquadrat $E^{(t)}$:

$$E^{(t)} = \frac{1}{2} \sum_{t=1}^{T} \sum_{i=1}^{N^{(S)}} \left(x_i^{(S,t)} - y_i^{(t)} \right)^2 ; \qquad (13.2)$$

der Faktor 0,5 ist willkürlich. Während der Lernphase wird der Wert des aktuellen Fehlerquadrats $E(z)$ benutzt, um die aktuellen Gewichte $w_{ij}(z)$ durch einen Gradientenabstieg anzupassen:

$$\Delta w_{ij}(z + 1) = w_{ij}(z + 1) - w_{ij}(z) = -\eta \frac{\partial E}{\partial w_{ij}}(z) + \alpha \Delta w_{ij}(z - 1). \qquad (13.3)$$

Die sog. Lernrate η bestimmt die Größe der Gewichtsanpassungen während der Iterationen und beeinflusst somit die Konvergenzgeschwindigkeit. Ein guter Wert für die Lernrate ist von der Fehleroberfläche des jeweiligen Problems abhängig; kleine Lernraten sorgen für einen langsamen Lernprozess, während größere Lernraten zu einer Oszillation um den idealen Lernpfad und daher ebenfalls langsamen Lernprozess führen können. Eine Möglichkeit, die Konvergenzrate zu verbessern, ist die Addition eines Momentumterms zum Gradiententerm; die Addition eines Teils α der vorhergehenden Gewichtsänderung kann extreme Änderungen und Oszillationen des Gradienten verhindern.

Das Problem dieses Abstiegs ist natürlich die Gefahr, in lokalen Minima stecken zu bleiben und nicht das globale Minimum zu finden. Sind in der Fehleroberfläche mehrere lokale Minima vorhanden, hängt das Ergebnis des Gradientenabstiegs von der Initialisierung der Gewichte ab, die man folglich zufällig mit z. B. $w_{ij} \in$ [-0,1; 0,1] initialisieren sollte (Baldi & Brunak, 1999). Außerdem werden in Anwendungen häufig mehrere Netze parallel betrieben, die in der Lernphase mit anderen Startwerten für w_{ij} initialisiert wurden.

Im Folgenden soll gezeigt werden, wie man die partiellen Ableitungen $\partial E / \partial w_{ij}$ für ein dreilagiges Netz ausrechnet. Man beachte, dass die Schwellenwertfunktion stetig sein muss; hier wird die Fermi-Funktion (siehe Abb. 13.2 auf Seite 222) benutzt, deren Ableitung $f'(x) = f(x) \cdot (1 - f(x))$ ist. Um Schreibarbeit bei der jeweiligen Schwellenwertfunktion zu sparen, wird folgende Abkürzung benutzt (für Bezeichnungen vergleiche Abb. 13.7 auf der vorherigen Seite):

$$f_i = f \left(\sum_{j=1}^{N^{(S-1)}} w_{ij}\, x_j \right).$$

Dann gilt mit Verwendung der Kettenregel und Verzicht auf den Index t für die Ausgabeschicht:

$$\frac{\partial E}{\partial w_{ij}} = \frac{\partial E}{\partial f_i} \cdot \frac{\partial f_i}{\partial w_{ij}}$$

$$= \frac{\partial}{\partial f_i} \left(\frac{1}{2} \sum_{i=1}^{N^{(S)}} (f_i - y_i)^2 \right) \cdot \frac{\partial f_i}{\partial w_{ij}}.$$

Da für ein spezielles Gewicht w_{IJ}, das hier betrachtet werden soll, nur der Teil der inneren Summe, der vom Index I abhängt, relevant ist, folgt:

$$\frac{\partial E}{\partial w_{ij}} = (f_I - y_I) \cdot \frac{\partial f_i}{\partial w_{ij}}. \tag{13.4}$$

Für die partielle Ableitung der Ausgabe f_i des Iten Neurons in der Ausgabeschicht nach w_{IJ} gilt:

$$\frac{\partial f_i}{\partial w_{ij}} = \frac{\partial}{\partial w_{ij}} f \left(\sum_{j=1}^{N^{(S-1)}} w_{ij}\, f_j \right).$$

Mit der Fermi-Funktion folgt:

$$\frac{\partial f_i}{\partial w_{ij}} = f_I \cdot (1 - f_I) \cdot \frac{\partial}{\partial w_{ij}} \sum_{j=1}^{N^{(S-1)}} w_{ij}\, f_j$$

$$= f_I \cdot (1 - f_I) \cdot f_J.$$

Dies in (13.4) eingesetzt ergibt:

$$\frac{\partial E}{\partial w_{ij}} = (f_I - y_I) \cdot f_I \cdot (1 - f_I) \cdot f_J. \tag{13.5}$$

Entsprechend folgt für die verborgene Schicht:

$$\frac{\partial E}{\partial w_{jp}} = \sum_{i=1}^{N^{(S)}} \frac{\partial E}{\partial f_i} \cdot \frac{\partial f_i}{\partial w_{ij}}$$

$$= \sum_{i=1}^{N^{(S)}} (f_I - y_I) \cdot \frac{\partial f_i}{\partial w_{jp}}. \tag{13.6}$$

Hier lässt sich der letzte Term nur per Kettenregel ableiten:

$$\frac{\partial f_i}{\partial w_{jp}} = \frac{\partial}{\partial w_{jp}} f\left(\sum_{j=1}^{N^{(S)}} w_{ij} f\left(\sum_{p=1}^{N^{(S-1)}} w_{jp} x_p\right)\right)$$

$$= f_I \cdot (1 - f_I) \cdot w_{ij} \cdot f_J \cdot (1 - f_J) \cdot x_p.$$

Dies in (13.6) eingesetzt ergibt:

$$\frac{\partial E}{\partial w_{jp}} = \sum_{i=1}^{N^{(S)}} (f_I - y_I) \cdot f_I \cdot (1 - f_I) \cdot w_{ij} \cdot f_J \cdot (1 - f_J) \cdot x_p. \tag{13.7}$$

Die beiden letzten Gleichungen (13.5) und (13.7) sind – nach Summation über alle Paare (x^t, y^t) der Trainingsmenge – die Summe aus sämtlichen Fehlern, die für die Komponente I der Ausgabe resultieren. Ist die Lernrate hinreichend klein und wird jedes Paar gleich häufig bewertet, so ist es ausreichend, bei jeder Änderung der Gewichte nur ein Trainingspaar zu berücksichtigen. Dann folgt für die Änderung des Gewichts w_{ij}, mit dem die Verbindung des Neurons i in der Ausgabeschicht mit dem Neuron j in der darunter liegenden Schicht bewertet wird:

$$\Delta w_{ij}^{(S)} = \eta \cdot \left(f_i^{(S,t)} - y_i^{(t)}\right) \cdot f_i^{(S,t)} \cdot \left(1 - f_i^{(S,t)}\right) \cdot f_j^{(S-1,t)} \tag{13.8}$$

und für Gewichte in den unteren Schichten im allgemeinen Fall entsprechend

$$\Delta w_{ij}^{(s)} = \eta \cdot \left(1 - f_i^{(s,t)}\right) \cdot f_j^{(s-1,t)} \sum_{k=1}^{N^{s+1}} \frac{\partial E^{(t)}}{\partial w_{ki}^{(s+1)}} \cdot w_{ki}^{(s+1)}, \tag{13.9}$$

wobei die Schichtenindizes nur zur Verdeutlichung angegeben sind.

Diese Werte für Δw_{ij} (Gleichungen (13.8) und (13.9)) werden wie folgt für die Lernschritte benutzt:

1. In jedem Schritt der Lernphase wird ein Musterpaar $(x^{(t)}, y^{(t)})$ zufällig ausgewählt und dieses $x^{(t)}$ an die Eingabeschicht übergeben. Anhand der aktuellen Gewichte berechnet das Netzwerk die Ausgabe $x^{(S,t)}$.

2. Aus der Ausgabe des Netzes $x^{(S,t)}$ und dem Zielwert $y^{(t)}$ werden entsprechend dem Fehler $(x_i^{(S,t)} - y_i^{(t)})$ Gewichtsänderungen für ein $x_i^{(S,t)}$ berechnet.

3. Beginnend mit der Ausgabeschicht werden die Änderungen durch das Netz propagiert.

4. Die Lernschritte werden solange wiederholt, bis der Gesamtfehler (13.2) unter eine gewählte Schranke fällt. Diese Schranke sollte nicht zu klein gewählt werden, da bei Erreichen dieses Optimums die Generalisierungsfähigkeit des Netzes verloren gegangen sein kann.

Wie erwähnt, kann diese Gradientenabstiegsvorschrift natürlich nicht bei jeder „Fehlerlandschaft" garantieren, dass eine optimale oder überhaupt eine Lösung des Problems gefunden wird.

13.2 PHD – Strukturvorhersage unter Verwendung evolutionärer Information

Eines der anerkannt besten Programme zur Vorhersage der 2D-Struktur von Proteinen ist das von Rost und Sander entwickelte PHD-System (**P**rofile network from **H**ei**D**elberg; Rost, 1996; Rost & Sander, 1993). Nach der Eingabe einer Proteinsequenz verläuft der prinzipielle Programmfluss im PHD-System wie folgt:

1. Suche nach Homologen mit BLAST[1] in der SwissProt[2]-Datenbank;

2. Profil-basiertes Alignment der wahrscheinlichsten Homologen mit MaxHom (Sander & Schneider, 1991);

3. Filterschritt, in dem distante Sequenzen entfernt werden (Längen-abhängiger Schwellenwert für signifikante, paarweise Sequenz-Identität);

4. Erstellung des endgültigen multiplen Alignments im eigentlichen PHD.

PHD selbst besteht aus zwei hintereinander geschalteten Neuronalen Netzen mit je einem hidden layer (siehe Abb. 13.8 auf der nächsten Seite). Der entscheidende Unterschied zwischen PHD und den in den vorigen Kapiteln beschriebenen Methoden ist allerdings nicht die Verwendung eines Neuronalen Netzes, sondern die Verwendung eines Profils, d.h. von zusätzlicher Information aus homologen Sequenzen, anstelle einer einzigen Sequenz. PHD sagte für den CASP2-Datensatz (siehe Abschnitt 11.3 auf Seite 205) die Sekundärstruktur zu 74 % korrekt vorher; bei Verzicht auf die Profilinformation sinkt die Genauigkeit um etwa 6 % und ist dann mit z.B. GOR-Vorhersagen (siehe Abschnitt 10.2 auf Seite 191) qualitativ vergleichbar.

Im Folgenden wird auf PHD_sec näher eingegangen; dies ist eines der Neuronalen Netze, das in PHD zur Vorhersage von Protein-Sekundärstruktur eingesetzt wird. Die weiteren, zum PHD-System gehörigen Netze werden in Abschnitt 13.2.5 auf Seite 237 erwähnt.

---

[1] http://www.ncbi.nlm.nih.gov/BLAST/

[2] http://www.expasy.org/sprot/

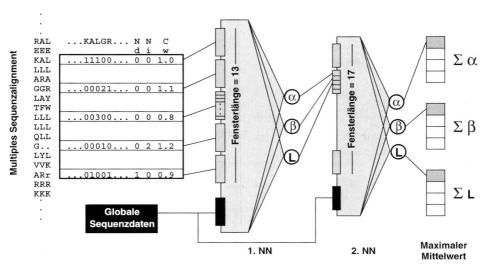

Abbildung 13.8: Architektur des PHD_sec-Systems. Für die eingegebene Sequenz wird ein Multiples Sequenz-Alignment generiert (links). Dieses wird in ein Profil umgesetzt, das das Vorkommen der 20 Aminosäuren, die Anzahl von Deletionen (Nd), die Anzahl von Insertionen (Ni) sowie einen Wert für die Konserviertheit (Cw) pro Position beschreibt. Im ersten Neuronalen Netz werden Sequenzfenster von 13 aufeinanderfolgenden Aminosäuren ausgewertet, um die Sekundärstruktur (α, β, L) für die zentral im ausgewerteten Fenster liegende Aminosäure vorherzusagen; in der Abbildung sind nur fünf Aminosäuren dargestellt. Die Vorhersage erfolgt in Form von drei reellen Zahlenwerten für die Zustände (α, β, L).

Zusätzlich zu den lokalen Parametern werden in beiden Netzen globale Parameter ausgewertet, wie z. B. die Aminosäurenkomposition der untersuchten Sequenz. Dieser Datensatz ist oben schwarz dargestellt.

Die Zahlenwerte für die Zustände (α, β, L) des ersten Netzes werden mit den positionsweisen Angaben über Lücken und Konserviertheit als lokale Daten für ein Fenster von 17 aufeinanderfolgenden Aminosäuren zusammen mit den globalen Daten an das zweite Netz übergeben. Dieses berechnet wieder für die zentral liegende Aminosäure ein Zahlentripel für (α, β, L), die in einer Tabelle (rechts) gespeichert werden.

Die Auswertung des Multiplen Sequenzalignments durch 2×2 Paare von unabhängig voneinander trainierten Neuronalen Netzen liefert für die zentrale Aminosäure jeweils ein Zahlentripel. Für jeden Zustand wird der Mittelwert gebildet und dann für die zentral im betrachteten Fenster liegende Aminosäure derjenige Sekundärstrukturzustand vorhergesagt, der den höchsten Mittelwert besitzt.

Nach Rost & Sander (1993) und Rost (1996).

13.2.1 Vorgehensweise in PHD_sec

Zunächst wird ein Multiples Sequenzalignment zur Eingabesequenz erstellt. Die homologen Sequenzen werden per BLAST in SwissProt gesucht und dann mit Max-

Hom aligniert, wobei insignifikante BLAST-Treffer entfernt werden. Information aus dem multiplen Sequenzalignment wird dann an das erste Neuronale Netz übergeben:

- Aus dem Alignment wird ein Sequenzfenster aus $w = 13$ Aminosäuren benutzt; dieser Abschnitt wird in Folgeschritten um jeweils eine Aminosäure weiter geschoben, sodass bei einer Kettenlänge N des Proteins auch N Ausgaben für die Struktur berechnet werden können. Für die Berechnung der Struktur von Aminosäuren näher am N- oder C-Terminus als $w/2$ werden die nicht vorhandenen Aminosäuren durch die Eingabe einer Null angegeben; einer zusätzlichen Einheit wird eine Eins als Anfangs- bzw. Endezeichen übergeben. Außerdem wird an das Netz die Zahl der Insertionen und der Deletionen und ein Wert für die Konserviertheit der Position übergeben. Damit werden für diese lokalen Parameter insgesamt $(20 + 1 + 3) * w = 312$ Eingabeneuronen benötigt.

- Als globale Parameter werden dem Netz folgende Werte übergeben:

  - Prozentsatz jeder Aminosäure im Protein;

  - Länge des Proteins;

  - Abstand der zentralen Aminosäure im Sequenzfenster vom C-Terminus;

  - Abstand der zentralen Aminosäure im Sequenzfenster vom N-Terminus.

Die letzten drei Parameter werden dabei in jeweils vier diskrete Klassen eingeteilt; z. B. wird die Länge des Proteins in die vier Klassen ≤ 60, ≤ 120, ≤ 240 und > 240 eingeordnet. Damit werden für die globalen Parameter $20 + 3 \cdot 4 = 32$ Eingabeneuronen benötigt.

13.2.2 Erstes Neuronales Netz: Sequenz $\rightarrow$ Struktur

Bei dem ersten Neuronale Netz handelt es sich um ein "feed forward"-Netz mit drei Schichten, das als Eingabe die lokalen Sequenzdaten für das Fenster aus $w = 13$ Aminosäuren und die globalen Parameter erhält. Für die zentrale Aminosäure des Sequenzfensters werden dann drei reelle Werte ausgegeben, die für die drei Sekundärstrukturelemente α-Helix, β-Strang und sonstiges (L) stehen.

13.2.3 Zweites Neuronales Netz: Struktur $\rightarrow$ Struktur

Das zweite Neuronalen Netz erhält die drei Ausgabewerte des ersten Netzes für ein Sequenzfenster von $w = 17$ Aminosäuren und, wie das erste Netz, die Information über die Nähe zum C- oder N-Terminus, den Konserviertheitswert und die globalen Parameter. Damit werden also $(3 + 1 + 1) * w + 32 = 117$ Eingabeneuronen benötigt. Das Netz berechnet dann wiederum für die zentrale Aminosäure drei reelle Werte für die drei Sekundärstrukturelemente α-Helix, β-Strang und sonstiges (L). Diese Werte werden dann in eine Tabelle eingetragen.

13.2.4 Maximaler Mittelwert

PHD_sec besteht aus vier unabhängig trainierten Netzwerken, von denen jedes drei Ausgabewerte erzeugt, sodass eine Tabelle mit vier Zeilen (aus den Netzen) und drei Spalten (für die Klassen) entsteht. Die finale Entscheidung für die Vorhersage der Sekundärstruktur einer Aminosäure wird jetzt ermittelt, indem für jede Spalte der Mittelwert gebildet wird und die Klassifikation, die den höchsten Wert erreicht hat, als endgültige Vorhersage ausgegeben wird ("jury decision").

Verlässlichkeitsindex

Die endgültige Vorhersage wird per Alles-oder-Nichts-Entscheidung über den maximalen Mittelwert getroffen. Da diese Aussage umso verlässlicher zu sein scheint, je größer der Abstand zwischen den zwei größten Werten ist, wird ein darauf aufbauender Verlässlichkeitsindex RI bestimmt:

$$RI = \text{int}\left(10(out_{\text{max}} - out_{\text{next}})\right).$$

Die Normierung ergibt Zahlen zwischen 0 und 9. Z. B. besitzen etwa 57 % aller vorhergesagten Elemente einen Wert $RI \geq 5$; von diesen sind 82 % korrekt vorhergesagt; 22 % besitzen $RI \geq 8$ und sind zu 91 % korrekt vorhergesagt.

13.2.5 Entwicklung und Validierung von PHD_sec

Bei den in PHD_sec eingesetzten Neuronalen Netzen handelt es sich um "feed forward"-Netze, wie sie in Abschnitt 13.1 auf Seite 220 beschrieben wurden. Als Schwellenwertfunktion wird eine Fermi-Funktion (siehe Abb. 13.2 auf Seite 222) eingesetzt. Für das Training wird die Gradientenabstiegsmethode (siehe Gleichung (13.3) auf Seite 229) mit Lernrate $\eta = 0{,}05$ und Momentum $\alpha = 0{,}2$ benutzt; die initialen Gewichte werden zufällig gewählt mit $w \in [-0{,}1; +0{,}1]$.

Koppelung zweier Netze

In der Trainingsphase für das Neuronale Netz (Sequenz → Struktur) wurden die Sequenzfenster in zufälliger Reihenfolge aus der Trainingsmenge gewählt. Folglich ist die zum Zeitpunkt $(z+1)$ trainierte Teilsequenz nicht diejenige, die der um eine Position verschobenen und zum Zeitpunkt z trainierten Sequenz entspricht. Daher ist das erste Netz nicht in der Lage, Abhängigkeiten zwischen in einer Sequenz aufeinander folgenden Aminosäuren für die Strukturvorhersage zu berücksichtigen. Das zweite Neuronale Netz (Struktur → Struktur) ist jedoch dazu in der Lage, sodass die vorhergesagten den beobachteten Längenverteilungen der Strukturelemente entsprechen.

Trainingsmenge

Die Trainingsdaten für PHD_sec bestanden natürlich aus Proteinsequenzen, deren Struktur bekannt war; d. h., die Trainingsdaten kamen aus der PDB-Datenbank. Zusätzlich mussten Sequenzen mit signifikanter Homologie zu den PDB-Sequenzen existieren; z. B. wurde verlangt, dass zwischen zwei Sequenzen aus 80 Aminosäuren eine Ähnlichkeit kleiner 25 % vorhanden war. Dies reduzierte die Zahl der Datensätze von etwa 700 auf nur 130, was etwa 25.000 Trainingsdaten bzw. Sequenzfenstern entsprach.

"Balanced" und "unbalanced training"

In den Trainingsdaten sind die drei Sekundärstrukturelemente nicht gleich häufig vertreten, sondern 32 % der Aminosäuren kommen in Helices, 21 % in β-Strängen und 47 % in Loops vor. Eine zufällige Auswahl der Trainingsbeispiele ("unbalanced training") bewirkt, dass die drei Strukturelemente mit diesen Häufigkeiten trainiert werden und folglich auch die Genauigkeit, mit der die drei Sekundärstrukturelemente vorhergesagt werden, diese Verteilung widerspiegelt. Für "balanced training" wurden die Daten so ausgewählt, dass das Netz die drei Strukturelemente mit gleicher Häufigkeit präsentiert bekam. Auf diese Weise wurde eine insbesondere für β-Strang verbesserte Genauigkeit erzielt.

Kombination von vier Netzen

In PHD_sec wird die Aussage von vier Netzen für die finale Aussage ausgewertet. Diese vier Netze wurden unabhängig voneinander trainiert; d. h., Auswahl der Trainingsdaten und Initialisierung der Gewichte erfolgte unterschiedlich zufällig. Zwei der Netze wurden mit "balanced" und zwei mit "unbalanced training" erstellt. Aus den (4*3) Aussagen über die möglichen Strukturzustände wird dann per "jury decision" die endgültige Vorhersage ermittelt. Diese Kombination erhöhte die Qualität der Vorhersagen um etwa 2 % gegenüber der Verwendung eines einzelnen Netzes.

Validierung mit Jack-knife

Das PHD-System wurde mit einer Variante der in Abschnitt 11 auf Seite 199 erwähnten "jack-knife"-Methode auf Korrektheit überprüft. Zum Training von PHD_sec standen 130 Proteine zur Verfügung; d. h., für Jack-knife sollten jeweils 129 Proteine für das Training und das verbleibende Protein für den Qualitätstest benutzt werden. Dieses Verfahren müsste dann 130mal wiederholt werden, um alle Proteine einmal für den Test benutzt zu haben. Da ein Training des kompletten PHD_sec erheblichen Rechenaufwand bedingte, wurde folgende reduzierte Validierungsmethode eingesetzt: 111 Proteine wurden für das Training benutzt und die verbleibenden 19 Proteine dann für den Qualitätstest eingesetzt; dies wurde mit verschiedenen 19 Proteinen insgesamt siebenmal wiederholt.

Qualität der Vorhersage

Für mehrere Protein-Testsets konnte gezeigt werden, dass die Q_3-Vorhersage (Gleichung (11.3) auf Seite 204) von PHD_sec im Mittel zu 72,4 %±9,3 % korrekt ist. Hierbei ist allerdings zu beachten, dass die Vorhersagequalität für eine Sequenz, zu der kein (automatisches) Multiples Alignment erstellt werden kann, um etwa 6 % schlechter ist. Am günstigsten ist es für die Vorhersage, wenn eine große Zahl an Sequenzen mit Ähnlichkeiten von 30 bis 100 % zur Zielsequenz gefunden wird. Im Rückblick auf die in den vorigen zwei Kapiteln vorgestellten Methoden schneidet PHD_sec also sehr gut ab.

Das PHD-System

Im PHD-System werden ingesmt drei verschiedene Neuronale Netz-Systeme eingesetzt; dies sind – neben dem bisher beschriebenen PHD_sec zur Vorhersage von Sekundärstruktur in globulären Proteinen – PHD_acc zur Vorhersage von Lösungsmittelzugänglichkeit Rost & Sander (1994b) und PHD_htm zur Vorhersage von Transmembranhelices in Membranproteinen Rost *et al.* (1996a, 1995, 1996b).

Bei PHD_sec und PHD_htm handelt es sich um jeweils zwei hintereinandergeschaltete Netzwerke wie in Abb. 13.8 auf Seite 233 gezeigt. Bei PHD_htm lag die binäre Vorhersagequalität pro Aminosäure bei 95 %; nur bei 5 % der als Kontrolle eingesetzten globulären Proteine wurde vorhergesagt, dass diese eine Transmembranhelix beinhalten würden (Rost *et al.*, 1995). An diese Netzwerk-Vorhersage wurde noch eine Dynamische Programmier-Prozedur angeschlossen, die auf der empirischen Regel über Ladungsunterschiede zwischen extra- and intra-cytoplasmatischen Regionen beruht, sodass dann in 89 % bzw. 86 % der Testproteine alle Transmembranhelices bzw. deren Topologie korrekt vorhergesagt wurde; die Rate der Falschvorhersagen konnte auf 2 % gesenkt werden (Rost *et al.*, 1996a,b).

Im Gegensatz zu PHD_sec und PHD_htm wird in PHD_acc nur ein Neuronales Netz eingesetzt, das dem ersten Netzwerk von PHD_sec oder PHD_htm entspricht. Das Netz gibt die relative Zugänglichkeit der Aminosäuren in zehn Stufen aus. Werden diese zu drei Zuständen (verdeckt, intermediär, exponiert) zusammengefasst, so liegt die Vorhersagequalität bei nur 58 %, was aber wohl aufgrund der schlechten Konserviertheit der Zugänglichkeit nicht weit von einer optimalen Vorhersage entfernt ist. Die binäre Aussagequalität (verdeckt, exponiert) liegt bei 75 %±6,6 %. Die Vorhersage ist am besten für verdeckte ("buried") Aminosäuren; 86 % der tatsächlich komplett verdeckten Stellen wurden als nicht-zugänglich vorhergesagt.

13.3   Ausgabebeispiel von PHD

Die Ausgabe von PHD soll anhand eines Beispiels, des zweiten Polypeptids der
Cytochrom-C-Oxidase aus Rind (SwissProt-ID: COX2_BOVIN), demonstriert werden (siehe Abb. 13.9 auf der nächsten Seite). Cytochrom-C-Oxidase ist ein mem-
branständiges Dimer aus je 13 Untereinheiten; die Untereinheit B ist in Abb. 13.9A
dunkelgrau eingefärbt. In Abb. 13.9B ist die zweite Untereinheit alleine dargestellt. Für Abbildungen (A) und (B) wurde RasMol zur Darstellung des PDB-
Eintrags 2OCC benutzt. In Abbildungen (C) und (D) sind Strukturvorhersagen
für COX2_BOVIN bzw. COX2_BACFI mit SwissModel (siehe Kapitel 16 auf Seite 269)
zum Vergleich gezeigt; bei COX2_BACFI handelt es sich um das entsprechende Protein aus *Bacillus firmus*. Im unteren Teil der Abb. 13.9 ist die Ausgabe des in
Abschnitt 13.2 auf Seite 232 beschriebenen Netzwerks PHD_sec und seiner zugehörigen Varianten für die Vorhersage von Transmembran-Helices (PHD_htm)
und von Oberflächenwahrscheinlichkeit (PHD_acc) gezeigt (siehe Abschnitt 13.2.5
auf der vorherigen Seite), wie sie vom Web-Server PredictProtein[3] generiert wird.

Dieser Server setzt eine Reihe verschiedener Programme zur Vorhersage ein:

ProSite ist eine Datenbank[4], in der Motive als reguläre Ausdrücke und Profile gespeichert sind (Bucher & Bairoch, 1994), die für Proteinfamilien oder
Domänen charakteristisch sind (Hofmann *et al.*, 1999). Mit ScanProsite kann
in einer Proteinsequenz nach allen Motiven gesucht werden.
Für das Beispiel wurde unter anderem die korrekte Zuordnung gefunden: Die
Sequenz enthält die Bindestelle für Kupfer, das an der katalytischen Reaktion beteiligt ist.

SEG teilt Sequenzen in Regionen mit niedriger bzw. hoher Komplexität auf der
Basis von Informationstheorie ein (Wootton & Federhen, 1996). Regionen
mit niedriger Komplexität sind typischerweise "simple" oder "compositionally-biased" Sequenzen; d. h., diese Regionen führen bei Suchen nach homologen Sequenzen in Datenbanken zu falsch-positiven Treffern. Z. B. gibt es
sehr viele Arginin-reiche Proteine; eine Suche mit einem ebenfalls Arginin-
reichen Protein findet dann diese; der Arginin-Reichtum sagt aber weder
etwas über eine evolutionäre Verwandtschaft noch über funktionale Ähnlichkeit aus. Ein ähnliches, aber angebliches besseres Programm ist CAST[5]
(Promponas *et al.*, 2000).
Die entsprechende Ausgabe ist in der Abbildung nicht gezeigt; als Regionen mit niedriger Komplexität wurden hier die Positionen 34–46 und 67–84
erkannt, da diese sehr viele Leucine, Isoleucine und Serine enthalten.

---

[3] http://maple.bioc.columbia.edu/predictprotein/

[4] http://www.expasy.ch/prosite/

[5] http://maine.ebi.ac.uk:8000/services/cast/

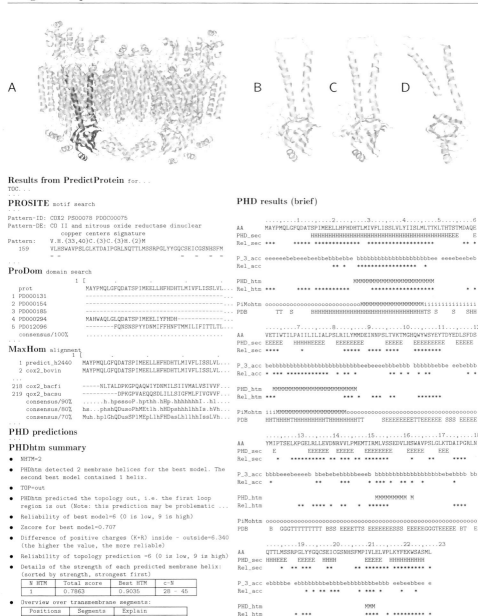

A B C D

Results from PredictProtein for...
TOC...

PROSITE motif search

```
Pattern-ID: COX2 PS00078 PD0C00075
Pattern-DE: CO II and nitrous oxide reductase dinuclear
            copper centers signature
Pattern:   V.H.{33,40}C.{3}C.{3}H.{2}M
    159    VLHSWAVPSLGLKTDAIPGRLNQTTLMSSRPGLYYGQCSEICGSNHSFM
           = =                             =  =   = =
```

ProDom domain search

```
                1 [        .         .         .
      prot       MAYPMQLGFQDATSPIMEELLHFHDHTLMIVFLISSLVL...
1 PD000131       ----------------------------------------...
2 PD000154       ----------------------------------------...
3 PD000185       ----------------------------------------...
4 PD000294       MAHWAQLGLQDATSPIMEELIYFHDH--------------...
5 PD012096       --------FQNSNSPYYDNMIFFHNFTMMILIFITTLTL...
  consensus/100% ........................................
```

MaxHom alignment

```
                   1 [        .         .
1 predict_h2440    MAYPMQLGFQDATSPIMEELLHFHDHTLMIVFLISSLVL...
2 cox2_bovin       MAYPMQLGFQDATSPIMEELLHFHDHTLMIVFLISSLVL...

218 cox2_bacfi     -----NLTALDPKGPQAQWIYDNMILSIIVMALVSIVVF...
219 qox2_bacsu     ---------DPKGPVAEQQSDLILLSIGFMLFIVGVVF...
    consensus/90%  ......h.hpsssoP.hpthh.HHp.hhhhhhI..hl....
    consensus/80%  hs...phshQDusoPhMEtlh.hHDpshhhlhhIs.hVh...
    consensus/70%  Muh.hplGhQDusSPlMEpLlhFHDasLhllhhIssLVh...
```

PHD predictions
...

PHDhtm summary

- NHTM=2
- PHDhtm detected 2 membrane helices for the best model. The second best model contained 1 helix.
- TOP=out
- PHDhtm predicted the topology out, i.e. the first loop region is out (Note: this prediction may be problematic ...
- Reliability of best model=6 (0 is low, 9 is high)
- Zscore for best model=0.707
- Difference of positive charges (K+R) inside - outside=6.340 (the higher the value, the more reliable)
- Reliability of topology prediction =6 (0 is low, 9 is high)
- Details of the strength of each predicted membrane helix: (sorted by strength, strongest first)

N HTM	Total score	Best HTM	c-N
1	0.7863	0.9035	28 - 45

- Overview over transmembrane segments:

Positions	Segments	Explain
1- 27	o1	outside region 1
28- 45	M1	membrane helix 1
46- 63	i1	inside region 1
64- 83	M2	membrane helix 2
84- 227	o2	outside region 2

PHD results (brief)

```
        ....,....1....,....2....,....3....,....4....,....5....,....6
AA      MAYPMQLGFQDATSPIMEELLHFHDHTLMIVFLISSLVLYIISLMLTTKLTHTSTMDAQE
PHD_sec       HHHHHHHHHHHHHHHHHHHHHHHHHHHHHHHHHHHHHHHHEEE      E
Rel_sec ***   *****  *************  ********************      ** *

P_3_acc eeeeeebebeeeebeebbebbbebbe bbbbbbbbbbbbbbbbbbbbbbee eeeebeebeb
Rel_acc       **  *  ****************      ** *

PHD_htm              MMMMMMMMMMMMMMMMMMMMMMMMM
Rel_htm ***   *****  **********      ********************      * *

PiMohtm ooooooooooooooooooooooooooooMMMMMMMMMMMMMMMMMMMMMMiiiiiiiiiiiiiii
PDB         TT  S  BHHHHHHHHHHHHHHHHHHHHHHHHHHHHHHHHHHHHTS  S   S  SHH

        ....,....7....,....8....,....9....,...10....,...11....,...12
AA      VETIWTILPAIILILIALPSLRILYMMDEINNPSLTVKTMGHQWYWSYEYTDYEDLSFDS
PHD_sec EEEEE  HHHHHEEEE  EEEEEEEE          EEEEE  EEEEEEEEE   EEEEE
Rel_sec ****      *       *****  **** ****      ********

P_3_acc bebbbbbbbbbbbbbbbbbbbbbbbbbbbbeeeeebbbebbb bbbbbbebbe eebebbb
Rel_acc * ***  ************  * ** *            ** * *  * **      * *

PHD_htm MMMMMMMMMMMMMMMMMMMMMMMMMMM
Rel_htm ***       *** *  *** **       *******

PiMohtm iiiMMMMMMMMMMMMMMMMMMMMooooooooooooooooooooooooooooo
PDB     HHTHHHHTHHHHHHHHTHHHHHHHTT     SEEEEEEEETTEEEEEE SSS EEEEE

        ....,...13....,...14....,...15....,...16....,...17....,...18
AA      YMIPTSELKPGELRLLEVDNRVVLPMEMTIRMLVSSEDVLHSWAVPSLGLKTDAIPGRLN
PHD_sec E     ********** ** *** ** *******       *   EE  EEEE
Rel_sec   *  **********   **** ****   * *  *      *   **   ****

P_3_acc bbbbeeebeeeeb bbebebebbbbbeeeb bbbbbbbbbbbbbbbbbbbebbbbb bb
Rel_acc *         **     ***    * *** * ** *   *             *

PHD_htm                    MMMMMMMMMM M
Rel_htm                ** ****  *  **  * *******              ****

PiMohtm oooooooooooooooooooooooooooooooooooooooooooooooooooooooooooo
PDB       B  GGGTTTTTTTTT BSS EEEETTS EEEEEEEESS EEEEEGGGTEEEEE BT  E

        ....,...19....,...20....,...21....,...22....,...23
AA      QTTLMSSRPGLYYGQCSEICGSNHSFMPIVLELVPLKYFEKWSASML
PHD_sec HHHEEE  EEEEE  HHHH          EEEEE  HHHHHHHHHHH
Rel_sec    *  ** ***   **         ** *******  ********* *

P_3_acc ebbbbbe ebbbbbbbebbbbebbbbbbbbbbb eebeebbee e
Rel_acc        * * ** ***    **** *    *    *

PHD_htm                              MMM
Rel_htm    * ***              **** * ********* *

PiMohtm oooooooooooooooooooooooooooooooooooooooooooooo
PDB     EEEE BSS EEEEE   S  STTTTS  EEEEEE HHHHHHHHHHTT
```

Abbildung 13.9: Vorhersage mit PredictProtein (http://maple.bioc.columbia.edu/predictprotein/) für das Polypeptid II der Cytochrom-C-Oxidase aus Rind (SwissProt-ID: COX2_BOVIN). Für weitere Erklärungen siehe Text auf der vorherigen Seite.

ProDom ist eine durch rekursive Suchen mit PSI-BLAST (Altschul *et al.*, 1997) automatisch generierte Datenbank[6] von homologen Protein-Domänen (Corpet *et al.*, 2000). Sie kann mit BLAST nach Homologien zu einer Protein-Sequenz durchsucht werden.

In der Beispielsequenz wurden korrekt mehrere Domänen aus der Untereinheit 2 der Cytochrom-C-Oxidase gefunden.

MaxHom ist ein Programm, das multiple Sequenz-Alignments per Dynamischer Programmierung erstellt; nach Alignierung von zwei Sequenzen wird ein Profil erstellt, an das die nächsten Sequenzen aligniert werden (Sander & Schneider, 1991).

Bei allen 219 gefundenen Proteinen handelt es sich um die entsprechende Untereinheit von Cytochrom-Oxidasen; ein relativ entferntes Homologes ist in Abb. 13.9D gezeigt.

PHD_htm sagt zwei Transmembran-Helices an korrekter Position voraus.

PHD mit seinen diversen Zusatzprogrammen

> **PHD_sec:** Sekundärstrukturvorhersage für multiples Alignment über Neuronales Netz: H = Helix, E = "extended" (β-Strang), Leerzeichen = sonstiges (loop) (Rost & Sander, 1993, 1994a)

> **Rel_sec:** Zuverlässigkeitsindex für PHD_sec-Vorhersage (0 = niedrig bis 9 = hoch); in der dargestellten Zusammenfassung sind sichere Vorhersagen mit Sternchen markiert

> **P_3_acc:** Relative Zugänglichkeit für Lösungsmittel in drei Stufen: b = 0–9 %, i = 9–36 %, e = 36–100 % (Rost & Sander, 1994b)

> **Rel_acc:** Zuverlässigkeitsindex für PHD_acc-Vorhersage (0 = niedrig bis 9 = hoch); in der dargestellten Zusammenfassung sind sichere Vorhersagen mit Sternchen markiert

> **PHD_htm:** Vorhersage von Transmembran-Helices über ein Neuronales Netz für multiples Alignment: M = Transmembran-Helix, Leerzeichen = nicht-Membran-ständig (Rost *et al.*, 1996b)

> **Rel_htm:** Zuverlässigkeitsindex für PHD_acc-Vorhersage (0 = niedrig bis 9 = hoch); in der dargestellten Zusammenfassung sind sichere Vorhersagen mit Sternchen markiert

> **PiMohtm:** Vorhersage der Topologie von Transmembran-Helices über ein Neuronales Netz für multiples Alignment plus Topologievorhersage (T = Transmembran-Helix, i = Innenseite der Membran, o = Außenseite der Membran)

---

[6] http://protein.toulouse.inra.fr/prodom.html

PHD sagt zu einem großen Teil die Struktur korrekt voraus; zum einfacheren Vergleich habe ich in der Abbildung zu jedem Block die mit PDB markierte Zeile hinzugefügt, die die Zuordnung aus der Röntgenstrukturanalyse enthält.

13.4 Vorhersage von Signalpeptiden und Signalankern

Signalpeptide sind N-terminale Regionen von Proteinen, die während des Durchtritts durch eine Membran abgeschnitten werden. Die Identifizierung solcher Regionen insbesondere auf der Basis von genomischen Daten ist aus mehreren Gründen wichtig: (i) Eine Region, die im maturierten Protein nicht vorhanden ist, stört nur bei einer Strukturvorhersage; (ii) bei der Überproduktion von Proteinen in Nicht-Wirtszellen muss ein Signalpeptid an den neuen Wirtsorganismus angepasst werden; (iii) die Anwesenheit eines Signalpeptids sagt etwas über die Lokalisation des Proteins aus; (iv) da das Signalpeptid am N-Terminus sitzt, kann seine Anwesenheit zur Bestätigung des Startcodons dienen. Relativ schwierig bei der Vorhersage von Signalpeptiden ist zum einen ihr geringer Konservierungsgrad (eine positiv geladene n-Region, gefolgt von einer hydrophoben h-Region und einer neutralen aber polaren c-Region; die Aminosäuren an Position -3 und -1 relativ zur Spaltstelle müssen klein und neutral sein; siehe Abb. 13.10 auf der nächsten Seite) und zum anderen ihre Ähnlichkeit zu Signalankern, die wie Signalpeptide die Translokation über die Membran initiieren aber nicht abgeschnitten werden, sondern für eine Verankerung des translozierten Proteins in der Membran sorgen.

Für die Vorhersage in signalP (Nielsen *et al.*, 1997) werden zwei Neuronale Netze für die Erkennung der Spaltstelle vor dem Hintergrund aller anderen Positionen bzw. für die Zuordnung von Aminosäuren in die zwei Klassen Signalpeptid/Nicht-Signalpeptid eingesetzt. Den Netzwerken wird die zu analysierende Sequenz über verschiebbare Fenster aus 5 bis 39 Positionen angeboten; jede Position ist über 21 Werte (20 mögliche Aminosäuren plus Leerstelle, um Positionen vor dem N-Terminus kodieren zu können) darstellbar. Die Netzwerke haben zwischen 0 und 10 hidden layers; d.h., das größte Netzwerk besitzt $39 \times 21 = 819$ Eingabewerte und $(819 + 1) \times 10 + (10 + 1) = 8211$ Gewichte und Schwellenwerte. Beim Training der Netzwerke wurde großer Wert auf Sequenzen mit möglichst experimentell bestätigten Spaltstellen und auf die Vermeidung von redundanten und homologen Sequenzen gelegt. Eine ausführlichere Beschreibung der verwendeten Netzwerke, Trainingsmethode, Sequenzauswahl etc. findet man im Web[7].

Die Ausgabe der Netzwerke besteht aus zwei Werten für jede Aminosäure-Position der Eingabesequenz (siehe Beispiel in Abb. 13.11 auf Seite 243):

---

[7] http://www.cbs.dtu.dk/services/SignalP/

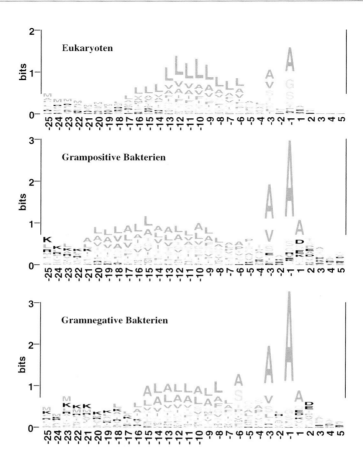

Abbildung 13.10: Sequenzlogos von Signalpeptiden. Die Sequenzen sind mit ihren Schnitt-stellen aligniert. Positiv bzw. negativ geladene Aminosäuren sind schwarz, neutrale, po-lare Aminosäuren hellgrau und hydrophobe Aminosäuren grau eingefärbt.
Informationsgehalt $I_j = H_{max} - H_j = \log_2 20 + \sum_\alpha \frac{n_j(\alpha)}{N_j} \log_2 \frac{n_j(\alpha)}{N_j}$, wobei $n_j(\alpha)$ die Zahl des Auftretens der Aminosäure α und N_j die Gesamtzahl an Aminosäuren an Position j sind. Modifiziert von http://www.cbs.dtu.dk/services/SignalP/

- Die Ausgabe des Signalpeptid/Nicht-Signalpeptid-Netzwerks ist ein sog. *S*-Wert, der als Wahrscheinlichkeit interpretiert werden kann, dass die entspre-chende Aminosäure zu einem Signalpeptid gehört.

- Die Ausgabe des Spaltstelle/Nicht-Spaltstelle-Netzwerks ist ein sog. *C*-Wert, der als Wahrscheinlichkeit interpretiert werden kann, dass die entsprechende Position die erste im maturierten Protein ist.

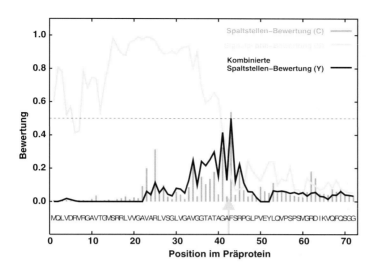

Abbildung 13.11: Vorhersage der Signalpeptid-Schnittstelle mit signalP für den Vorläufer des Fibronectin-bindenden Proteins A aus *Mycobacterium tuberculosis* (SwissProt-ID A85A_MYCTU). Die wahre und auch vorhergesagte Schnittstelle ist mit einem Pfeil markiert. Die grauen Striche sind die Ausgabewerte C_i des Spaltstellen-Netzwerks; die hellgraue Kurve zeigt die Ausgabewerte S_i des Signalpeptid-Netzwerks und die schwarze Kurve zeigt die kombinierten Ausgabewerte beider Netzwerke ($Y_i = \sqrt{C_i \Delta_d S_i}$). Der kombinierte Y-Wert ist am höchsten für die erste Aminosäure des maturierten Proteins.

Werden mehrere Position mit vergleichbarem C-Wert ausgegeben (siehe Positionen 21 und 27 im Beispiel aus Abb. 13.11), wird die Ausgabe von beiden Netzen kombiniert, da die Spaltstelle am Übergang von Signalpeptid zu Nicht-Signalpeptid lokalisiert sein muss. Am zweckmäßigsten hat sich hier das Produkt von C-Wert und geglätteter Ableitung des S-Werts erwiesen:

$$Y_i = \sqrt{C_i \Delta_d S_i}$$

mit

$$\Delta_d S_i = \frac{1}{d} \left(\sum_{j=1}^{d} S_{i-j} - \sum_{j=0}^{d-1} S_{i+j} \right).$$

Optimale Werte für die Fenstergröße d liegen zwischen 8 und 19 Positionen; dies hängt davon ab, ob die Sequenz eukaryotisch oder prokaryotisch ist.

Die Vorhersagequalität von signalP ist relativ hoch (siehe Tab. 13.1 auf der nächsten Seite). Hier ist allerdings zu berücksichtigen, dass die angegebenen Werte nur gelten, wenn die zu analysierende Proteinsequenz mit dem korrekten

Tabelle 13.1: Vorhersagequalität von signalP in der Neuronalen Netz- (NN) und Hidden-Markov-Version (HMM). Für die Methode signalP-NN sind die Spaltstellen-Positionen per maximalem Y-Score und die Diskrimierungswerte über das mittlere S-Score vorhergesagt; die Diskriminierungswerte für Signalanker sind in Klammern angegeben, da diese nicht als negative Beispiele im Trainingsset des NN enthalten waren. Kopiert aus Nielsen *et al.* (1999).

Methode	Daten-satz[a] (release)	Spaltstellenposition[c]			Diskriminierung[d]			
					SP/non-sec			SP/SA
		Euk[b]	G_{neg}[b]	G_{pos}[b]	Euk[b]	G_{neg}[b]	G_{pos}[b]	Euk[b]
NN	29	70,2	79,3	67,9	0,97	0,88	0,96	(0,39)
NN	35	72,4	83,4	67,5	0,97	0,89	0,96	(0,39)
HMM	35	69,5	81,4	64,5	0,94	0,93	0,96	0,74

[a] Die Ziffern beziehen sich auf die Versionsnummer der SWISS-Prot-Datenbank.

[b] Die Datensätze wurden unterteilt in Eukaryoten (Euk), gramnegative (G_{neg}) und grampositive (G_{pos}) Bakterien

[c] Die Position der Spaltstelle ist angegeben als Prozentsatz der Signalpeptid-Sequenzen, in denen die Spaltstelle korrekt positioniert wurde.

[d] Für die Diskriminierung zwischen Sequenztypen sind Korrelationskoeffizienten angegeben: $C = \dfrac{P^t N^t - N^f P^f}{\sqrt{(N^t + N^f)(N^t + P^t)(P^t + N^f)(P^t + P^f)}}$, wobei P^t und P^f die Zahl der wahr- bzw. falsch-positiven und N^t und N^f die Zahlen der wahr- bzw. falsch-negativen Vorhersagen sind. Die Sequenztypen sind Signalpeptide (SP); lösliche, nicht-sekretorische, also cytoplasmatische oder Kern-Proteine (non-sec) und Signalanker (SA).

N-Terminus beginnt und wenn die Sequenz nicht mit einer N-terminalen Transmembran-Helix beginnt. Die Datensätze, mit denen signalP trainiert wurde, enthielten nur bis zu 70 N-terminale Aminosäuren der verschiedenen Proteine und im negativen Trainingsdatensatz waren keine Transmembran-Proteine enthalten. Die Verwendung nur der N-terminalen Bereiche war rein biologisch begründet; auch die Zelle kennt nur den N-Terminus des Proteins zum Zeitpunkt der Translokation. Bei Transmembran-Proteinen besteht einfach das Problem, das nur selten experimentell klar ist, dass das Protein nicht geschnitten wird; d. h., der Trainingsdatensatz für Proteine mit Signalanker oder N-terminalen Transmembran-Helices ist zu klein, um ein Neuronales Netz zu trainieren. Aus diesen Gründen kann signalP nicht für die Suche nach Signalpeptiden in genomischen oder EST-Daten eingesetzt werden.

Um das Problem des zu kleinen Datensatzes an Signalankern für ein Neuronales Netz zu umgehen, wurde von Nielsen *et al.* (1999) ein zu signalP ähnliches Modell aber auf der Basis von Hidden-Markov-Modellen entwickelt (siehe Abb. 13.12 auf der nächsten Seite). Signalanker unterscheiden sich von Signalpeptiden primär

Kombiniertes Modell

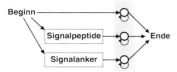

Signalanker–Modell

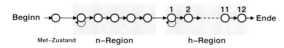

Signalpeptid–Modell

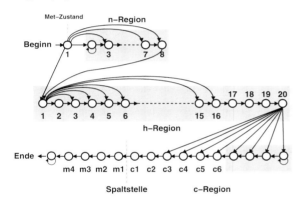

Abbildung 13.12: Architektur von signalP-HMM.
Oben: Das kombinierte Hidden-Markov-Modell, das die Ausgaben eines Null-Modells zur Repräsentation von nicht-sekretorischen Proteinen, des Signalpeptid-Modells und des Signalanker-Modells zusammensetzt.
Mitte: Das Signalanker-Modell besteht aus drei Zuständen (Startcodon, n- und h-Region).
Unten: Das Signalpeptid-Modell enthält zusätzlich zum Anker-Modell Modelle für die c-Region und die Spaltstelle. Zustände, die in grau unter-legten Flächen zusammenge-fasst sind, sind aneinander gebunden; d. h., sie besitzen die gleiche Aminosäurever-teilung.
Nach Nielsen *et al.* (1999)

durch u. U. längere n- und h-Regionen. Diese Längenunterschiede lassen sich in einem Neuronalen Netz nur schwer einbauen, da das Netz ja mit einer fixen Länge an Eingabewerten arbeitet. Im HMM sind durch die Reihenfolge der Zustände und insbesondere durch die Übergangsgewichte zwischen den Zuständen variierende Längen von Zustandsfolgen „lernbar". Insgesamt liegt die Vorhersagequalität von signalP-HMM geringfügig unter der von signalP-NN, allerdings ist signalP-HMM in der Lage, Signalanker von Signalpeptiden zu unterscheiden (siehe Tab. 13.1 auf der vorherigen Seite).

Beide Programmversionen[8] sind per WWW benutzbar.

---

[8] http://www.cbs.dtu.dk/services/SignalP/
http://www.cbs.dtu.dk/services/SignalP-2.0/

14

Proteinfaltung mit *ab-initio*-Methoden

Seit den Arbeiten von Anfinsen (1973) ist klar, dass die Faltung der meisten, wenn nicht aller Proteine ein rein physikalisch-chemisches Phänomen ist, das nur von der Proteinsequenz und den Lösungsmittelbedingungen abhängt (siehe Seite 175). Folglich sollte es möglich sein, die thermodynamisch stabile Konformation eines Proteins und seinen Faltungsweg für eine gegebene Lösungsmittelbedingung und Temperatur mit Hilfe eines Kraftfelds (siehe Kapitel 9 auf Seite 175) zu berechnen, das die inter- und intramolekularen Wechselwirkungen zwischen den Atomen des Proteins und des Lösungsmittels berücksichtigt, und unter Verwendung einer Suchmethode für die möglichen Konformationen. Solche Strukturvorhersage-Methoden, die außer der Sequenz nur physikalisch-chemische Prinzipien benutzen, sind mit *ab-initio*-Methoden gemeint. Zusätzlich kann zwischen Methoden unterschieden werden, die eine (statische) Strukturvorhersage zum Ziel haben, und sog. Molekulardynamik-Rechnungen (MD), die die Bewegung im Makromolekül und damit z. B. den Faltungsweg, Energiedifferenzen bei Ligandenbindung oder eine enzymatische Katalyse simulieren wollen. Dazu ist es nötig die Kräfte zu berechnen, die auf jedes Atom wirken

$$\vec{F_i} = -\sum_j \nabla P_{ij},$$

wobei P_{ij} die Potentialwechselwirkung zwischen Atomen i und j ist, und daraus die Bewegung der Atome entsprechend der Newtonschen Bewegungsgleichung

$$\vec{F}_i = m_i \vec{a}_i$$

abzuleiten.

Für aktuelle Übersichten wird auf Hardin *et al.* (2002), Hansson *et al.* (2002) und Gruebele (2002) verwiesen; eine Einführung ist außer in Biophysik-Lehrbüchern z. B. in Eisenhaber *et al.* (1995) oder im Web unter "Modeling Biological Macromolecules"[1] zu finden.

Generell ist diese Methode sehr rechenaufwendig und die Vorhersagequalität ist nicht sehr beeindruckend. Man sollte hierbei aber bedenken, dass es die einzige Methode ist, die ohne Kenntnis von homologen Sequenzen oder gar bekannten Röntgenstrukturen homologer Proteine auskommt (vergleiche folgende Kapitel), und grundlegendes Verständnis für die Prinzipien der Proteinfaltung vermitteln kann. Abgesehen von „echten" *ab-initio*-Rechnungen lassen sich insbesondere Molekulardynamik-Rechnungen für die Optimierung von 3D-Modellen einsetzen, wie sie aus Röntgenstruktur- oder NMR-Analysen erhalten werden.

14.1 Elemente der *ab-initio*-Methoden

Für die Protein-*ab-initio*-Faltung werden drei Elemente benötigt, die im Folgenden kurz dargestellt werden: Eine rechentechnisch günstige Darstellungsform der Proteingeometrie, ein Kraftfeld und eine Suchmethode für Konformationen.

14.1.1 Geometrische Darstellung

Im Idealfall müssen für eine Kraftfeld-Rechnung alle Atome des Makromoleküls und der Hydratschicht berücksichtigt werden. Hier denke man aber an das 10^N-Problem der möglichen Konformationen einer Proteinkette (Paradox von Levinthal, 1968, ; siehe Seite 176). Daher ist eine solche Behandlung des Problems außerhalb der Möglichkeiten momentaner Rechenleistung. Die nächste Generation von Supercomputern von IBM, Spitzname "Blue Gene", soll 1 PetaFlop (10^{15}) leisten und wird insbesondere (werbewirksam) für dieses Problem der Bioinformatik entwickelt; die Rechenleistung vieler kleiner PCs in Hinsicht auf Proteinfaltung sollte man aber auch nicht unterschätzen[2]! Zur Zeit ist man also darauf angewiesen, die Atomzahl zu reduzieren:

---

[1] http://chemcca51.ucsd.edu/~chem215/

[2] http://www.foldingathome.com/

- "United atom"-Modell: Dies ist die momentan komplexeste Darstellungsform; z. B. können alle Wasserstoffatome mit ihren zugehörigen Schweratomen zu speziellen Atomen zusammengefasst werden.

- "Virtual atom"-Modell: Ein weiterer Reduktionschritt kann z. B. die Berücksichtigung aller schweren Atome des Peptidrückgrats sein, wenn die Seitenketten zu einem Atom zusammengefasst werden. Oder es kann jede Rückgrat-Einheit zu einem Atom reduziert werden und die Seitenketten durch zwei virtuelle Atome repräsentiert werden; dies erlaubt dann eine bessere Modellierung von z. B. einem hydrophoben Anteil in C^β oder einem geladenen Anteil der Endgruppe wie in Lysin.

- Zusammenfassung mehrerer Aminosäuren zu einem Atom.

Zwischen diesen drei Grenzfällen gibt es natürlich jede Menge Übergangsformen. Außerdem können bestimmte Torsions- und/oder Streckwinkel bei der Rückgrat-repräsentation als starr angenommen sein. Zum Teil werden die drastisch vereinfachenden Darstellungen für Grobsuchen nach günstigen Zuständen verwendet, während für eine anschließende Optimierung die detaillierteren Darstellungen eingesetzt werden.

Ein weiterer Punkt, der auch zum Darstellungsproblem gehört, ist der erlaubte Suchraum für die Position der (virtuellen) Atome: Dieser kann entweder kontinuierlich ("off-lattice"-Modell) oder diskret sein (Gitter-Modell). Letzteres erlaubt eine erheblich schnellere Konformationsgenerierung, hat aber das Problem, dass unter Umständen die native Konformation nicht gefunden werden kann, da diese nicht auf das gewählte Gitter passt.

14.1.2 Kraftfeld

Idealerweise müssten Kraftfelder, die auf rein physikalisch-chemischer Basis beruhen und wie sie in Kapitel 9 auf Seite 175 erwähnt wurden, dem Problem angemessen sein. Durch die Reduktion in der geometrischen Darstellung sind diese aber nicht direkt einsetzbar, sondern müssen zumindest an diese Darstellung angepasst und um ein Solvatationspotential erweitert werden. Die einzelnen Komponenten, deren Energien im Kraftfeld berücksichtigt werden müssen/sollten, sind nochmals in Tab. 14.1 auf der nächsten Seite zusammengestellt. Meist werden entweder physikalische Potentiale benutzt, die durch experimentelle Daten parametrisiert werden, oder die Potentiale werden direkt über statistische Analysen bestimmt. Solche statistischen Analysen sind durchaus mit denen von Garnier *et al.* (1978) (siehe Abschnitt 10.2 auf Seite 191) vergleichbar. Eine Möglichkeit besteht darin, ein mit Startparametern versehenes Kraftfeld im Zusammenhang mit Sätzen von nicht-nativen Proteinstrukturen zu kreieren und dann die Parameter iterativ so zu optimieren, bis ein selbst-konsistenter Datensatz gefunden ist, der dann in der Lage sein muss, zwischen nativen und nicht-nativen Proteinzuständen zu unterscheiden. Für eine detailliertere Diskussion von Potentialfunktionen (Lazaridis &

Tabelle 14.1: Komponenten der Freien Energie im Protein-Lösungsmittel-System. Nach Eisenhaber *et al.* (1995).

Intramolekulare Energien (*in vacuo*)

Kovalente Beiträge
Chemische Bindungen wie z. B. Disulfidbrücken
Spannung in chemischen Bindungen

- Streckung von Bindungen
- Biegung in Valenzwinkeln
- Änderung in Torsionswinkeln

Diederwinkel

Nicht-kovalente Beiträge
Paarweise Beiträge

- van-der-Waals-Wechselwirkungen
- Energie von Wasserstoffbrücken
- Elektrostatische Wechselwirkung von Ladungen, Dipolen und Quadrupolen

Konformationsbedingte Entropiebeiträge

- Konformationsentropie des Rückgrats
- Konformationsentropie der Seitenketten

Solvatationsenergien

Lang-reichweitige Wechselwirkungen
Volumen-spezifischer Beitrag
Polarisation des Lösungsmittels durch Proteinladungen

Kurz-reichweitige Wechselwirkungen
Bildung von Kavitäten
Makromolekül-Lösungsmittel-
Dispersionswechselwirkungen
Änderungen der Lösungsmittel-Struktur nahe der
Oberfläche des Makromoleküls

Karplus, 2000), ihres Entwurfs (Hao & Scheraga, 1999) und Zusammenhang mit Modellvorstellungen (Onuchic *et al.*, 1997) wird auf die Literatur verwiesen.

14.1.3   Konformationssuchmethoden

Die letzte Voraussetzung für die *ab-initio*-Berechnung von Proteinfaltung ist eine dem Problem angepasste Suchmethode für Konformationen. Nur für kleine Peptide (≤ 25 Aminosäuren) ist es möglich, alle Konformationen aufzuzählen.

Tabelle 14.2: **Moleküldynamik-Rechnungen solvatisierter Peptide und Proteine.** Nach Daggett (2000).

System	Simulationszeit (ns)		AA	Zahl Atome	Zitat
	Einzeln	Total			
Protein A	6	60	56–60	8309–12167	Alonso & Daggett (2000)
Dihydrofolat-Reduktase	10	30	159	~16300	Radkiewicz & Brooks III (2000)
β-Heptapeptid	50	250	7	2950–5398	Daura *et al.* (1998)
Villin Kopf-stück	1000	1100	36	9295	Duan & Kollman (1998)

Im allgemeinen werden drei Methoden eingesetzt: Molekulardynamik (MD)-Rechnungen, Genetische Algorithmen (siehe Kapitel 6 auf Seite 115) und Monte-Carlo-Algorithmen (siehe Kapitel 7 auf Seite 127). MD-Rechnungen setzen voraus, dass die verwendeten Potential-Funktionen ableitbar sind, was natürlich insbesondere bei den rein statistischen Potentialen nicht gegeben ist. Daher werden für diese und auch bei der Verwendung von Gittermodellen üblicherweise Monte-Carlo- und/oder Genetische Algorithmen eingesetzt.

Im Prinzip benutzen Monte-Carlo (MC)-Simulationen einen Energievergleich zwischen den Boltzmann-Wahrscheinlichkeiten des aktuellen Zustands und eines neuen Zustands. Dies ermöglicht im Vergleich zu MD-Rechnungen relativ große Bewegungen im Protein und daher eine breitere Suche im Zustandsraum. Beim Vergleich zwischen den jeweils zwei betrachteten Konformationen bzw. für die Annahme des neuen Zustands wird üblicherweise ein Metropolis-Algorithmus (Metropolis *et al.*, 1953) und Simulated Annealing (Kirkpatrick *et al.*, 1983) eingesetzt (vergleiche Kapitel 7 auf Seite 127).

14.2 Stand der Forschung in MD-Simulationen

Hier sollen kurz ein paar Beispiele aufgeführt werden, die einen Eindruck vermitteln sollen, welche Probleme heute per *ab-initio*-Methoden angegangen werden (siehe auch Tab. 14.2).

- Onuchic *et al.* (1997) haben die komplette Faltung eines cro-Monomers simuliert; die Struktur des Proteins ist in Abb. 8.16 auf Seite 167 gezeigt. Die Simulation begann mit der Protein-Kette in einem zufälligen Zustand mit einem Gyrationsradius $R_g = 30$ Å. Hydrophober Kollaps und Kompaktierung folgten schnell bis zu einem Zustand mit $R_g \sim 15$ Å, der die native

Topologie besaß, aber nicht die komplette, native Sekundärstruktur beinhaltete. Fortgesetzte Faltung aus diesem kompakten Zustand komplettierte die Faltung der Helices und modifizierte die Tertiärstrukturkontakte. Der finale Zustand erreichte knapp 100 % der nativen Kontakte und besass einen Gyrationsradius $R_g = 10$ Å, was dem experiemntellen Radius entspricht.

- van Gunsteren und Mitarbeiter (Daura *et al.*, 1998) haben ein synthetisches β-Heptapeptid in Methanol analysiert. Während der 50 ns langen Simulationen denaturierte und renaturierte das Molekül unabhängig vom gewählten Ausgangszustand. Der native Zustand hatte eine mittlere quadratische Abweichung (root-mean-square deviation, rmsd) von 0,5 Å von der NMR-Struktur. Die Häufigkeit und Geschwindigkeit, mit der das Molekül den Zustand wechselte, hing von der Temperatur ab; d. h., diese reversible Faltung entspricht der typischen Vorstellung von thermodynamisch kontrollierter Faltung. Auch oberhalb der experimentell bestimmten Denaturierungstemperatur wurden nur wenige (10 bis 100) verschiedene Zuständen von den etwa 10^7 möglichen eingenommen, was Rückschlüsse auf den Faltungsweg und seine Intermediären erlaubt.

- Duan & Kollman (1998) haben die Faltung des Villin-Kopfstücks, eines 36 Aminosäuren langen Peptids, das drei Helices bildet, in einer MD-Analyse in Wasser (≥ 3000 Wassermoleküle) über 1 μs untersucht; diese Zeitspanne ist der momentane Rekord (CRAY T3D mit 256 Prozessoren; ~ 25 GFlops)! In einer anfänglichen, 60 ns langen Phase kollabierte das Molekül unter Bildung von hydrophoben Wechselwirkungen und allen Helices, anschließend folgte eine Phase langsamer Konformationsänderungen und Feinoptimierungen, bis das Molekül den nativen Zustand erreicht hatte. Zwei Wege zu nativen Zustand konnten bestimmt werden.

15

Inverse Proteinfaltung – „Threading"

Aus der Beschreibung von PredictProtein in Kapitel 13 auf Seite 219 sollte klar geworden sein, dass die Berücksichtigung des evolutionären Zusammenhangs wertvoll für die Strukturvorhersage eines neuen Proteins ist. Der Haken hierbei ist natürlich die Erkennung der homologen Proteine:

- Das neue Protein kann aus mehreren Domänen bestehen; folglich werden bei einem Alignment mit Sequenzen aus der Datenbank unterschiedlichste Proteine gefunden. Daher kann es sinnvoll sein, zuerst in Motiv- oder Domänen-Datenbanken nach Treffern zu suchen und dann die zugehörigen Proteinabschnitte für Alignments zu benutzen.

- Ein paarweises Alignment von zwei Sequenzen ist nur erfolgreich, wenn die Homologie zwischen den Proteinen relativ hoch ist (> 30 %?). Daher kann es zur Suche nach entfernten Verwandten wesentlich günstiger sein, Profil-Alignment-Methoden wie z. B. PSI-BLAST (Altschul & Koonin, 1998; Altschul et al., 1997) einzusetzen. Dies ist das Verfahren, mit dem die ProDom-Datenbank[1] erstellt wird, die homologe Protein-Domänen enthält (Corpet et al., 2000).

- Üblicherweise geht man davon aus, dass es nicht beliebig viele stabile Tertiärstrukturen ("folds") gibt, sondern dass nur einige 1000 verschiedene Folds existieren. Jeder einzelne dieser Folds kann aber von sehr vielen verschiedenen Sequenzen eingenommen werden. Daher wäre es wesentlich sinnvoller, ein

---

[1] http://http://protein.toulouse.inra.fr/prodom.html

Alignment einer neuen Proteinsequenz direkt an bekannte Folds durchzuführen (Sequenz-an-Struktur- bzw. 1D-3D-Alignment) als ein konventionelles 1D-1D-Alignment (Sequenz-an-Sequenz-Alignment).

Diese letzte Idee zur Identifizierung von Proteinstrukturen oder Motiven ist die Basis des sog. "threading" (einfädeln, aufreihen). Unter Threading wird das Alignment zwischen einer Proteinsequenz (Target) und einer Proteinraumstruktur (Template) verstanden. Voraussetzung für diese Methode ist, dass die zum Vergleich herangezogenen 3D-Strukturen bekannt sind. Beim Threading wird also eine (kleine) Menge bekannter Strukturen mit (beliebigen) Proteinsequenzen verglichen. Bewertungskriterium ist die Umgebung (Environment) der einzelnen Aminosäuren; die Umgebung individueller Aminosäuren wird aus den 3D-Strukturen abgeleitet. Im Prinzip ist also die Problematik der Protein-Struktur-Vorhersage auf den Kopf gestellt: Welche Proteinsequenzen können sich in eine gegebene Protein-Struktur falten? Für zwei Schemata, die diese Vorgehensweise verdeutlichen, siehe Abb. 15.1 auf der nächsten Seite und 15.2 auf Seite 256, wobei aus den beiden Darstellungen hervorgehen sollte, dass z. B. der Begriff Umgebung erheblichen Spielraum für Komplexität lässt. Die in den Abbildungen benutzten Begriffe werden im Folgenden noch näher erläutert.

Um ein ideales Threading durchführen zu können, muss zum einen eine Bewertungsfunktion existieren, die in der Lage ist, native von nicht-nativen Konformationen zu unterscheiden; hier sei an die Probleme mit Kraftfeldern bei *ab-initio*-Methoden erinnert (siehe Abschnitt 14.1.2 auf Seite 249). Zum anderen muss ein Alignment mit Hilfe der Bewertungsfunktion erstellt werden, das aus allen Anordnungsmöglichkeiten der Sequenz auf der 3D-Struktur zumindest eine gute Lösung findet. Ein Alignment von zwei Sequenzen (siehe Abschnitte 3.1 bis 3.2 auf Seiten 57–63) hängt iterativ von der Bewertung der Bausteine s_i und t_j an den Positionen i bzw. j in den beiden Sequenzen ab und ist damit ein lokales Problem. Im Fall des Sequenz-Struktur-Alignments hängt die Bewertung der Aminosäure s_i aber von der dreidimensionalen Umgebung der Aminosäure t_j in der Struktur ab; damit ist dies ein Problem der Positionierung aller anderen Aminosäuren s_k auf der Templatestruktur. Und dieses Problem ist NP-vollständig (Lathrop, 1994).

Daher werden für das Threading einer Sequenz an ein Template mit bekannter 3D-Struktur folgende Heuristiken eingesetzt (Bowie *et al.*, 1991, 1996), auf die in den nächsten Abschnitten näher eingegangen wird:

- Die 3D-Struktur des Templates wird auf ein 1D-Profil reduziert. Dieses 1D-Profil beschreibt jede Aminosäure und ihre Umgebung im Template hinsichtlich Sekundärstruktur, Polarität und Zugänglichkeit. In Abhängigkeit von diesen drei (und eventuell weiteren) Parametern werden der Aminosäureposition Wahrscheinlichkeiten für das Auftreten aller 20 Aminosäuren zugeordnet. Man beachte, dass die Aminosäuresequenz des Templates nicht direkt in das 1D-Profil eingeht.

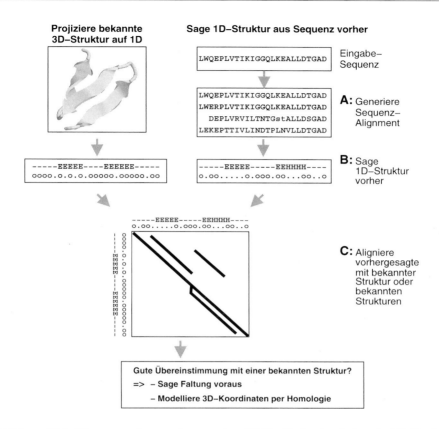

Abbildung 15.1: Einpassen eines vorhergesagten 1D-Profils in eine bekannte 3D-Struktur.
A: Ein multiples Sequenzalignment wird für die Eingabesequenz U mit unbekannter Struktur erzeugt.
B: Mit PHD (siehe Abschnitt 13.2 auf Seite 232) wird für das Profil von U die Sekundärstruktur und die relative Lösungsmittelzugänglichkeit vorhergesagt.
C: Das resultierende 1D-Strukturprofil von U wird mit MaxHom (siehe Abschnitt 13.2 auf Seite 232) an 1D-Struktur-Strings aus der PDB-Datenbank aligniert (H, α-Helix; E, β-Strang; L, Coil; b, "buried" ($< 15\%$ Lösungsmittelzugänglichkeit); o, Oberfläche ($\geq 15\%$ Lösungsmittelzugänglichkeit)).
Nach Rost *et al.* (1997)

- Für die Alignierung der Sequenz an das 1D-Profil der Template-Struktur werden je nach Autor unterschiedlich komplexe Algorithmen eingesetzt. Z. B. kann ein einfaches globales oder lokales Alignment benutzt werden (Bowie *et al.*, 1996; Rost *et al.*, 1997). Oder über ein einfaches Alignment können einzelne Aminosäuren oder Bereiche gesucht werden, die gut auf eine bestimmte Position im Target passen; in Folgeschritten kann dann versucht werden, die rest-

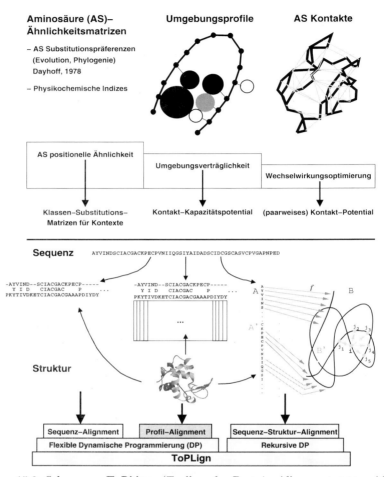

Abbildung 15.2: Schema zu ToPLign (Toolbox for Protein Alignment; http://cartan.
gmd.de/PROTAL/).
Oben: Die Maße, die zur Bewertung von Ähnlichkeiten zwischen Proteinsequenzen und
-strukturen eingesetzt werden.
Unten: Algorithmen zum Alignment von Proteinsequenzen und -strukturen; rechts ist die
zur Optimierung von Paarpotentialen verwendete Rekursive Dynamische Programmierung dargestellt (siehe Seite 264).
Nach Lengauer *et al.* (1997).

lichen Aminosäuren unter Vorgabe dieser einzelnen Positionen zu positionie-
ren. Z. B. kommt hier die sog. „doppelte Dynamische Programmierung" (Jones
et al., 1992; Orengo & Taylor, 1990; Taylor & Orengo, 1989) oder die „rekursive
Dynamische Programmierung" (Thiele *et al.*, 1999) zum Zug.

- Unabhängig vom verwendeten Alignment-Algorithmus muss eine Bewertungsfunktion für die optimale Sequenz-zu-Struktur-Anordnung benutzt werden. Insbesondere sind hier Werte für Lücken im Alignment ein Problem. Zur Abschätzung von solchen Parametern kann ein Multiples Alignment von Proteinsequenzen, die homolog zum Template sind, oder auch ein Threading homologer Proteinsequenzen nützlich sein, insbesondere wenn von diesen ebenfalls Strukturen bekannt sind.

Die Bewertungsfunktion ist natürlich bei der Beurteilung des Endergebnisses von erheblicher Bedeutung: Konnte die komplette Sequenz an die Struktur aligniert werden oder nur ein Teil? Konnten unterschiedliche Teile der Sequenz an verschiedene Strukturen aligniert werden? Oder gehört die Sequenz in eine Struktur-Klasse, von der noch kein Mitglied bekannt ist?

15.1 3D-1D-Profile für Threading

Eine aus Röntgenstruktur- oder NMR-Analyse bekannte Raumstruktur (3D-Struktur) eines Proteins muss in einen eindimensionalen Vektor (1D-Struktur) reduziert werden, damit anschliessend – per „normalem" Alignment einer Proteinsequenz unbekannter Struktur an diesen Vektor – geprüft werden kann, ob eine Eingabesequenz mit unbekannter Struktur diese 3D-Struktur einnehmen kann. Der eindimensionale Vektor enthält die Information über die Umgebungsklasse jeder Aminosäureposition in der 3D-Struktur. Diesen Umgebungsklassen werden dann Gewichte für das Vorkommen aller Aminosäuren zugeordnet (siehe Abb. 15.3 auf der nächsten Seite). Im Folgenden wird die Vorgehensweise nach Bowie *et al.* (1991) erläutert; im nächsten Abschnitt 15.2 auf Seite 261 werden dann Hinweise auf aktuellere Varianten und Verbesserungen gegeben.

15.1.1 Umgebungsklassen und 3D-1D-Gewichte

Das 3D-Struktur-Profil stellt über die Zuordnung von 3D-1D-Gewichten für jeden Typ von Aminosäure in jeder Umgebungsklasse die Verbindung her zwischen der 3D-Struktur und dem 1D-Vektor. Dazu wird wie folgt vorgegangen (siehe Abb. 15.4 auf Seite 259):

1. Die Seitenkette jeder Aminosäureposition in der 3D-Struktur wird entsprechend ihrer Fläche, die dem Lösungsmittel zugänglich ist, in die drei Klassen exponiert (E), teilweise verborgen ("partially buried", P) oder verborgen ("buried", B) eingeordnet.

   Zur Bestimmung der Lösungsmittel-zugänglichen Fläche (Lee & Richards, 1971) jedes Atoms einer Seitenkette werden imaginäre „Lösungsmittelwolken" (Kugelsphären) um alle Proteinatome positioniert. Die Wolken besitzen

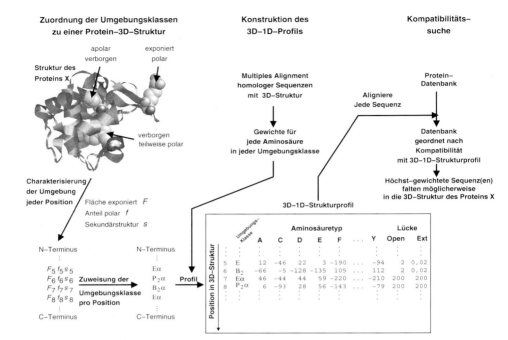

Abbildung 15.3: Threading: Welche Sequenzen können in eine bekannte, experimentell bestimmte 3D-Struktur falten?

Links: Für die aus Röntgenstruktur- oder NMR-Analyse bekannte 3D-Struktur eines Proteins X wird positionsweise die Umgebungsklasse jeder Aminosäure in der Struktur des Proteins X bestimmt.

Mitte: Aus einem Multiplen Alignment homologer Sequenzen, von der für eine der Sequenzen eine 3D-Struktur bekannt ist, wird bestimmt, welches Gewicht jeder der 20 Aminosäuren in jeder Umgebungsklasse zukommt. Diese Gewichte werden in das 3D-1D-Strukturprofil der bekannten Struktur des Proteins X eingetragen.

Rechts: Jede beliebige Sequenz kann jetzt überprüft werden, ob sie eine Faltung ähnlich zu der des Proteins X einnehmen kann.

Nach Bowie *et al.* (1991).

einen Radius, der der Summe des Radius eines Wassermoleküls und des van-der-Waals-Radius des jeweiligen Proteinatoms entspricht. Falls ein Punkt der Wolke eines Atoms nicht in der Wolke eines anderen Proteinatoms liegt, wird der Punkt als Lösungsmittel-zugänglich bezeichnet, ansonsten ist der Punkt verborgen. Die Lösungsmittel-zugängliche Oberfläche F ist dann durch

$$F = \frac{N_z}{N_g} F_L$$

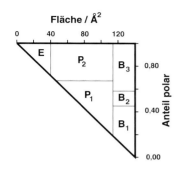

Abbildung 15.4: Die sechs Kategorien für Seitenketten-Umgebungen. Jeder Aminosäure werden zwei Umgebungseigenschaften zugeordnet:
• Die Fläche F der Seitenkette, die im Protein verborgen ("buried", B), teilweise verborgen ("partially buried", P) bzw. dem Lösungsmittel exponiert ist (E).
• Der Anteil f der Seitenkettenoberfläche, der durch polare Atome bedeckt ist.
Nach Bowie *et al.* (1991).

gegeben, wobei N_z die Zahl der Lösungsmittel-zugänglichen Punkte bezeichnet, N_g die Gesamtzahl der Punkte und F_L die Gesamtfläche der Lösungsmittelwolke für dieses Atom. Die untersuchten Punkte haben einen Abstand von 0,75 Å voneinander. Diese Werte werden dann für eine Seitenkette inklusive C_α-Atom aufsummiert. Die Gesamtfläche einer im Protein verborgenen Seitenkette ist definiert als Differenz der Lösungsmittel-zugänglichen Seitenkettenfläche im Protein und der in einem Gly-X-Gly-Tripeptid (Eisenberg *et al.*, 1989).

2. Die zwei Lösungsmittel-Zugänglichkeitsklassen P und B werden weiter unterteilt entsprechend dem Anteil f der Seitenkettenoberfläche, die durch polare Atome bedeckt ist:

$$f = \frac{n_p}{n_g},$$

wobei n_p die Zahl der Oberflächenpunkte ist, die durch polare Atome bedeckt sind oder gegenüber dem Lösungsmittel exponiert sind. Punkte, die durch Atome bzw. Wolken der Seitenkette selbst bedeckt werden, werden dabei nicht gezählt. Die Klasse E wird nicht weiter unterteilt, da hier die Seitenketten ja schon gegenüber dem Lösungsmittel exponiert sind.

Für die Festlegung der Grenzen siehe Punkt 5.

3. Die sechs Klassen aus Abb. 15.4 werden jetzt in die drei Sekundärstrukturtypen α-Helix, β-Strang und andersartig unterteilt; d. h., insgesamt wird jede Aminosäureposition in eine von 18 Umgebungsklassen j eingeordnet.

4. Die Gewichte $s_{i,j}$ für eine Aminosäure i in der Umgebungsklasse j werden als "log-odds-ratios" (Logarithmus der relativen Wahrscheinlichkeiten) berechnet:

$$s_{i,j} = \ln\left(\frac{P_{i,j}}{P_i}\right),$$

wobei $P_{i,j}$ die Wahrscheinlichkeit angibt, die Aminosäure i in der Umgebung j zu finden:

$$P_{i,j} = \begin{cases} \dfrac{N_{i,j}}{\sum\limits_i N_{i,j}} & \text{wenn } N_{i,j} > 0 \\[3ex] \dfrac{1}{\sum\limits_i N_{i,j}} & \text{wenn } N_{i,j} = 0. \end{cases}$$

$N_{i,j}$ ist die Anzahl der Positionen, in denen eine oder mehrere Aminosäuren des Typs i in der Umgebung j vorkommen.

P_i ist die Wahrscheinlichkeit, die Aminosäure in allen Umgebungen zu finden:

$$P_i = \frac{N_i}{\sum\limits_i N_i},$$

wobei N_i die Zahl der Positionen ist, an denen eine oder mehrere Aminosäuren des Typs i auftreten. Diese Zahlen können aus bekannten Protein-3D-Strukturen und Multiplen Sequenz-Alignments dazu homologer Sequenzen bestimmt werden.

5. Die Grenzen der Umgebungsklassen (siehe Abb. 15.4 auf der vorherigen Seite) wurden durch Maximierung der Gesamtsumme s_t der Gewichte festgelegt, wobei bei jeder Iteration die $s_{i,j}$ neu berechnet wurden:

$$s_t = \sum_j \sum_i N_{i,j} s_{i,j}.$$

Für die resultierende Tabelle[2] aus 20 Aminosäuren *versus* 18 Umgebungsklassen siehe Bowie *et al.* (1991).

15.1.2 3D-1D-Profil

Ein 3D-Struktur-Profil (siehe Abb. 15.3, Mitte unten, auf Seite 258) ist eine positionsabhängige Gewichtungstabelle, wobei jeder Tabelleneintrag das Gewicht $s_{i,j}$ angibt, an dieser Position in der Struktur eine der 20 Aminosäuren anzutreffen. Eine Zeile der Tabelle enthält also die Position in der Struktur, die Umgebungsklasse und in den folgenden 20 Spalten die Gewichte für die Aminosäuren. Die letzten beiden Spalten enthalten Strafpunkte für die Einführung einer Lücke bzw. für die Verlängerung einer Lücke, sodass das Einführen von Lücken in Sekundärstrukturelementen stärker als in Loop-Bereichen bestraft werden kann.

---

[2] http://www.msg.ucsf.edu/local/programs/insightII/doc/life/insight2000.1/
profiles/B-File_Formats.html

15.1.3 Alignierung von Sequenzen an ein 3D-1D-Profil

Eine Proteinsequenz kann jetzt an den 1D-Vektor mit Dynamischer Programmierung aligniert werden (siehe globales und lokales Alignment in Abschnitten 3.1 bis 3.2 auf Seiten 57–63). Die dazu nötigen Gewichte werden dem 3D-1D-Profil entnommen.

15.1.4 Beurteilung des Ergebnisses eines Threadings

Bei der Suche nach einer 3D-Struktur, die zu einer Sequenz kompatibel ist, existiert noch das Problem, die aus dem 3D-1D-Alignment resultierenden Gesamtgewichte zu beurteilen. Z. B. hängen diese natürlich von der Länge des 3D-1D-Profils ab. Diese Längenabhängigkeiten lassen sich durch ein Kompatibilitätsmaß

$$s_p = C \left(1 - \exp(AL + B) \right)$$

modellieren, wobei L die Länge des 3D-1D-Profils ist. Die Konstanten A, B und C werden empirisch bestimmt durch einen Kurvenfit in einer Auftragung der Proteinlängen *versus* Gesamtgewichte aus Alignments vieler Proteinsequenzen an alle verfügbaren 3D-1D-Profile; für Details siehe Lüthy *et al.* (1992) und Gribskov *et al.* (1990).

Ein ermitteltes Gesamtgewicht s eines Alignments der Sequenz mit einem Profil wird dann durch Division mit s_p normalisiert:

$$s_n = s/s_p.$$

Das normalisierte Gewicht sollte nahe 1 sein für solche Alignments, bei denen die Struktur inkompatibel zur Sequenz ist.

Die normalisierten Gewichte werden dann in "Z-Scores" transformiert:

$$Z = \frac{s_n - m}{\sigma},$$

wobei m der Mittelwert und σ die Standardabweichung der normalisierten Gewichte sind. Die resultierende Verteilung hat einen Mittelwert von 0 und eine Standardabweichung von 1. Z-Scores größer 7 scheinen zu garantieren, dass eine Sequenz die Struktur des 3D-1D-Profils einnimmt (siehe Abb. 15.5 auf der nächsten Seite).

15.2 Verbesserungen des Algorithmus

Der im vorigen Abschnitt vorgestellte Threading-Algorithmus nach Bowie *et al.* (1991) hat praktisch an jedem der Unterabschnitte Verbesserungen und Verfeinerungen erfahren. Im Folgenden werden einige der Varianten erläutert.

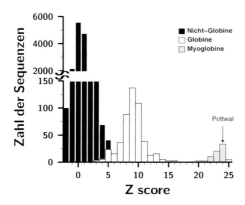

Abbildung 15.5: Resultat eines Threadings mit einem 3D-1D-Profil von Pottwal-Myoglobin. Myoglobin-Sequenzen sind mit grauen Balken, andere Globin-Sequenzen durch weiße Balken und alle anderen Sequenzen durch schwarze Balken dargestellt. Man beachte, dass die Sequenz des Pottwal-Myoglobins erst an achter Stelle gefunden wird (Z-Score = 23,7). Nach Bowie *et al.* (1991).

Umgebungsklassen:

- Anstelle der in Abb. 15.4 auf Seite 259 gezeigten diskreten Kategorisierung können kontinuierliche Verteilungen benutzt werden (Bowie *et al.*, 1996); dies hat den Vorteil, dass marginale Änderungen in der Umgebung einer Position nicht sofort zu einer Zuordnung in eine andere Umgebungsklasse und damit drastisch anderen 3D-1D-Gewichten führen.

- Anstelle oder zusätzlich zu den Kategorien exponiert/verborgen und polar/unpolar können weitere Eigenschaften und Präferenzen hinzugenommen werden. Ein häufig gewählter Ansatz ist die Verwendung von wissensbasierten Energiepotentialen, die Wechselwirkungen zwischen Paaren oder Tripeln von Aminosäurepositionen beschreiben. Z. B. verwenden Jones *et al.* (1992) das Wechselwirkungspotential

$$\Delta E_k^{ab} = RT \ln[1 + m_{ab}\sigma] - RT \ln\left[1 + m_{ab}\sigma\frac{f_k^{ab}(s)}{f_k(s)}\right] \qquad (15.1)$$

zwischen C^β-Atomen zweier Aminosäurepositionen a und b in einem Sequenzabstand k und Raumabstand s, wobei m_{ab} die Zahl der Paare ab mit Abstand k, σ ein Gewichtungsfaktor, $f_k(s)$ die Häufigkeit des Auftretens irgendwelcher Paare in Sequenzabstand k und Strukturabstand s und $f_k^{ab}(s)$ die entsprechende Häufigkeit der Paare ab bedeutet. Entsprechend werden Potentiale für folgende Atompaare bestimmt: $C^\beta \to N$, $N \to C^\beta$, $C^\beta \to O$, $O \to C^\beta$, $N \to O$, $O \to N$.

Godzik & Skolnick (1992) benutzen die sog. „eingefrorene Näherung" zur Berechnung von Wechselwirkungsenergien

$$E = \sum_i \Gamma_i^A E_1(B_i) +$$
$$\sum_i \sum_{>j} C_{ij}^A E_2(B_i, A_j) +$$
$$\sum_i \sum_{>j} \sum_{>k} C_{ij}^A C_{ik}^A C_{kj}^A E_3(B_i, A_j, A_k),$$

wobei i, j und k Sequenzpositionen in der Eingabesequenz des Proteins A bzw. des Templates B bezeichnen; Γ_i ist die Klassifizierung bezüglich exponiert/verborgen der Position i. Wenn ein Kontakt zwischen Positionen i und j besteht, dann gilt $C_{ij}^A = 1$; ansonsten $C_{ij}^A = 0$. E_1, E_2 und E_3 sind die Beiträge zur Energie, die durch Kontakte zwischen ein, zwei bzw. drei Teilchen zustande kommen. Eigentlich dürften in der Gleichung nur die Wechselwirkungen für Positionen aus Protein A enthalten sein; da aber die Aminosäuren an Positionen j und k bei gegebener Aminosäure an Position i noch nicht bekannt sind, werden für die Näherung die Aminosäuren an den Positionen j und k aus dem Template B eingesetzt.

Alignierung: Falls die Gewichtungsfunktion bzw. die Umgebungsklassen Wechselwirkungen von Aminosäure-Paaren oder -Tripeln beinhalten, kann eine normale Dynamische Programmierung nicht eingesetzt werden. In der Literatur wurden unter anderem folgende Algorithmen eingesetzt:

Doppelte Dynamische Programmierung (siehe Abb. 15.6 auf der nächsten Seite), die auf Verfahren zur Superposition zweier Proteinstrukturen zurückgeht (Orengo & Taylor, 1990, 1993; Taylor & Orengo, 1989), wird im Programm Threader (Jones *et al.*, 1992) eingesetzt. Für jede Position i aus der Eingabesequenz A wird wird angenommen, dass sie äquivalent zu einer Position k aus der Template-Struktur B ist, und ein Alignment per Dynamischer Programmierung durchgeführt. Dies ergibt insgesamt $N(N-1)/2$ Alignments bei Sequenzlänge N, die jeweils optimal sind unter der Voraussetzung, dass die Zuordnung von a_i an b_k korrekt ist. Im zweiten Schritt werden dann von jeder Alignment-Matrix alle Werte entlang des Backtrack-Pfads in eine weitere Matrix übertragen und dort aufsummiert. Diese Matrix entspricht einer Konsensus-Matrix aller alternativen Alignments. Aus dieser wird jetzt wieder per Dynamischer Programmierung das beste Alignment bestimmt. Der Aufwand für die doppelte Dynamische Programmierung ist damit $\mathcal{O}(N^4)$, wobei sich – ähnlich wie bei multiplem Alignment (siehe Abb 3.5 auf Seite 67) – Aufwandsverringerungen z. B. durch nur teilweises Auswerten der Matrizen erreichen lassen.

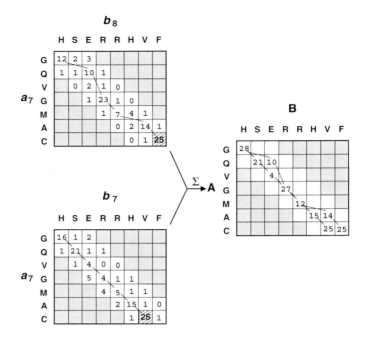

Abbildung 15.6: Threading mittels doppelter Dynamischer Programmierung.
Links: Im ersten Dynamischen Programmier-Abschnitt werden zwei Positionen a_i aus der Eingabesequenz A und b_k aus der Sequenz B mit bekannter Struktur als äquivalent fixiert und ein unter dieser Voraussetzung optimales Alignment bestimmt. In den zwei Beispielen sind einmal die Positionen a_7 an b_8 (oben) und einmal a_7 an b_7 (unten) fixiert.
Rechts: Anschließend werden die Bewertungen entlang der optimalen Pfade in eine weitere Matrix aufsummiert und dann der beste Pfad durch diese Matrix bestimmt.
Um den Rechenaufwand zu verringern, werden Bereiche aus den Matrizen nicht berücksichtigt (grau unterlegt), die außerhalb eines Fensters um die Diagonale liegen.
Nach Taylor & Orengo (1989).

Rekursive Dynamische Programmierung (Thiele *et al.*, 1999) wird im Programm ToPLign (siehe Abb. 15.2 auf Seite 256) eingesetzt. Zuerst wird nach kurzen Regionen mit hoher Ähnlichkeit zwischen Eingabesequenz A und der Sequenz B mit bekannter 3D-Struktur gesucht; diese Prozedur ist also ein lokales Alignment ohne Lücken, das mit einer Bewertungsfunktion erfolgt, die ähnlich zu der in Abschnitt 15.1 auf Seite 257 erläuterten ist (Bowie *et al.*, 1991). Jedes Paar von lokal alignierten Regionen (A_0, B_0) teilt die Restsequenzen beider Proteine in zwei Teile. Einer "Divide and Conquer"-Strategie folgend, wird jetzt versucht, die links bzw. rechts von A_0 und B_0 liegenden Teile rekursiv mit dieser Prozedur zu alignieren, wobei das Wissen um die schon alignierten Teile (A_0, B_0) in das Profil übernommen wird. Werden keine ähnlichen Segmente mehr gefunden, hält die Prozedur an. Die verbleibenden Teile der zwei Proteinsequenzen werden jetzt als Lücken behandelt. Während des rekursiven Vorgehens werden nicht nur die besten, sondern auch alternative lokale Alignments in einer Baumstruktur abgespeichert; die Teilbäume sind dann spezifisch für die vorhergehenden Knoten im Baum. Bei der Konstruktion des Gesamt-Alignments werden dann die Lücken und eventuell erst jetzt bewertbare langreichweitige Wechselwirkungen bei der Zusammenstellung kompatibler Teil-Alignments berücksichtigt.

Homologie-Suchen mit PSI-BLAST: Ähnlich wie bei PHD (siehe Abschnitt 13.2 auf Seite 232) kann die Berücksichtigung evolutionärer Information die Vorhersage verbessern, wobei meist das Programm PSI-BLAST (Altschul & Koonin, 1998) benutzt wird, um homologe Sequenzen zu finden. Im Folgenden wird kurz die Strategie im Programm[3] 3D-PSSM (Kelley *et al.*, 2000) vorgestellt, das PSI-BLAST zu Suchen nach Homologen sowohl für die Eingabesequenz als auch für die Sequenz mit bekannter 3D-Struktur einsetzt (für ein Ausgabebeispiel siehe Abb. 15.7 auf der nächsten Seite).

Die bekannten 3D-Strukturen werden aus der Datenbank SCOP[4] ("Structural classification of proteins") extrahiert, in der die Proteine und ihre Strukturen in homologe Superfamilien eingeordnet sind. 3D-PSSM startet mit der Sequenz eines typischen Vertreters einer Familie, dem sog. Leitprotein A0. Zu diesem werden mit PSI-BLAST Homologe A1, A2, etc. gesucht und ein 1D-Profil erstellt, das daher positionsspezifische Substitutionswahrscheinlichkeiten für A0 und keine allgemeingültigeren aber unspezifischen Werte aus BLOSUM- (Henikoff & Henikoff, 1992) oder PAM-Matrizen (Schwartz & Dayhoff, 1978) enthält. In der SCOP-Familie sollten weitere Proteine B0, C0 etc. mit eventuell nur geringer Sequenzähnlichkeit enthalten sein, zu denen ebenfalls Homologe (B1, B2, ..., C1, C2, ...) gesucht werden. Mit Hilfe der 1D-Profile für A0, B0, etc. und eventueller Überlagerung ihrer bekannten 3D-Strukturen kann dann ein finales, verbessertes 1D-Profil erstellt werden.
Für die Eingabesequenz wird auf ähnliche Weise ein 1D-Profil über PSI-BLAST-Suche erstellt.

15.3 Strukturvorhersage mit **GenThreader**

Das Programm GenThreader ist als Teil des "Protein Prediction Servers"[5] PSIpred benutzbar (McGuffin *et al.*, 2000). Das eigentliche PSIpred-Programm besteht aus einem Neuronalen Netz, das ein durch BLAST erstelltes Profil-Alignment interpretiert (Jones, 1999a,b):

---

[3] http://www.sbg.bio.ic.ac.uk/~3dpssm/

[4] scop.mrc-lmb.cam.ac.uk/scop/

[5] http://bioinf.cs.ucl.ac.uk/psipred/

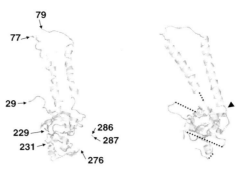

```
                      1                                                                  80
bacfi__PSS  CCCCCCHHHH HHHHHHHHHH HHHCCCCCCC CCCCCCCCCE EHHHHHHHHH HHHHHHHHHH HHHHHHHHHH HHCCCCC.CC
bacfi__Seq  MKLWKTASRF LPLSFLTLFL TGCLGEENLT ALDPKGPQAQ WIYDNMILSI IVMALVSIVV FAIFFIILAK YRRKPGD.DE
----------                     -+ +LDPKG+-++ -+++-+++++ --M++V-I++ ++++-+++-K YR++++D ++
c1fftb_Seq  .......... .......... ........SA LLDPKGQIGL EQRSLILTAF GLMLIVVIPA ILMAVGFAWK YRASNKDAKY
c1fftb_SS   .......... .......... ........CC CCCCCCCCHH HHHHHHHHHH HHHCCCHHH HHHHHHCCCC CCCCCCCCCC
CORE        .......... .......... ........00 0000000100 0000000000 0000000000 0000000000 0000000000

                      81                                                                160
bacfi__PSS  CCHHHCCCEE EEEEEHHHHH HHHHHHHHCCC CCEEEEEECC CCCCCCCCCE EEEEECCCEE EEEEECCCCC CCCCCEEEEE
bacfi__Seq  IPKQVHGNTA LEITWTVIPI ILLVILAVPT ITGTFMFADK DPDPEVGDNT VYIKVTGHQF WWQFDYENEG FTAGQDVYIP
----------  +P+++H+N++ ++++WT +PI +++++LAV+T +++T++-++- +P+++ -+++ +--I+V+++++ +W+F+Y-++G +++-+++++P
c1fftb_Seq  SPNWSHSNKV EAVVWT.VPI LIIIFLAVLT WKTTHALEPS KPLAH.DEKP ITIEVVSMDW KWFFIYPEQG IATVNEIAFP
c1fftb_SS   CCCCCCCCHH HHHHHH.HHH HHHHHHHHHH HHHCCCCCCC CCCCC.CCCC CEEEEEEECC EEEEECCCCC CEEECCCCCC
CORE        0000000000 000000.000 0000000000 0000001000 00000.0000 0040351400 0193410001 0915004020

                      161                                                               240
bacfi__PSS  CCCEEEEEHHH HHHHHHHHCC HHHCCCCCCC CCCCCCEEEE CCCCCCCCCC HHHHCCCCCC CEEEEEEEE. ECCCHHHHHH
bacfi__Seq  VGEKVIFELH AQDVLHSFWV PALGGKIDTV PGITNHMWLE ADEPGVFKGK CAELCGPSHA LMDFKLIAL. ERDEYDAWVE
----------  ++++V-F+++ +++V++SF++ P+LG++I+++ +G-+++++L+ A+EPG+++G+ +A+++GP+++ +M+FK+IA+ +R+++D+WV+
c1fftb_Seq  ANTPVYFKVT SNSVMNSFFI PRLGSQIYAM AGMQTRLHLI ANEPGTYDGI SASYSGPGFS GMKFKAIATP DRAAFDQWVA
c1fftb_SS   CCEEEEEEEC CCCCCCCEEE HHHCEEECCC CCCCEEEEEE ECCCCCCEEC CCCCCCCCCC CCCEECCCCC CHHHHHHHHH
CORE        0000203030 1100000404 0010302030 0000103040 0000000010 0000000000 0003020100 0000100000

                      241                                                               320
bacfi__PSS  CCCCCCCCCH HHHHHCCHHH HHCCCCEEEE CCCCC.... .....CCCCC CCCCCCCHHH EEHHHHCCCC CHHHHHH...
bacfi__Seq  GMSAEVEEPT ETLANQGRQV FEENSCIGCK AVGGTG.... .....TAAGP AFTNFGEREV IAGYLENNDE NLEAWIR...
----------  -+-++-++-+ +--A-+-+-+ -+E++-+--+ +----+        -A
c1fftb_Seq  KAKQSPNTMS DMAAFEKLAA PSEYNQVEYF SNVKPDLFAD VINKFMA... .......... .......... ..........
c1fftb_SS   HHHHCCCCCC CHHHHHHHHC CCCCCCCEEE CCCCCCHHHH HHHHHCC... .......... .......... ..........
CORE        0000100190 0102500710 0000000006 0070006000 2000000... .......... .......... ..........
```

Abbildung 15.7: Strukturvorhersage mit 3D-PSSM für Cytochrom-C-Oxidase II aus *Bacillus firmus*.

Oben: Links ist das Modell mit der Template-Struktur der Ubichinon-Reductase aus *E. coli* (PDB-ID: 1FFT, B-Kette) und rechts mit der Cytochrom-C-Oxidase aus *Rhodobactor sphaeroides* (PDB-ID: 1M56, B-Kette; zweitbestes Template) gezeigt. Im linken Modell sind Lücken des Alignments beziffert; im rechten Modell sind die Lücken durch gepunktete Linien bzw. ein Dreieck angegeben.

Unten: Von 3D-PSSM generiertes Alignment zwischen der Eingabesequenz und der Ubichinon-Sequenz mit bekannter Struktur. PSS, "predicted secondary structure"; SS, PDB-Struktur; Core, Maß für Verborgenheit und Kontakte einer Position (9 = buried mit vielen Kontakten; 0 = exponiert mit wenigen Kontakten).

Die Ausgaben des 3D-PSSM-Servers sind hier drastisch gekürzt wiedergegeben.

1. Generierung eines Profils unter Verwendung von **BLASTP** für jede Sequenz, deren 3D-Struktur bekannt ist; die Datenbank, in der gesucht wird, enthält nur nicht-redundante Protein-Sequenzen, aus denen Bereiche mit geringem Informationsgehalt per **SEG** (Wootton & Federhen, 1996) entfernt wurden (siehe Abschnitt 13.3 auf Seite 238);
2. Erzeugung eines Alignments zwischen Eingabesequenz und dem im Schritt 1 generierten Profil per Dynamischer Programmierung;
3. Unter Verwendung wissensbasierter Energiepotentiale (siehe Glg. (15.1) auf Seite 262) wird das Alignment aus Schritt 2 bewertet.
4. Aus den bisherigen Schritten werden sechs Parameter abgeleitet:

   • Kosten für das Sequenz-Profil-Alignment aus Schritt 2

   • Länge der Eingabesequenz

   • Länge der Proteinsequenz des Templates

   • Summe der paarweisen Energien aus Schritt 3

   • Summe der Solvatationsenergien

   • Zahl der alignierten Positionen

5. Mit Hilfe eines Neuronalen Netzes wird entschieden, ob das untersuchte Target-Template-Paar eine gemeinsame Struktur oder nicht besitzt.

Auf einem Doppelprozessor-Rechner unter Linux benötigt **PSIpred** für die meisten Vorhersagen weniger als 2 min, sodass auch ein Threading für alle offenen Leserahmen eines bakteriellen Genoms innerhalb eines Tages möglich sind (Jones, 1999a).

Ein wichtiger Punkt, der in Jones (1999a) hervorgehoben wird, ist die Zuverlässigkeit dieser Alignment-Methode: Strukturvorhersagen, die durch das Netzwerk als sicher ("certain") bezeichnet werden, beinhalten in Testläufen keine falsch-positiven Treffer. Die Vorhersagequalität beträgt $Q_3 = 80,1\%$; d. h., **PSIpred** ist das zur Zeit qualitativ beste Vorhersageprogramm, falls genügend (?) homologe Sequenzen gefunden werden. Im CASP3-Test (siehe Abschnitt 11.3 auf Seite 205) lag die Vorhersagequalität bei 73 % und damit höher als z. B. von **PHD** mit nur 66,7 % (Jones, 1999b; Lattman, 1999).

MEMSAT ist das zweite in **PSIpred** benutzbare Programm; es sagt über Dynamische Programmierung und statistische Tabellenwerte für die Wahrscheinlichkeit des Auftretens der Aminosäuren Transmembran-Helices und Membranprotein-Topologie voraus (Jones *et al.*, 1994).

Für die schon mit **PHD** benutzte Cytochrom-C-Oxidase II-Sequenz (siehe Abb. 13.9 auf Seite 239) liefert **PSIpred** das in Abb. 15.8 auf der nächsten Seite gezeigt Ergebnis, das perfekt mit dem entsprechenden PDB-Eintrag übereinstimmt. Die Abbildung wurde aus den einzelnen E-mails, die **PSIpred** als Antwort liefert, zusammengestellt. Ferner kann die **PSIpred**-Vorhersage in verschiedenen Grafik-Formaten abgerufen werden, die aber keine zusätzliche Information liefern.

```
                  10        20        30        40        50        60        70        80
PDB            TT  S    BHHHHHHHHHHHHHHHHHHHHHHHHHHHHHHHHTS S       S   SHHHHTHHHHTHHHHHHHHHTHH
GenTHREADER    CCCCCCCCCCCCCCCHHHHHHHHHHHHHHHHHHHHHHHHHHHHHHHHHHCCCCCCCCCCCCCHHHCHHHHHHHHHHHHHHHHH
MEMSAT         ----------------------------OOOOXXXXXXXXXXXXIIII+++++++++++++++++IIIXXXXXXXXXXXXXX
               MAYPMQLGFQDATSPIMEELLHFHDHTLMIVFLISSLVLYIISLMLTTKLTHTSTMDAQEVETIWTILPAIILILIALPS
               MAYPMQLGFQDATSPIMEELLHFHDXXXXXXXXXXXXXXXXXXXXXXLTTKLTHTSTMDXXXXXXXXXXXXXXXXXXXXXLPS
PSI-PRED Conf: 98612457889874789999986010788999999999999999998850067757767124898851631536887554 4
        Pred:  CCCHHHCCCCCCCCHHHHHHHHHHCCCHHHHHHHHHHHHHHHHHHHHHHHHHHCCCCCCCCCCCCCEEEEEECCHHHHHHHHHHH

                  90       100       110       120       130       140       150       160
PDB            HHHHHHTT      SEEEEEEEETTEEEEEE SSS EEEEE B  GGGTTTTTTTTTT BSS EEEETTS EEEEEEESSS
GenTHREADER    HHHHHHHCCCCCCCEEEEEEEEECCEEEEEEECCCCCEEEEECCCCCCCCCCCCCCCCCCCCCCCCCEEEECCCCEEEEEEEECCCC
MEMSAT         XXXOOOO---------------------------------------------------------------------------
               LRILYMMDEINNPSLTVKTMGHQWYWSYEYTDYEDLSFDSYMIPTSELKPGELRLLEVDNRVVLPMEMTIRMLVSSEDVL
PSI-PRED Conf: 66887650037997799997666576244787775530157673114665655734205857876567479999873334
        Pred:  HHHHHHHHCCCCCCEEEEEEEEEEEEEEECCCCCCCCCCCCCCCCCCCCCCCCCCCCCCCCCCCCEEEEECCEEEEEEEECCEE

                  170       180       190       200       210       220
PDB            EEEEEGGGTEEEEE BT  EEEEE BSS EEEEE  S  STTTTS  EEEEEE HHHHHHHHHHTT
GenTHREADER    EEEEECCCCEEEEECCCCCEEEEEECCCCCEEEEEECCCCCCCCCCCCCCEEEEEECHHHHHHHHHHHCC
MEMSAT         -----------------------------------------------------------------
               HSWAVPSLGLKTDAIPGRLNQTTLMSSRPGLYYGQCSEICGSNHSFMPIVLELVPLKYFEKWSASML
PSI-PRED Conf: 23267975427754799157889996896179668514226887972168997389999999987129
        Pred:  EEECCCCCCEEEEECCCCCEEEEEEEEECCCCEEEEEEECCCCCCCCCCCCEEEEEEECHHHHHHHHHHCCC
```

```
--- MEMSAT Key ----------------------        --- PSIPRED Key -------------------
+ : Inside loop                              Conf: Confidence (0=low, 9=high)
- : Outside loop                             Pred: Predicted secondary structure
O : Outside helix cap                              (H=helix, E=strand, C=coil)
X : Central transmembrane helix segment       AA: Target sequence
I : Inside helix cap


- GenTHREADER Key ----------------------------------------------------------------
Conf   = Description of confidence level          Confidence levels:
Prob   = Estimated probability of correct match   CERT    > 99%
Epair  = Pairwise energy for model                HIGH     99%
Esolv  = Solvation energy for model               MEDIUM   90%
AlnSc  = Sequence alignment score                 LOW      70%
Alen   = Length of alignment                      MARG     40%
Dlen   = Length of PDB entry                      GUESS   < 40%
Tlen   = Length of target sequence
PDB_ID = PDB identifier
```

Conf	Prob	Epair	Esolv	AlnSc	Alen	DLen	Tlen	PDB_ID	
CERT	1.000	-157.6	-3.4	926.0	227	227	227	2occB0	Bovine Heart Cytochrome C Oxidase
CERT	1.000	-123.3	-8.1	732.0	137	137	227	2occB1	Bovine Heart Cytochrome C Oxidase
CERT	1.000	-147.6	-7.1	542.0	136	145	227	1ar1B1	Cytochrome C Oxidase (*P. denitrif.*)
CERT	1.000	-125.7	-4.3	476.0	114	158	227	1cyx00	Quinol Oxidase
CERT	1.000	-82.6	-2.2	371.0	122	122	227	2cuaA0	Domain Of Cytochrome Ba3 (*T. thermo.*)
CERT	1.000	-92.9	5.1	313.0	202	572	227	1qniA0	Oxide Reductase (*P. denitrif.*)
CERT	1.000	-29.5	6.1	235.0	90	90	227	2occB2	Bovine Heart Cytochrome C Oxidase
GUESS	0.115	-46.9	18.8	47.0	168	284	227	1c1gA0	Tropomyosin
GUESS	0.112	-44.6	19.6	47.0	168	284	227	1c1gB0	Tropomyosin
GUESS	0.096	-32.3	-0.3	37.0	67	79	227	1b6rA1	Ribonucleotide Synthetase (*E. coli*)

Abbildung 15.8: Strukturvorhersage mit PSIpred für Cytochrom-C-Oxidase II aus Rind.
Die mit PDB markierte Zeile wurde nachträglich eingefügt, um einen Vergleich der Vorhersage mit der Röntgenstruktur zu ermöglichen. Im Sequenzblock 1–20 ist die von GenThreader zusätzlich ausgegebene, um "compositionally-biased" Sequenzbereiche bereinigte Sequenz gezeigt (siehe Programme SEG und CAST auf Seite 238).

16

Proteinfaltung per Homologie-Modellierung

Das Ziel der Homologie-Modellierung oder vergleichenden Modellierung ("comparative modeling") ist die Vorhersage eines dreidimensionalen (3D) Modells eines Proteins mit unbekannter Struktur, das als Target bezeichnet wird. Dazu ist die Kenntnis der Struktur eines oder mehrerer homologer Proteine oder Protein-Domänen als Template notwendig. Die Chance, dass diese Behauptung zutrifft, ist momentan schon recht gut und sollte in Zukunft weiter steigen, da die Zahl verschiedener Proteine zwar hoch ist, es aber nur eine wesentlich geringere Zahl an verschiedenen Folds gibt. Folglich steigt auch die Chance, dass zu jedem der möglichen Folds schon eine Röntgen- oder NMR-Struktur existiert.

Voraussetzung für diesen Modellierungsprozess ist also das Erkennen der dreidimensionalen Ähnlichkeit zwischen Target- und Template-Struktur. Dazu werden die Methoden eingesetzt, die in den letzten drei Kapiteln beschrieben wurden (siehe Abb. 16.1 auf der nächsten Seite):

- Identifizierung von Proteinen mit bekannter 3D-Struktur, die verwandt sind mit der Target-Sequenz.

- Alignment von Target- und Template-Sequenz(en) eventuell mit Profil-Erstellung, um weitere, entferntere Template-Sequenzen zu finden. Aus den möglichen Template-Sequenzen werden dann die für die Vorhersage optimale(n) Struktur(en) oder Teilstrukturen bestimmt.

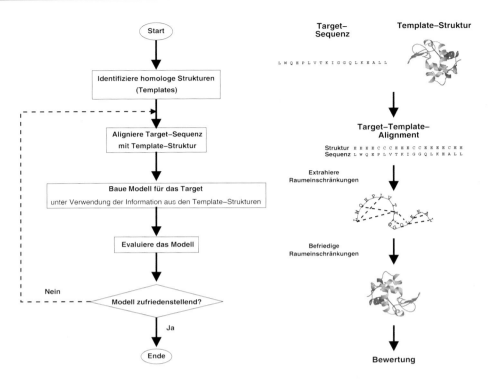

Abbildung 16.1: Flussschema der Homologie-Modellierung in MODELLER. Zuerst werden räumliche Einschränkungen ("spatial restraints") in Form von Atomabständen und Diederwinkeln aus der oder den Template-Strukturen extrahiert. Das Alignment wird benutzt, um äquivalente Aminosäuren zwischen Template und Target zuzuordnen. Die Einschränkungen werden zu einer Zielfunktion ("objective function") kombiniert. Das Target-Modell wird dann solange modifiziert, bis es optimal die räumlichen Einschränkungen erfüllt.
Nach Fiser *et al.* (2001).

- Aufbau eines Modells für das Target durch Alignierung der Target-Sequenz an das oder die Template-Strukturen.

- Bewertung des Modells.

Für jeden dieser Schritte stehen im Web die entsprechenden Werkzeuge und Server zur Verfügung (siehe Tab. 16.1 auf der nächsten Seite). Für Übersichten zu Homologie-Modellierung wird auf Sánchez *et al.* (2000), Marti-Renom *et al.* (2000), Fiser *et al.* (2001) und Dunbrack (2002) verwiesen; speziellere Literatur ist meist unter den in Tab. 16.1 angegebenen Web-Adressen zu finden.

Tabelle 16.1: Für Homologie-Modellierung nützliche Web-Adressen. Diese Liste erhebt keinen Anspruch auf Vollständigkeit.

Linksammlungen und mehr

	`www.ebi.ac.uk/Tools/`
	`www.cmpharm.ucsf.edu/cohen/software`
SPORES	`cgat.ukm.my/spores/`
	`www.biochem.ucl.ac.uk/~orengo/`

Struktur-Alignment

CE	`cl.sdsc.edu/ce.html`
DALI, FSSP u. a.	`www.ebi.ac.uk/Tools/structural.html`
VAST	`www.ncbi.nlm.nih.gov/Structure/VAST/vast.shtml`
LOCK	`gene.stanford.edu/lock/`
STAMP	`www.hgmp.mrc.ac.uk/Registered/Option/stamp.html`
COMPARER	`www-cryst.bioc.cam.ac.uk/~robert/cpgs/COMPARER/comparer.html`
ProSup	`lore.came.sbg.ac.at:8080/CAME/CAME_EXTERN/PROSUP`

Datenbanken

Swiss-Prot	`www.expasy.ch/sprot/sprot-top.html`
PDB	`www.rcsb.org/pdb/`
CATH	`www.biochem.ucl.ac.uk/bsm/cath/`
SCOP	`scop.mrc-lmb.cam.ac.uk/scop/`
MODBASE	`guitar.rockefeller.edu/modbase/`
NCBI	`www.ncbi.nlm.nih.gov/Structure/`
PRESAGE	`presage.berkeley.edu/`
GeneCensus	`bioinfo.mbb.yale.edu/genome/`

Loop-Bibliotheken

	`www.bmm.icnet.uk/loop/`
	`www-cryst.bioc.cam.ac.uk/~sloop/`

Loop-Vorhersage

BTPRED	`www.biochem.ucl.ac.uk/bsm/btpred/`
Coda	`\url{www-cryst.bioc.cam.ac.uk/coda/}`

Rotamer-Bibliotheken

sidechains	`www.fccc.edu/research/labs/dunbrack/sidechain.html`
	`kinemage.biochem.duke.edu/databases/rotamer.php`
	`www.fccc.edu/research/labs/dunbrack/bbdep.html`
	`condor.urbb.jussieu.fr/Rotamer.php`

Seitenketten-Modellierung

confmat	`bioweb.pasteur.fr/seqanal/interfaces/confmat.html`
SCWRL	`www.fccc.edu/research/labs/dunbrack/scwrl/`
SMD	`condor.urbb.jussieu.fr/Smddouble.html`

Template-Suche, Fold-Erkennung

(PSI-,PHI-)BLAST	`www.ncbi.nlm.nih.gov/BLAST/`
FastA u. a.	`www.ebi.ac.uk/Tools/homology.html`
PHD	`www.embl-heidelberg.de/predictprotein/predictprotein.html`
UCLA-DOE	`fold.doe-mbi.ucla.edu/`
ToPLign, 123D	`cartan.gmd.de/ToPLign.html`
PsiPred	`bioinf.cs.ucl.ac.uk/psipred/`
3D-PSSM	`www.sbg.bio.ic.ac.uk/~3dpssm/`

Homologie-Modellierung

Fugue, Joy	`www-cryst.bioc.cam.ac.uk/servers.html`
Geno3D	`geno3d-pbil.ibcp.fr/`
Jackal, SCAP u. a.	`honiglab.cpmc.columbia.edu/`
CONGEN	`www.congenomics.com/`
MaxSprout	`www.ebi.ac.uk/maxsprout/`
WHATIF	`www.cmbi.kun.nl/structure.shtml`
PrISM	`www.columbia.edu/~ay1/`
MODELLER	`guitar.rockefeller.edu/modeller/modeller.html`
SWISS-MODEL	`www.expasy.ch/swissmod/SWISS-MODEL.html`

Modell-Evaluation

PROCHECK	`www.biochem.ucl.ac.uk/~roman/procheck/procheck.html`
WHATCHECK	`www.sander.embl-heidelberg.de/whatcheck/`
ProsaII	`www.came.sbg.ac.at/Services/prosa.html`
VERIFY3D, ERRAT	`www.doe-mbi.ucla.edu/Services/`
ANOLEA	`www.fundp.ac.be/pub/ANOLEA.html`
SQUID	`www.yorvic.york.ac.uk/~oldfield/squid`

16.1 Identifizierung von verwandten Proteinen mit bekannter 3D-Struktur

Erster Schritt bei der Homologie-Modellierung ist die Identifizierung von Proteinen mit bekannter 3D-Struktur, die homolog zur Target-Sequenz sind. Hier kommen Sequenzdatenbank-Suchen, z. B. mit PSI-BLAST in SwissProt oder TrEMBL, in Frage, um möglichst viele verwandte Proteine zu finden. Auch wenn deren 3D-Struktur nicht bekannt ist, kann die Sequenzvariabilität bei gleicher Struktur zu einer verbesserten Vorhersage beitragen. Suchen in Strukturdatenbanken, wie z. B. PDB, SCOP oder CATH (siehe Tab. 16.1 auf der vorherigen Seite), oder mit z. B. Threading-Programmen sind ein weiteres Hilfsmittel. Üblicherweise hängt die Qualität des endgültigen Modells direkt von der Qualität dieses anfänglichen, multiplen Alignments und der Sequenzidentität von Target und Template ab. Werden keine homologen Sequenzen und keine homologe Sequenz mit bekannter 3D-Struktur gefunden, muss der Modellierungsprozess hier abgebrochen werden.

16.2 Alignment der Target-Sequenz mit dem Template

Die Sequenz des Targets, für das die Struktur modelliert werden soll, muss in diesem Schritt optimal an die Struktur des Templates aligniert werden, wobei das Hauptaugenmerk vorerst auf der Rückgratgeometrie liegt.

Regionen hoher Sequenzähnlichkeit zwischen Target und Template, die durch Dynamische Programmierung gefunden wurden, können relativ einfach zugeordnet werden. Grundlage ist hier, dass den meisten Hexapeptiden aus Proteinstrukturen eine von etwa 100 strukturell verschiedenen Klassen zugeordnet werden kann. Die Struktur kann also durch Assemblierung von kurzen Fragmenten aufgebaut werden, wobei die Fragmente nicht nur aus homologen Sequenzen mit bekannter 3D-Struktur zu stammen brauchen.

Alternativ kann auf Grundlage eines Sequenzalignments zur Template-Sequenz versucht werden, möglichst viele Einschränkungen zu generieren, wobei angenommen wird, dass die räumlichen und chemisch/physikalischen Einschränkungen (Bindungslängen, Bindungswinkel, nicht-kovalente Atom-Atom-Abstände, etc.) an den alignierten Positionen in beiden Strukturen ähnlich sind. Hier können auch Einschränkungen, die aus allen Proteinen aus der PDB erhalten wurden, berücksichtigt werden; z. B. können für die Einschränkungen in den Diederwinkeln einer bestimmten Aminosäure des Targets der Typ der Aminosäure, Konformationen äquivalenter Aminosäuren und die Sequenzähnlichkeit zwischen Target und Template herangezogen werden (siehe Abb. 16.2 auf der nächsten Seite). Zusätzlich können auf dieser Stufe sehr leicht weitere Restriktionen berücksichtigt werden, z. B. Hydropathie-Skalen, korrelierte Mutationen oder Abstände aus NMR-Messungen. Z. T. kommen schon in dieser Stufe der Modellierung *ab-initio*-Methoden

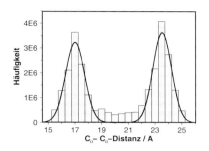

Abbildung 16.2: Raumeinschränkungen in MODELLER. Eine Einschränkung für eine C_α–C_α-Distanz hängt im gezeigten Beispiel von mindestens einer weiteren Einflussgröße ab; hier wird die Einschränkung durch zwei Gauß-Funktionen (durchgezogene Kurve) dargestellt, die Fits an viele Distanzen aus Protein-Strukturen (Balken) darstellen. In Wirklichkeit werden komplexere Einschränkungen benutzt, die z. B. von Ähnlichkeit zwischen Proteinen, Lösungsmittelzugänglichkeit und dem Abstand von einer Lücke im Alignment abhängen können.
Nach Fiser *et al.* (2001).

wie Simulated Annealing oder Moleküldynamik-Rechnungen zum Einsatz (siehe Abb. 16.3 auf der nächsten Seite und Kapitel 14 auf Seite 247).

16.3   Loop-Modellierung

Die Zuordnung der Loops ist meist am schwierigsten, da diese am ehesten Sequenz-variation inkl. Insertionen oder Deletionen aufweisen können, ohne einen Fold zu ändern. Dies ist darauf zurückzuführen, dass Loops meist auf der Oberfläche des Proteins liegen. Dann können sie allerdings sehr wichtig für die funktionale Spezifität des Proteins sein und z. B. die Substrat-Bindungsstelle betreffen.

In den zur Verfügung stehenden Methoden zur Loop-Modellierung werden Loops nach ihrer Größe meist in drei Kategorien (1–4, 5–8, >9 Aminosäuren) unterteilt, wobei für kleine und mittlere Loops oft auf Datenbank-Informationen zurückgegriffen werden kann. Als Hinweise mögen die in den Abschnitten 8.5.3 auf Seite 162 und 8.6.1 auf Seite 163 behandelten reversen Turns und β-Hairpins mit ihren Winkel- und Aminosäure-Restriktionen dienen. Für größere Loops sinkt die Wahrscheinlichkeit, in der PDB ähnliche Loop-Konformationen zu finden, sodass dann meist auf Konstruktionsmethoden ausgewichen wird. Eine Vorgehensweise ist, gleichzeitig von beiden Seiten des Loops her mögliche Konformationen zu generieren und dabei diejenigen Konformationen zu verwerfen, die nicht mehr zu einer Schließung des Loops mit den noch verbleibenden Aminosäuren führen können. Die Konformationen können während ihrer Konstruktion mit dem Raumbedarf der Seitenketten und Freien Energie-Termen bewertet werden (Moult & James, 1986). Hier können Varianten der *ab-initio*-Methoden zum Einsatz kommen (siehe Kapitel 14 auf Seite 247).

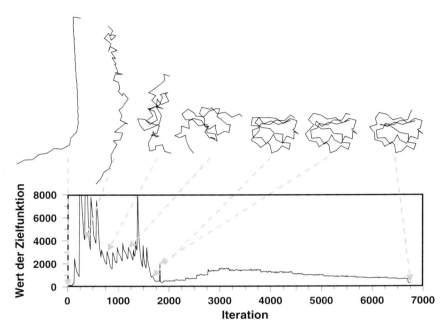

Abbildung 16.3: Bewertung der Struktur-Optimierung in MODELLER. Die Optimierung startet mit einem zufälligen Modell. Die nach entsprechenden Iterationen erhaltenen Strukturen sind oben gezeigt. Während der ersten ~ 2000 Iterationen wird zuerst versucht, lokale Einschränkungen zu erfüllen, bevor langsam lang-reichweitigere Einschränkungen eingeführt werden. In den letzten 4750 Iterationen wird MD-Simulation mit Simulated Annealing benutzt, um das Modell zu verfeinern. Für die Generierung eines Modells eines Proteins aus 250 Aminosäuren werden etwa 2 min Rechenzeit auf einer mittleren Workstation benötigt.
Nach Fiser *et al.* (2001).

In SwissModel wird versucht, entweder auf Basis der Geometrie der zum Loop benachbarten Bereiche eine auf der PDB aufbauende Loopdatenbank zu durchsuchen, um äquivalente, passende Loopkonformationen zu finden, oder es werden alle möglichen Rückgrat-Konformationen für den Loop erzeugt unter Berücksichtigung erlaubter Φ, Ψ-Winkel, des Raumbedarfs des Loops und des Raumbedarfs der C^{α}-Atome des Loops.

16.4   Modellierung der Seitenketten

Als nächster Schritt bei der Modellbildung werden die Seitenketten berücksichtigt, wobei die meisten Programme ein fixiertes Rückgrat annehmen. Falls möglich, können Seitenketten-Konformationen von dem beim Threading gefundenen Template übernommen werden, insbesondere wenn die Aminosäuren identisch sind. Diese übernommenen Konformationen können fixiert werden oder auch nur als Startkonformationen betrachtet und zusammen mit den Konformationen der restlichen Seitenketten optimiert werden. Z. T. werden die Seitenketten vollständig oder nur bei Verletzung von Einschränkungen bei der Modellierung ab Schritt 16.2 auf Seite 272 entfernt.

Bei der Einführung der Seitenketten werden Bibliotheken für Seitenketten-Rotamere benutzt. Die Einschränkungen für die möglichen Stellungen der Seitenketten gehen auf sterische Hinderungen innerhalb einer Seitenkette bzw. zwischen der Seitenkette und ihrem Rückgrat zurück. Für die Auswahl günstiger Seitenketten-Konformationen ist die Kenntnis der Template-Struktur besonders wichtig, da auch bei festgelegter Rückgratkonformation für viele Seitenketten noch eine Reihe von Alternativen möglich sind. Sinkt allerdings die Sequenzidentität unter ~30 %, geht meist die Ähnlichkeit der Anordnung der Seitenketten zwischen Target und Template verloren; hier muss dann die Packungsdichte im Inneren des Proteins bzw. die Möglichkeit, auf der Oberfläche des Proteins Wechselwirkungen mit dem Lösungsmittel einzugehen, optimiert werden.

Auf dieser Stufe der Modellierung werden gewöhnlich auch mögliche Disulfid-Brücken über generelle Statistik oder über Modelle aus den Template-Strukturen eingeführt.

16.5   Fehler bei der Homologie-Modellierung

Die Fehler bei der Homologie-Modellierung können in fünf Kategorien eingeordnet werden (siehe Abb. 16.4 auf der nächsten Seite):

- Fehler bei der Packung der Seitenketten,

- Verzerrungen oder Verschiebungen einer Region, die korrekt mit dem Template aligniert ist,

- Verzerrungen oder Verschiebungen einer Region, die keine äquivalente Region im Template besitzt,

- Verzerrungen oder Verschiebungen einer Region aufgrund fehlerhaften Alignments mit dem Template und

- falsche Struktur aufgrund falsch gewähltem Template.

Die Fehler aufgrund von falschem Alignment oder lokal fehlender Zuordnung sind relativ selten, wenn die Sequenzidentität zwischen Target und Template oberhalb von 40 % liegt; hier werden meist 90 % der Rückgratatome mit einer Abweichung von etwa 1 Å korrekt modelliert (siehe Abb. 16.5 auf Seite 277). Bei Sequenzidentität zwischen 30 und 40 % werden die Sequenzunterschiede größer und die Lücken im Alignment werden häufiger und länger. Damit einhergehend wächst der

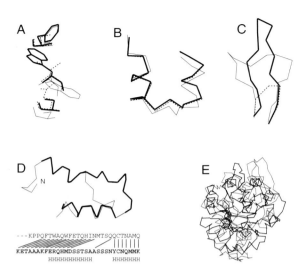

Abbildung 16.4: Typische Fehler in Homologie-Modellierung.
In den Teilabbildungen ist jeweils die Target-Röntgenstruktur mit dünnen Linien, das
Modell durch dicke Linien und die Template-Röntgenstruktur durch gestrichelte Linien
dargestellt; die Target-Struktur ist natürlich im Ernstfall nicht bekannt und wurde in
den hier gezeigten Fällen auch nicht als Template benutzt.
A: Fehler in der Packung der Seitenketten. Gezeigt sind drei Aminosäuren aus einem
Protein im Vergleich zwischen der Röntgenstruktur, dem direkten Modell und der für
die Modellierung benutzen Template-Röntgenstruktur.
B: Verzerrungen und Verschiebungen in korrekt alignierten Regionen.
C: Fehler in Regionen ohne Template.
D: Fehler aufgrund von Fehlalignment. Im Alignment sind korrekte Zuordnungen mit
Linien verbunden; mit H sind helikale Regionen gekennzeichnet.
E: Fehler aufgrund eines falschen Templates.
Nach Fiser *et al.* (2001).

---

rmsd-Wert (root-mean-square deviation) auf etwa 1,5 Å für etwa 90 % der Aminosäuren; die restlichen Positionen besitzen meist größere Fehler z. B. aufgrund
von Fehlalignierungen, die nicht in der Modellierungsphase ausgeglichen werden
können. Fällt die Sequenzidentität unter 30 % wird meist das Finden homologer
Sequenzen und die Alignierung zwischen Target und Template zum größten Problem. Fehler liegen meist oberhalb von 3 Å und etwa 20 % der Positionen sind
falsch aligniert. Bezogen auf eine bekannte 3D-Struktur des Targets, ohne diese
für die Modellierung einzusetzen, ist die Qualität eines durch Homologie-Modellierung erhaltenen Modells im Normalfall trotzdem besser als die Qualität des
Templates alleine.

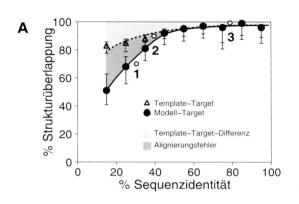

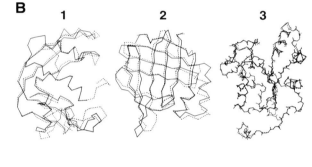

Abbildung 16.5:
Modell-Genauigkeit als
Funktion der Übereinstimmung
zwischen Target- und
Template-Sequenz.
A: Die Modelle wurden
komplett automatisch mit
MODELLER mit jeweils einem
Target und einem Template
erstellt. Für den Vergleich von
Modell und tatsächlicher
Struktur (durchgezogene
Kurve, Kreise) bzw. Template-
Struktur und tatsächlicher
Struktur (gestrichelte Kurve,
Dreiecke) wurden zwei C_α-
Atome als äquivalent ange-
sehen, wenn sie innerhalb
eines Abstands von 3,5 Å
positioniert waren.
B: Drei mit MODELLER
automatisch vorhergesagte
Strukturen (durchgezogene
Linien) im Vergleich zu den
experimentellen Strukturen
(gepunktete Linien), die zum
Zeitpunkt der Vorhersage
nicht bekannt waren. Die
Genauigkeit der Vorhersage
für diese Proteine bzw. ihre
Sequenzidentität zum jewei-
ligen Template ist in Teil A
mit 1, 2 und 3 markiert.
Nach Fiser *et al.* (2001).

Um in diesem Zusammenhang einen Vergleichsmaßstab für Unterschiede zwischen
Modellen und experimentellen 3D-Strukturen zu haben, sind in Abb. 16.6 auf der
nächsten Seite Unterschiede zwischen experimentellen Strukturen dargestellt. Zu
berücksichtigen ist bei Röntgenstruktur-Analysen, dass experimentell nur Elektro-
nendichte-Verteilungen gemessen werden und Protonen und damit auch Wasserstoff-Brücken erst bei sehr hohen Auflösungen sichtbar sind und deren Positionierung nur dann nicht auf Modellierung zurückzuführen ist (siehe Abschnitt 1.4.9
auf Seite 34). NMR-Strukturen sind genau genommen nur Modelle, die die gemessenen Abstandseinschränkungen erfüllen (siehe Abschnitt 1.4.8 auf Seite 34).
Abweichungen von 1 Å sind also bei NMR-Strukturen und bei Röntgenstruktur-

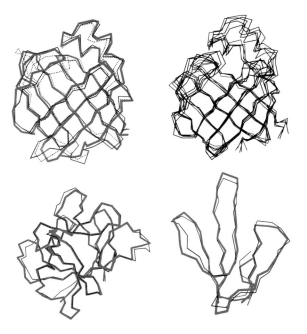

Abbildung 16.6: Relative Genauigkeit von experimentell bestimmten Protein-Strukturen.
Oben links: Überlagerung homologer, mit Röntgen-strukturanalyse bestimmter Strukturen mit ∼40 % Sequenzidentität (PDB: 1OPB-B, 1FTP-A, 1LIB).
Oben rechts: Überlagerung von fünf Strukturen, die einen NMR-Datensatz erfüllen (PDB: 1EAL).
Unten links: Überlagerung zweier unabhängig bestimmter Röntgenstrukturen (PDB: 41BI, 2MIB).
Unten rechts: Überlagerung einer Röntgen- und einer NMR-Struktur (PDB: 3EBX, 1ERA).
Nach Fiser *et al.* (2001).

Analysen mit etwa 2,5 Å Auflösung normal und damit im Bereich dessen, was von Homologie-Modellierung bei einer Sequenzidentität zwischen Target und Template von 40 % erreicht wird.

16.6   Modell-Bewertung

Relativ einfache Maßnahmen zur Bewertung des finalen Modells sind Programme, die die die vorhergesagten Bindungslängen, Bindungswinkel, die Planarität einer Rückgrateinheit, Torsionswinkel und/oder Raumbedarf ("steric clash") auf Plausibilität prüfen.

Oft steht am Ende der Homologie-Modellierung ein Schritt, in dem eine *ab-initio*-Methode eingesetzt wird; dann kann das Ergebnis dieses Schritts – die entsprechend der Methode berechnete Energie – zur Bewertung des Modells eingesetzt werden.

Literaturverzeichnis

Allawi, H.T. & SantaLucia, Jr, J. (1997). Thermodynamics and NMR of Internal G·T Mismatches in DNA. *Biochemistry*, **36**, 10581–10594.

Alonso, D.O. & Daggett, V. (2000). Staphylococcal protein A: unfolding pathways, unfolded states, and differences between the B and E domains. *Proc. Nat. Acad. Sci. U.S.A.*, **97**, 133–138.

Altona, C. (1996). Classification of nucleic acid junctions. *J. Mol. Biol.*, **263**, 568–581.

Altschul, S.F. & Koonin, E.V. (1998). Iterated profile searches with PSI-BLAST—a tool for discovery in protein databases. *Trends Biol. Sci.*, **23**, 444–447.

Altschul, S.F., Madden, T.L., Schaffer, A.A., Zhang, J., Zhang, Z., Miller, W. & Lipman, D.J. (1997). Gapped BLAST and PSI-BLAST: a new generation of protein database search programs. *Nucleic Acids Res.*, **25**, 3389–3402.

Anderson, T.W. & Sclove, S.L. (1978). *An introduction to the statistical analysis of data.* Houghton Mifflin Company, Boston.

Anfinsen, C.B. (1973). Principles that govern the folding of protein chains. *Science*, **181**, 223–230.

Anfinsen, C.B. & Haber, E. (1961). Studies on the reduction and re-formation of protein disulfide bonds. *J. Biol. Chem.*, **236**, 1361–1363.

Antal, M., Mougin, A., Kis, M., Boros, É., Steger, G., Jakab, G., Solymosy, F. & Branlant, C. (2000). Molecular characterization at the RNA and gene levels of U3 snoRNA from a unicellular green algae, *Chlamydomonas reinhardtii. Nucleic Acids Res.*, **28**, 2959–2968.

Antao, V.P., Lai, S.Y. & Tinoco, Jr, I. (1991). A thermodynamic study of unusually stable RNA and DNA hairpins. *Nucleic Acids Res.*, **19**, 5901–5905.

Antao, V.P. & Tinoco, Jr, I. (1992). Thermodynamic parameters for loop formation in RNA and DNA hairpin tetraloops. *Nucleic Acids Res.*, **20**, 819–824.

Bahr, A., Thompson, J.D., Thierry, J.C. & Poch, O. (2001). BAliBASE (Benchmark Alignment dataBASE): enhancements for repeats, transmembrane sequences and circular permutations. *Nucleic Acids Res.*, **29**, 323–326.

Baldi, P. & Brunak, S. (1999). *Bioinformatics.* MIT Press, Cambridge, Mass.

Baldi, P., Brunak, S., Chauvin, Y., Andersen, C.A.F. & Nielsen, H. (2000). Assessing the accuracy of prediction algorithms for classification: an overview. *Bioinformatics*, **16**, 412–424.

Barton, G.J. (2000). Protein Sequence Alignment and Database Scanning, http://www.cmbi.kun.nl/gvteach/hommod/barton/rev93_1/rev93_1.html

Bateman, A., Birney, E., Durbin, R., Eddy, S.R., Howe, K.L. & Sonnhammer, E.L. (2000). The Pfam protein families database. *Nucleic Acids Res.*, **28**, 263–266.

Baumstark, T., Schröder, A.R. & Riesner, D. (1997). Viroid processing: switch from cleavage to ligation is driven by a change from a tetraloop to a loop E conformation. *EMBO J.*, **16**, 599–610.

Bellman, R. & Kalaba, R. (1960). On kth best policies. *SIAM J. Appl. Math.*, **8**, 582–588.

Benedetti, G. & Morosetti, S. (1995). A genetic algorithm to search for optimal and suboptimal RNA secondary structures. *Biophys. Chem.*, **55**, 253–259.

Bowie, J.U., Lüthy, R. & Eisenberg, D. (1991). A method to identify protein sequences that fold into a known three-dimensional structure. *Science*, **253**, 164–170.

Bowie, J.U., Zhang, K., Wilmanns, M. & Eisenberg, D. (1996). Three-dimensional profiles for measuring compatibility of amino acid sequence with three-dimensional structure. In *Methods in Enzymology*. (Doolittle, R.F., Hrsg.), volume **266**. Adenine Press, San Diego, S. 598–616.

Boyle, J., Robillard, G.T. & Kim, S.-H. (1980). Sequential folding of transfer RNA: A nuclear magnetic resonance study of successively longer tRNA fragments with a common 5' end. *J. Mol. Biol.*, **139**, 601–625.

Breton, N., Jacob, C. & Daegelen, P. (1997). Prediction of sequentially optimal RNA secondary structures. *J. Biomol. Struct. Dyn.*, **14**, 727–740.

Briffeuil, P., Baudoux, G., Lambert, C., De Bolle, X., Vinals, C., Feytmans, E. & Depiereux, E. (1998). Comparative analysis of seven multiple protein sequence alignment servers: clues to enhance reliability of predictions. *Bioinformatics*, **14**, 357–366.

Brion, P. & Westhof, E. (1997). Hierarchy and dynamics of RNA folding. *Annu. Rev. Biophys. Biomol. Struct.*, **26**, 113–137.

Bruccoleri, R.E. & Heinrich, G. (1988). An improved algorithm for nucleic acid secondary structure display. *Comp. Appl. Biosci.*, **4**, 167–173, http://www.bioinfo.rpi.edu/~zukerm/export/naview.tar.Z.

Bucher, P. & Bairoch, A. (1994). A generalized profile syntax for biomolecular sequences motifs and its function in automatic sequence interpretation. In *Proceedings of the 2nd International Conference on Intelligent Systems for Molecular Biology ISMB-94*. (Altman, R., Brutlag, D., Karp, P., Lathrop, R. & Searls, D., Hrsg.). AAAI Press, Menlo Park, S. 53–61.

Butcher, S.E., Allain, F.H. & Feigon, J. (1999). Solution structure of the loop B domain from the hairpin ribozyme. *Nat. Struct. Biol.*, **6**, 212–216.

Carrillo, H. & Lipman, D. (1988). The multiple sequence alignment problem in biology. *SIAM J. Appl. Math.*, **48**, 1073–1082.

Cate, J.H., Gooding, A.R., Podell, E., Zhou, K., Golden, B.L., Kundrot, C.E., Cech, T.R. & Doudna, J.A. (1996). Crystal structure of a group I ribozyme domain: principles of RNA packing. *Science*, **273**, 1678–1685.

Chan, H.S. & Dill, K.A. (1998). Protein folding in the landscape perspective: chevron plots and non-Arrhenius kinetics. *Proteins*, **30**, 2–33, http://laplace.ucsf.edu/~danny/Protein/fig-gallery.html.

Chan, L., Zuker, M. & Jacobson, A.B. (1991). A computer method for finding common base paired helices in aligned sequences: application to the analysis of random sequences. *Nucleic Acids Res.*, **19**, 353–358.

Chen, J.H., Le, S.Y. & Maizel, J.V. (2000). Prediction of common secondary structures of RNAs: a genetic algorithm approach. *Nucleic Acids Res.*, **28**, 991–999.

Cheong, C., Varani, G. & Tinoco, Jr, I. (1990). Solution structure of an unusually stable RNA hairpin, 5'GGAC(UUCG)GUCC. *Nature*, **346**, 680–682.

Chiu, D.K. & Kolodziejczak, T. (1991). Inferring consensus structure from nucleic acid sequences. *Comp. Appl. Biosci.*, **7**, 347–352.

Chou, P.Y. & Fasman, G.D. (1978). Prediction of the secondary structure of proteins from their amino acid sequence. *Adv. Enzymol. Relat. Areas Mol. Biol.*, **47**, 45–148.

Claros, M.G. & von Heijne, G. (1994). TopPred II: an improved software for membrane protein structure predictions. *Comp. Appl. Biosci.*, **10**, 685–686.

Clore, G.M., Gronenborn, A.M., Piper, E.A., McLaughlin, L.W., Graeser, E. & van Boom, J.H. (1984). The solution structure of a RNA pentadecamer comprising the anticodon loop and stem of yeast tRNA^{Phe}. A 500 MHz ^{1}H-NMR study. *Biochem. J.*, **221**, 737–751.

Corpet, F. & Michot, B. (1994). RNAlign program: alignment of RNA sequences using both primary and secondary structures. *Comp. Appl. Biosci.*, **10**, 389–399.

Corpet, F., Servant, F., Gouzy, J. & Kahn, D. (2000). ProDom and ProDom-CG: tools for protein domain analysis and whole genome comparisons. *Nucleic Acids Res.*, **28**, 267–269.

Costes, B., Girodon, E., Ghanem, N., Chassignol, M., Thuong, N.T., Dupret, D. & Goossens, M. (1993). Psoralen-modified oligonucleotide primers improve detection of mutations by denaturing gradient gel electrophoresis and provide an alternative to GC-clamping. *Hum. Mol. Genet.*, **2**, 393–397.

Cowen, L., Bradley, P., Menke, M., King, J. & Berger, B. (2002). Predicting the beta-helix fold from protein sequence data. *J. Comput. Biol.*, **9**, 261–276.

Crick, F.H.C. (1958). On protein synthesis. *Symp. Soc. Exp. Biol.*, **12**, 548–555.

Daggett, V. (2000). Long timescale simulations. *Curr. Opin. Struct. Biol.*, **10**, 160–164.

Daura, X., Jaun, B., Seebach, D., van Gunsteren, W.F. & Mark, A.E. (1998). Reversible peptide folding in solution by molecular dynamics simulation. *J. Mol. Biol.*, **280**, 925–932.

Davis, J.P., Janjič, N., Pribnow, D. & Zichi, D.A. (1995). Alignment editing and identification of consensus secondary structures for nucleic acid sequences: interactive use of dot matrix representations. *Nucleic Acids Res.*, **23**, 4471–4479.

Dill, K.A. & Chan, H.S. (1997). From Levinthal to pathways to funnels. *Nat. Struct. Biol.*, **4**, 10–19, http://www.dillgroup.ucsf.edu/energy.htm.

Doolittle, R.F., Hrsg. (1996). *Computer methods for macromolecular sequence analysis.*, volume **266**. Academic Press, San Diego.

Draper, D.E. (1999). Themes in RNA-protein recognition. *J. Mol. Biol.*, **293**, 255–270.

Duan, Y. & Kollman, P.A. (1998). Pathways to a protein folding intermediate observed in a 1 μs simulation in aqueous solution. *Science*, **282**, 740–744.

Dueck, G., Scheuer, T. & Wallmeier, H.-M. (1993). Toleranzschwelle und Sintflut: neue Ideen zur Optimierung. *Spektrum der Wissenschaft*, **3**, 42–51.

Dunbrack, R.L., Jr. (2002). Homology modeling in biology and medicine. In *Bioinformatics – From genomes to drugs.* (Lengauer, T., Hrsg.), volume I. Wiley-VCH, Weinheim, S. 145–235.

Dürr, W. & Mayer, H. (1992). *Wahrscheinlichkeitsrechnung und schließende Statistik.* Carl Hanser Verlag, München.

Eddy, S.R. & Durbin, R. (1994). RNA sequence analysis using covariance models. *Nucleic Acids Res.*, **22**, 2079–2088.

Ehresmann, C., Baudin, F., Mougel, M., Romby, P., Ebel, J.-P. & Ehresmann, B. (1987). Probing the structure of RNAs in solution. *Nucleic Acids Res.*, **15**, 9109–9128.

Eigen, M. & de Maeyer, L. (1963). Relaxation methods. In *Technique of Organic Chemistry* (Friess, L.S., Lewis, E.S. & Weissberger, A., Hrsg.), volume VIII/2. Interscience, New York, S. 895–1054.

Eisenberg, D., Weiss, R.M. & Terwilliger, T.C. (1982). The helical hydrophobic moment: a measure of the amphiphilicity of a helix. *Nature*, **299**, 371–374.

Eisenberg, D., Weiss, R.M. & Terwilliger, T.C. (1984). The hydrophobic moment detects periodicity in protein hydrophobibity. *Proc. Nat. Acad. Sci. U.S.A.*, **81**, 140–144.

Eisenberg, D., Wesson, M. & Yamashita, M. (1989). Interpretation of protein folding and binding with atomic solvation parameters. *Chem. Scr.*, **29A**, 217–221.

Eisenhaber, F., Persson, B. & Argos, P. (1995). Protein structure prediction: recognition of primary, secondary, and tertiary structural features from amino acid sequence. *Crit. Rev. Biochem. Mol. Biol.*, **30**, 1–94.

Emini, E.A., Hughes, J.V., Perlow, D.S. & Boger, J. (1985). Induction of hepatitis A virus-neutralizing antibody by a virus-specific synthetic peptide. *J. Virol.*, **55**, 836–839.

Engelman, D.M., Steitz, T.A. & Goldman, A. (1986). Identifying nonpolar transbilayer helices in amino acid sequences of membrane proteins. *Ann. Rev. Biophys. Biophys. Chem.*, **15**, 321–353.

Fagegaltier, D., Lescure, A., Walczak, R., Carbon, P. & Krol, A. (2000). Structural analysis of new local features in SECIS RNA hairpins. *Nucleic Acids Res.*, **28**, 2679–2689.

Fasman, G.D. & Gilbert, W.A. (1990). The prediction of transmembrane protein sequences and their conformation: an evaluation. *Trends Biochem.*, **15**, 89–92.

Felciano, R.M., Chen, O.R. & Altman, R.B. (1996). RNA secondary structure as a reusable interface to biological information resources. *Gene*, **190**, GC59–70, http://www-smi.stanford.edu/projects/helix/sstructview/.

Feng, D.F. & Doolittle, R.F. (1987). Progressive sequence alignment as a prerequisite to correct phylogenetic trees. *J. Mol. Evol.*, **25**, 351–360.

Finer-Moore, J. & Stroud, R.M. (1984). Amphipathic analysis and possible formation of the ion channel in an acetylcholine receptor. *Proc. Nat. Acad. Sci. U.S.A.*, **81**, 155–159.

Fischer, S.G. & Lerman, L.S. (1983). DNA fragments differing by single base-pair substitutions are separated in denaturing gradient gels: correspondence with melting theory. *Proc. Nat. Acad. Sci. U.S.A.*, **80**, 1579–1583.

Fiser, A., Sánchez, R., Melo, F. & Šali, A. (2001). Comparative protein structure modeling. In *Computational Biochemistry and Biophysics*. (Becker, O.M., MacKerell, A.D., Roux, B. & Watanabe, M., Hrsg.). Marcel Dekker, New York, S. 275–312. http://guitar.rockefeller.edu/~andras/watanabe/.

Fixman, M. & Freire, J.J. (1977). Theory of DNA melting curves. *Biopolymers*, **16**, 2693–2704.

Flamm, C. (1998). Kinetic Folding of RNA. Doktorarbeit, Universität Wien.

Flamm, C., Fontana, W., Hofacker, I.L. & Schuster, P. (2000). RNA folding at elementary step resolution. *RNA*, **6**, 325–338.

Fontana, W. & Schuster, P. (1987). A computer model of evolutionary optimization. *Biophys. Chem.*, **26**, 123–147.

Franch, T., Gultyaev, A.P. & Gerdes, K. (1997). Programmed cell death by *hok/sok* of plasmid R1: processing at the *hok* mRNA 3'-end triggers structural rearrangements that allow translation and antisense RNA binding. *J. Mol. Biol.*, **273**, 38–51.

Frank-Kamenetskii, F. (1971). Simplification of the empirical relationship between melting temperature of DNA, its GC content and concentration of sodium ions in solution. *Biopolymers*, **10**, 2623–2624.

Fuellen, G. (1997). A Gentle Guide to Multiple Alignment. *Complexity International*, 4, http://www.csu.edu.au/ci/vol04/mulali/mulali.html.

Fuller, W. & Hodgson, A. (1967). Conformation of the anticodon loop in tRNA. *Nature*, **215**, 817–821.

Fütterer, J., Gordon, K., Bonneville, J.M., Sanfaçon, H., Pisan, B., Penswick, J. & Hohn, T. (1988). The leading sequence of caulimovirus large RNA can be folded into a large stem-loop structure. *Nucleic Acids Res.*, **16**, 8377–8390.

Gabow, H.N. (1976). An efficient implementation of Edmonds' algorithm for maximum matching on graphs. *J. Ass. Comp. Mach.*, **23**, 221–234.

Garnier, J., Gibrat, J.-F. & Robson, B. (1996). GOR method for predicting protein secondary structure from amino acid sequence. *Methods Enzymol.*, **266**, 540–553.

Garnier, J., Osguthorpe, D.J. & Robson, B. (1978). Analysis of the accuracy and implications of simple methods for predicting the secondary structure of globular proteins. *J. Mol. Biol.*, **120**, 97–120.

Gautheret, D., Damberger, S.H. & Gutell, R.R. (1995). Identification of base-triples in RNA using comparative sequence analysis. *J. Mol. Biol.*, **248**, 27–43.

GCG (2002). Wisconsin Package, Genetics Computer Group, Madison, Wisc. http://www.accelrys.com/about/gcg.html

Gerhart, E., Wagner, H. & Brantl, S. (1998). Kissing and RNA stability in antisense control of plasmid replication. *Trends Biochem. Sci.*, **23**, 451–454.

Giegerich, R., Haase, D. & Rehmsmeier, M. (1999). Prediction and visualization of structural switches in RNA. *Pac. Symp. Biocomput.*, **255**, 126–137.

Godzik, A. & Skolnick, J. (1992). Sequence–structure matching in globular proteins: Application to supersecondary and tertiary structure determination. *Proc. Nat. Acad. Sci. U.S.A.*, **89**, 12098–12102.

Goldberger, R.F., Epstein, C.J. & Anfinsen, C.B. (1963). Acceleration of reactivation of reduced bovine pancreatic ribonuclease by a microsomal system from rat liver. *J. Biol. Chem.*, **238**, 628–635.

Gorodkin, J., L.J., Heyer, Brunak, S. & Stormo, G.D. (1997). Displaying the information contents of structural RNA alignments: the structure logos. *Comp. Appl. Biosci./Bioinformatics*, **13**, 583–586.

Gorodkin, J., L.J., Heyer & Stormo, G.D. (1997). Finding common sequence and structure motifs in a set of RNA sequences. In *Proceedings of the Fifth International Conference on Intelligent Systems for Molecular Biology ISMB-97.* (Gaasterland, T., Karp, P., Kevin Karplus, K., Ouzounis, C., Sander, C. & Valencia, A., Hrsg.). AAAI Press, S. 120–123.

Gorodkin, J., L.J., Heyer & Stormo, G.D. (1997). Finding the most significant common sequence and structure motifs in a set of RNA sequences. *Nucleic Acids Res.*, **25**, 3724–3732.

Gotoh, O. (1999). Multiple sequence alignment: algorithms and applications. *Adv. Biophys.*, **36**, 159–206.

Grainger, R.J., Murchie, A.I., Norman, D.G. & Lilley, D.M. (1997). Severe axial bending of RNA induced by the U1A binding element present in the 3' untranslated region of the U1A mRNA. *J. Mol. Biol.*, **273**, 84–92.

Gribskov, M., Lüthy, R. & Eisenberg, D. (1990). Profile analysis. *Methods Enzymol.*, **183**, 146–159.

Groebe, D.R. & Uhlenbeck, O.C. (1988). Characterization of RNA hairpin loop stability. *Nucleic Acids Res.*, **16**, 11725–11735.

Gruebele, M. (2002). Protein folding: the free energy surface. *Curr. Opin. Struct. Biol.*, **12**, 161–168.

Gultyaev, A.P., Franch, T. & Gerdes, K. (1997). Programmed cell death by *hok/sok* of plasmid R1: coupled nucleotide covariations reveal a phylogenetically conserved folding pathway in the *hok* family of mRNAs. *J. Mol. Biol.*, **273**, 26–37.

Gultyaev, A.P., van Batenburg, F.H. & Pleij, C.W. (1995). The computer simulation of RNA folding pathways using a genetic algorithm. *J. Mol. Biol.*, **250**, 37–51.

Gultyaev, A.P., van Batenburg, F.H. & Pleij, C.W. (1998). Dynamic competition between alternative structures in viroid RNAs simulated by an RNA folding algorithm. *J. Mol. Biol.*, **276**, 43–55.

Gultyaev, A.P., van Batenburg, F.H. & Pleij, C.W. (1999). An approximation of loop free energy values of RNA H-pseudoknots. *RNA*, **5**, 609–617.

Gupta, S.K., Kececioglu, J.D. & Schaffer, A.A. (1995). Improving the practical space and time efficiency of the shortest-paths approach to sum-of-pairs multiple sequence alignment. *J. Comput. Biol.*, **2**, 459–472, http://www.ibc.wustl.edu/msa/paper.ps.

Gusfield, D. (1999). *Algorithms on strings, trees, and sequences. Computer science and computational biology.* Cambridge University Press, Cambridge.

Gutell, R.R., Power, A., Hertz, G.Z., Putz, E.J. & Stormo, G.D. (1992). Identifying constraints on the higher-order structure of RNA: continued development and application of comparative sequence analysis methods. *Nucleic Acids Res.*, **20**, 5785–5795.

Haasnoot, C.A., Hilbers, C.W., Marel, van der, G.A., van Boom, J.H., Singh, U.C., Pattabiraman, N. & Kollman, P.A. (1986). On loop folding in nucleic acid hairpin-type structures. *J. Biomol. Struct. Dyn.*, **3**, 843–857.

Hagerman, P.J. (2000). Transient electric birefringence for determining global conformations of nonhelix elements and protein-induced bends in RNA. *Methods Enzymol.*, **317**, 440–453.

Hansson, T., Oostenbrink, C. & van Gunsteren, W.F. (2002). Molecular dynamics simulations. *Curr. Opin. Struct. Biol.*, **12**, 190–196.

Hao, M.H. & Scheraga, H.A. (1999). Designing potential energy functions for protein folding. *Curr. Opin. Struct. Biol.*, **9**, 184–188.

Hardin, C., Pogorelov, T.V. & Luthey-Schulten, Z. (2002). *Ab initio* protein structure prediction. *Curr. Opin. Struct. Biol.*, **12**, 176–181.

Hebb, D. (1949). *Organisation of behavior.* Wiley, New York.

Henikoff, S. & Henikoff, J.G. (1992). Amino acid substitution matrices from protein blocks. *Proc. Nat. Acad. Sci. U.S.A.*, **89**, 10915–10919.

Hertz, G.Z. & Stormo, G.D. (1999). Identifying DNA and protein patterns with statistically significant alignments of multiple sequences. *Bioinformatics*, **15**, 563–577.

Hofacker, I.L., Fekete, M., Flamm, C., Huynen, M.A., Rauscher, S., Stolorz, P.E. & Stadler, P.F. (1998). Automatic detection of conserved RNA structure elements in complete RNA virus genomes. *Nucleic Acids Res.*, **26**, 3825–3836.

Hofacker, I.L., Fontana, W., Stadler, P.F., Bonhoeffer, S., Tacker, M. & Schuster, P. (1994). Fast folding and comparsion of RNA structures. *Monatsh. Chem.*, **125**, 167–188, http://www.tbi.univie.ac.at/~ivo/RNA/.

Hofacker, I.L., Schuster, P. & Stadler, P.F. (1998). Combinatorics of RNA secondary structures. *Discr. Appl. Math.*, **88**, 207–237.

Hofmann, K., Bucher, P., Falquet, L. & Bairoch, A. (1999). The PROSITE database, its status in 1999. *Nucleic Acids Res.*, **27**, 215–219.

Holland, J.H. (1994). *Adaptation in natural and artificial systems*. MIT Press, Cambridge.

Holmes, D.L. & Stellwagen, N.C. (1991). Estimation of polyacrylamide gel pore size from Ferguson plots of linear DNA fragments. II. Comparison of gels with different crosslinker concentrations, added agarose and added linear polyacrylamide. *Electrophoresis*, **12**, 612–619.

Holmes, D.L. & Stellwagen, N.C. (1991). Estimation of polyacrylamide gel pore size from Ferguson plots of normal and anomalously migrating DNA fragments. I. Gels containing 3 % N,N'-methylenebisacrylamide. *Electrophoresis*, **12**, 253–263.

Hopp, T.P. & Woods, K.R. (1981). Prediction of protein antigenic determinants from amino acid sequences. *Proc. Nat. Acad. Sci. U.S.A.*, **78**, 3824–3828.

Horowitz, E. & Sahni, S. (1981). *Algorithmen. Entwurf und Analyse*. Springer-Verlag, Berlin.

Huynen, M.A., Perelson, A., Vieira, W.A. & Stadler, P.F. (1996). Base pairing probabilities in a complete HIV-1 RNA. *J. Comput. Biol.*, **3**, 253–274.

Jähnig, F. (1990). Structure predictions of proteins are not that bad. *Trends Biochem.*, **15**, 93–95.

Jameson, B.A. & Wolf, H. (1988). The antigenic index: a novel algorithm for predicting antigenic determinants. *Comp. Appl. Biosci.*, **4**, 181–186.

Janin, J. & Wodak, S.J. (1978). Conformation of amino acid side-chains in proteins. *J. Mol. Biol.*, **125**, 357–386.

Jeanmougin, F., Thompson, J.D., Gouy, M., Higgins, D.G. & Gibson, T.J. (1998). Multiple sequence alignment with Clustal X. *Trends Biol. Sci.*, **23**, 403–405.

Jenkins, J. & Pickersgill, R. (2001). Teh architecture of parallel β-helices and related folds. *Prog. Biophys. Mol. Biol.*, **77**, 111–175.

Jones, D.T. (1999). GenTHREADER: an efficient and reliable protein fold recognition method for genomic sequences. *J. Mol. Biol.*, **287**, 797–815.

Jones, D.T. (1999). Protein secondary structure prediction based on position-specific scoring matrices. *J. Mol. Biol.*, **292**, 195–202.

Jones, D.T., Taylor, W.R. & Thornton, J.M. (1992). A new approach to protein fold recognition. *Nature*, **358**, 86–89.

Jones, D.T., Taylor, W.R. & Thornton, J.M. (1994). A model recognition approach to the prediction of all-helical membrane protein structure and topology. *Biochemistry*, **33**, 3038–3049.

Kelley, L.A., MacCallum, R.M. & Sternberg, M.J.E. (2000). Enhanced genome annotation using structural profiles in the program 3D-pssm. *J. Mol. Biol.*, **299**, 499–520.

Kim, J., Cole, J.R. & Pramanik, S. (1996). Alignment of possible secondary structures in multiple RNA sequences using simulated annealing. *Comp. Appl. Biosci.*, **12**, 259–267.

Kirkpatrick, S., Gelatt, Jr, C.D. & Vecchi, M.P. (1983). Optimization by Simulated Annealing. *Science*, **220**, 671–680.

Klaff, P., Mundt, S. & Steger, G. (1997). Complex formation of the spinach chloroplast *psb*A mRNA 5' untranslated region with proteins is dependent on the RNA structure. *RNA*, **3**, 1480–1485.

Kolk, M.H., van der Graaf, M., Wijmenga, S.S., Pleij, W., Heus, H.A. & Hilbers, C.W. (1998). NMR structure of a classical pseudoknot: interplay of single- and double-stranded RNA. *Science*, **280**, 434–438.

Krogh, A., Brown, M., Mian, I.S., Sjolander, K. & Haussler, D. (1994). Hidden Markov models in computational biology: applications to protein modeling. *J. Mol. Biol.*, **235**, 1501–1531.

Kyte, J. & Doolittle, R.F. (1982). A simple method for displaying the hydropathic character of a protein. *J. Mol. Biol.*, **157**, 105–132.

Lai, M.M. (1995). The molecular biology of hepatitis delta virus. *Annu. Rev. Biochem.*, **64**, 259–286.

Lathrop, R.H. (1994). The protein threading problem with sequence amino acid interaction preferences is NP-complete. *Protein Eng.*, **7**, 1059–1068.

Lattman, E.E. (ed.) (1999). Third meeting on the critical assessment of techniques for protein structure prediction (CASP3). *Proteins, Suppl.*, **3**.

Lazaridis, T. & Karplus, M. (2000). Effective energy functions for protein structure prediction. *Curr. Opin. Struct. Biol.*, **10**, 139–145.

Lazinski, D.W. & Taylor, J.M. (1995). Regulation of the hepatitis delta virus ribozymes: to cleave or not to cleave? *RNA*, **1**, 225–233.

Le, S.Y., Owens, J., Nussinov, R., Chen, J.H., Shapiro, B. & Maizel, J.V. (1989). RNA secondary structures: comparison and determination of frequently recurring substructures by consensus. *Comp. Appl. Biosci.*, **5**, 205–210.

Le, S.Y., Zhang, K. & Maizel, Jr, J.V. (1995). A method for predicting common structures of homologous RNAs. *Comput. Biomed. Res.*, **28**, 53–66.

Le, S.Y. & Zuker, M. (1990). Common structures of the 5' non-coding RNA in enteroviruses and rhinoviruses. Thermodynamical stability and statistical significance. *J. Mol. Biol.*, **216**, 729–741.

Le, S.Y. & Zuker, M. (1991). Predicting common foldings of homologous RNAs. *J. Biomol. Struct. Dyn.*, **8**, 1027–1044.

Lee, B. & Richards, F.M. (1971). The interpretation of protein structures: estimation of static accessibility. *J. Mol. Biol.*, **55**, 379–400.

Lengauer, T., Mevissen, H.-T., Selbig, J., Thiele, R. & Zimmer, R. (1997). Abschlußbericht der GMD Gruppe des Verbundprojekts "Proteine: Sequenz, Struktur, Evolution (PROTAL)". Technical report, Gesellschaft für

Mathematische Datenverarbeitung, GMD-SCAI. `http://www.gmd.de/SCAI/`, `http://cartan.gmd.de/PROTAL/AWARD/Protal-Sachbericht-short.ps`.

Leontis, N.B., Stombaugh, J. & Westhof, E. (2002). The non-Watson-Crick base pairs and their associated isostericity matrices. *Nucleic Acids Res.*, **30**, 3497–3531.

Lerman, L.S. & Silverstein, K. (1987). Computational simulation of DNA melting and its application to denaturing gradient gel electrophoresis. *Methods Enzymol.*, **155**, 482–501.

Lesk, A.M. (2000). *Introduction to protein architecture: the structural biology of proteins*. Oxford University Press, Cambridge.

Levinthal, C. (1968). Are there pathways to protein folding? *J. Chem. Phys.*, **65**, 44–45.

Lilley, D.M. (1995). Kinking of DNA and RNA by base bulges. *Proc. Nat. Acad. Sci. U.S.A.*, **92**, 7140–7142.

Lilley, D.M. (1999). Folding and catalysis by the hairpin ribozyme. *FEBS Lett.*, **452**, 26–30.

Lilley, D.M. & Clegg, R.M. (1993). The structure of the four-way junction in DNA. *Annu. Rev. Biophys. Biomol. Struct.*, **22**, 299–328.

Loss, P., Schmitz, M., Steger, G. & Riesner, D. (1991). Formation of a thermodynamically metastable structure containing hairpin II is critical for infectivity of potato spindle tuber viroid RNA. *EMBO J.*, **10**, 719–727.

Lück, R., Gräf, S. & Steger, G. (1999). *ConStruct*: A tool for thermodynamic controlled prediction of conserved secondary structure. *Nucleic Acids Res.*, **27**, 4208–4217, `http://www.biophys.uni-duesseldorf.de/local/ConStruct/ConStruct.html`.

Lück, R., Steger, G. & Riesner, D. (1996). Thermodynamic prediction of conserved secondary structure: Application to RRE-element of HIV, tRNA-like element of CMV, and mRNA of prion protein. *J. Mol. Biol.*, **258**, 813–826.

Lüthy, R., Bowie, J.U. & Eisenberg, D. (1992). Assessment of protein models with three-dimensional profiles. *Nature*, **356**, 83–85.

Marky, L.A. & Breslauer, K.J. (1987). Calculating thermodynamic data for transitions of any molecularity from equilibrium melting curves. *Biopolymers*, **26**, 1601–1620.

Marti-Renom, M.A., Stuart, A.C., Fiser, A., Sánchez, R., Melo, F. & Sali, A. (2000). Comparative protein structure modeling of genes and genomes. *Annu. Rev. Biophys. Biomol. Struct.*, **29**, 291–325.

Mathews, D.H., Sabina, J., Zuker, M. & Turner, D.H. (1999). Expanded sequence dependence of thermodynamic parameters improves prediction of RNA secondary structure. *J. Mol. Biol.*, **288**, 911–940.

Matzura, O. & Wennborg, A. (1996). RNAdraw: an integrated program for RNA secondary structure calculation and analysis under 32-bit Microsoft Windows. *Comp. Appl. Biosci.*, **12**, 247–249, `http://rnadraw.base8.se/`.

McCaskill, J.S.M. (1990). The equilibrium partition function and base pair binding probabilities for RNA secondary structure. *Biopolymers*, **29**, 1105–1119.

McClure, M.A., Vasi, T.K. & Fitch, W.M. (1994). Comparative analysis of multiple protein-sequence alignment methods. *Mol. Biol. Evol.*, **11**, 571–592.

McCulloch, W.S. & Pitts, W. (1943). A logical calculus of the ideas immanent in nervous activity. *Bull. Math. Biophys.*, **5**, 115–133.

McGuffin, L.J., Bryson, K. & Jones, D.T. (2000). The PSIPRED protein structure prediction server. *Bioinformatics*, **16**, 404–405.

Metropolis, N., Rosenbluth, A.W., Rosenbluth, M.N., Teller, A.H. & Teller, E. (1953). Equation of state calculations by fast computing machines. *J. Chem. Phys.*, **21**, 1087–1092.

Mironov, A.A., Dyakonova, L.P. & Kister, A.E. (1985). A kinetic approach to the prediction of RNA secondary structures. *J. Biomol. Struct. Dyn.*, **2**, 953–962.

Mironov, A. & Kister, A. (1986). RNA secondary structure formation during transcription. *J. Biomol. Struct. Dyn.*, **4**, 1–9.

Mironov, A.A. & Lebedev, V.F. (1993). A kinetic model of RNA folding. *Biosystems*, **30**, 49–56.

Misra, V.K. & Draper, D.E. (1998). On the role of magnesium ions in RNA stability. *Biopolymers*, **48**, 113–135.

Möller, S., Croning, M.D.R. & Apweiler, R. (2001). Evaluation of methods for the prediction of membrane spanning regions. *Bioinformatics*, **17**, 646–653, Erratum in *Bioinformatics*, **18**, 218.

Morgenstern, B. (1999). DIALIGN 2: Improvement of the segment-to-segment approach to multiple sequence alignment. *Bioinformatics*, **15**, 211–218, http://bibiserv.techfak.uni-bielefeld.de/dialign/dia2.pdf.

Moult, J. & James, M.N. (1986). An algorithm for determining the conformation of polypeptide segments in proteins by systematic search. *Proteins*, **1**, 146–163.

Mundt, S.M. (1993). Modellbildung zur Korrelation zwischen Struktur und Gelmobilität von einzelsträngiger RNA. Diplomarbeit, Heinrich Heine-Universität Düsseldorf.

Myers, R.M., Fischer, S.G., Lerman, L.S. & Maniatis, T. (1985). Nearly all single base substitutions in DNA fragments joined to a GC-clamp can be detected by denaturing gradient gel electrophoresis. *Nucleic Acids Res.*, **13**, 3131–3145.

Myers, R.M., Maniatis, T. & Lerman, L.S. (1987). Detection and localization of single base changes by denaturing gradient gel electrophoresis. *Methods Enzymol.*, **155**, 501–527.

Nagel, J.H.A., Gultyaev, A.P., Gerdes, K. & Pleij, C.W.A. (1999). Metastable structures and refolding kinetics in *hok* mRNA of plasmid R1. *RNA*, **5**, 1408–1418.

Nakai, K. & Kanehisa, M. (1992). A knowledge base for predicting protein localization sites in eukaryotic cells. *Genomics*, **14**, 897–911.

Needleman, S.B. & Wunsch, C.D. (1970). A general method applicable to the search for similarities in the amino acid sequence of two proteins. *J. Mol. Biol.*, **48**, 443–453.

Nielsen, H., Brunak, S. & von Heijne, G. (1999). Machine learning approaches for the prediction of signal peptides and other protein sorting signals. *Prot. Eng.*, **12**, 3–9.

Nielsen, H., Engelbrecht, J., Brunak, S. & von Heijne, G. (1997). Identification of prokaryotic and eukaryotic signal peptides and prediction of their cleavage sites. *Prot. Eng.*, **10**, 1–6.

Nussinov, R., Pieczenik, G., Griggs, J.R. & Kleitman, D.J. (1978). Algorithms for loop matchings. *SIAM J. Appl. Math.*, **35**, 68–82.

Nussinov, R. & Tinoco, Jr, I. (1981). Sequential folding of a messenger RNA molecule. *J. Mol. Biol.*, **151**, 519–533.

Onuchic, J.N., Luthey-Schulten, Z. & Wolynes, P.G. (1997). Theory of protein folding: the energy landscape perspective. *Annu. Rev. Phys. Chem.*, **48**, 545–600.

Orengo, C.A. & Taylor, W.R. (1990). A rapid method of protein structure alignment. *J. Theor. Biol.*, **147**, 517–551.

Orengo, C.A. & Taylor, W.R. (1993). A local alignment method for protein structure motifs. *J. Mol. Biol.*, **233**, 488–497.

Osterburg, G. & Sommer, R. (1981). Computer support of DNA sequence analysis. *Comput. Programs Biomed.*, **13**, 101–109.

Ottmann, T. & Widmayer, P. (1996). *Algorithmen und Datenstrukturen*. Spektrum Akademischer Verlag, Heidelberg.

Owen, R.J., Hill, L.R. & Lapage, S.P. (1969). Determination of DNA base compositions from melting profiles in dilute buffers. *Biopolymers*, **7**, 503–516.

Petersheim, M. & Turner, D.H. (1983). Base-stacking and base-pairing contributions to helix stability: thermodynamics of double-helix formation with CCGG, CCGGp, CCGGAp, ACCGGp, CCGGUp, and ACCGGUp. *Biochemistry*, **22**, 256–263.

Pleij, C.W., Rietveld, K. & Bosch, L. (1985). A new principle of RNA folding based on pseudoknotting. *Nucleic Acids Res.*, **13**, 1717–1731.

Poland, D. (1974). Recursion relation generation of probability profiles for specific-sequence macromolecules with long-range correlations. *Biopolymers*, **13**, 1859–1871.

Poland, D. (1978). *Cooperative equlibria in physical biochemistry*. Clarendon Press, Oxford.

Pörschke, D. (1974). Model calculations on the kinetics of oligonucleotide double helix coil transitions. Evidence for a fast chain sliding reaction. *Biophys. Chem.*, **2**, 83–96.

Press, W.H., Teukolsky, S.A., Vetterling, W.T. & Flannery, B.P. (1993). *Numerical Recipes in C*. Cambridge University Press, Cambridge. http://www.nr.com/nronline_switcher.html.

Promponas, V.J., Enright, A.J., Tsoka, S., Kreil, D.P., Leroy, C., Hamodrakas, S., Sander, C. & Ouzounis, C.A. (2000). CAST: an iterative algorithm for the complexity analysis of sequence tracts. *Nucleic Acids Res.*, **16**, 915–922.

Puglisi, J.D. & Tinoco, Jr, I. (1989). Absorbance melting curves of RNA. In *Methods in Enzymology*. (Doolittle, R.F., Hrsg.), volume **180**. Adenine Press, San Diego, S. 304–325.

Qu, F., Heinrich, C., Loss, P., Steger, G., Tien, P. & Riesner, D. (1993). Multiple pathways of reversion in viroids for conservation of structural elements. *EMBO J.*, **12**, 2129–2139.

Rachen, M. (1997). Sequentielle Faltung von Viroid-Transkripten. Diplomarbeit, Heinrich Heine-Universität Düsseldorf.

Radkiewicz, J.L. & Brooks III, C.L. (2000). Protein dynamics in enzymatic catalysis: exploration of dihydrofolate reductase. *J. Am. Chem. Soc.*, **122**, 225–231.

Ramachandran, G.N., Ramakrishnan, C. & Sasisekharan, V. (1963). Stereochemistry of polypeptide chain configurations. *J. Mol. Biol.*, **7**, 95–99.

Repsilber, D., Wiese, U., Rachen, M., Schröder, A.R., Riesner, D. & Steger, G. (1999). Formation of metastable RNA structures by sequential folding during transcription: Time-resolved structural analysis of potato spindle tuber viroid $(-)$-stranded RNA by temperature-gradient gel electrophoresis. *RNA*, **5**, 574–584.

Riesner, D., Henco, K. & Steger, G. (1991). Temperature-gradient gel electrophoresis: A method for the analysis of conformational transitions and mutations in nucleic acids and proteins. In *Advances in electrophoresis* (Chrambach, A., Dunn, M.J. & Radola, B.J., Hrsg.), volume 4. VCH Verlagsgesellschaft, Weinheim, S. 169–250.

Riesner, D., Steger, G., Wiese, U., Wulfert, M., Heibey, M. & Henco, K. (1992). Temperature-gradient gel electrophoresis (TGGE) for the detection of polymorphic DNA and for quantitative polymerase chain reaction. *Electrophoresis*, **13**, 632–636.

Riesner, D., Steger, G., Zimmat, R., Owens, R.A., Wagenhöfer, M., Hillen, W., Vollbach, S. & Henco, K. (1989). Temperature-gradient gel electrophoresis: Analysis of conformational transitions, sequence variations, and protein-nucleic acid interactions. *Electrophoresis*, **10**, 377–389.

Rijk, De, P. & Wachter, De, R. (1997). RnaViz, a program for the visualisation of RNA secondary structure. *Nucleic Acids Res.*, **25**, 4679–4684, http://rrna.uia.ac.be/rnaviz/.

Ritter, H., Martinez, T. & Schulten, K. (1991). *Neuronale Netze*. Addison-Wesley, Bonn.

Rivas, E. & Eddy, S.R. (1999). A dynamic programming algorithm for RNA structure prediction including pseudoknots. *J. Mol. Biol.*, **285**, 2053–2068.

Rosenbaum, V. & Riesner, D. (1987). Temperature-gradient gel electrophoresis. Thermodynamic analysis of nucleic acids and proteins in purified form and in cellular extracts. *Biophys. Chem.*, **26**, 235–246.

Rost, B. (1996). PHD: predicting one-dimensional protein structure by profile-based neural networks. *Methods Enzymol.*, **266**, 525–539.

Rost, B., Casadio, R. & Fariselli, P. (1996). Refining neural network predictions for helical transmembrane proteins by dynamic programming. *Proc. Int. Conf. Intell. Syst. Mol. Biol.*, **4**, 192–200.

Rost, B., Casadio, R., Fariselli, P. & Sander, C. (1995). Transmembrane helices predicted at 95 % accuracy. *Protein Sci.*, **4**, 521–533.

Rost, B., Fariselli, P. & Casadio, R. (1996). Topology prediction for helical transmembrane proteins at 86 % accuracy. *Protein Sci.*, **5**, 1704–1718.

Rost, B. & O'Donoghue, S. (1997). Sisyphus and prediction of protein structure. *Comp. Appl. Biosci.*, **13**, 345–356.

Rost, B. & Sander, C. (1993). Prediction of protein secondary structure at better than 70 % accuracy. *J. Mol. Biol.*, **232**, 584–599.

Rost, B. & Sander, C. (1994). Combining evolutionary information and neural networks to predict protein secondary structure. *Proteins*, **19**, 55–72.

Rost, B. & Sander, C. (1994). Conservation and prediction of solvent accessibility in protein families. *Proteins*, **20**, 216–226.

Rost, B., Schneider, R. & Sander, C. (1997). Protein fold recognition by prediction-based threading. *J. Mol. Biol.*, **270**, 471–480.

Ruddon, R.W. & Bedows, E. (1997). Assisted protein folding. *J. Biol. Chem.*, **272**, 3125–3128.

Rumelhardt, D.E., Hinton, G.E. & Williams, R.J. (1986). Learning representations by back-propagating errors. *Nature*, **323**, 533–536.

Rumelhart, D.E. & McClelland, J.L. (1989). *Parallel distributed processing*. Vols 1 and 2. MIT Press, Cambridge, Mass.

Saenger, W., Hrsg. (1984). *Principles of nucleic acid structure*. Springer-Verlag, New York, Berlin.

Sánchez, R., Pieper, U., Melo, F., Eswar, N., Marti-Renom, M.A., Madhusudhan, M.S., Mirkovic, N. & Sali, A. (2000). Protein structure modeling for structural genomics. *Nat. Struct. Biol.*, **7** Suppl., 986–990.

Sander, C. & Schneider, R. (1991). Database of homology-derived structures and the structural meaning of sequence alignment. *Proteins*, **9**, 56–68.

Sankoff, D. (1985). Simultaneous solution of the RNA folding, alignment and protosequence problems. *SIAM J. Appl. Math.*, **45**, 810–825.

Sättler, A., Kanka, S., Maurer, K.H. & Riesner, D. (1996). Thermostable variants of subtilisin selected by temperature-gradient gel electrophoresis. *Electrophoresis*, **17**, 784–792.

Schmitz, A. & Riesner, D. (1998). Correlation between bending of the VM region and pathogenicity of different potato spindle tuber viroid strains. *RNA*, **4**, 1295–1303.

Schmitz, M. (1995). Beschreibung der Faltung einzelsträngiger Ribonukleinsäuren mit der Methode des „Simulated Annealing". Doktorarbeit, Heinrich Heine-Universität Düsseldorf.

Schmitz, M. & Steger, G. (1992). Base-pair probability profiles of RNA secondary structures. *Comp. Appl. Biosci.*, **8**, 389–399.

Schmitz, M. & Steger, G. (1996). Description of RNA folding by "simulated annealing". *J. Mol. Biol.*, **255**, 254–266.

Schneider, T.D. (1997). Information content of individual genetic sequences. *J. Theor. Biol.*, **189**, 427–441.

Schneider, T.D. (1997). Sequence walkers: a graphical method to display how binding proteins interact with DNA or RNA sequences. *Nucleic Acids Res.*, **25**, 4408–4415.

Schneider, T.D. & Stephens, R.M. (1990). Sequence logos: a new way to display consensus sequences. *Nucleic Acids Res.*, **18**, 6097–6100.

Schneider, T.D., Stormo, G.D., Gold, L. & Ehrenfeucht, A. (1986). Information content of binding sites on nucleotide sequences. *J. Mol. Biol.*, **188**, 415–431.

Schröder, A.R. & Riesner, D. (2002). Detection and analysis of hairpin II, an essential metastable structural element in viroid replication intermediates. *Nucleic Acids Res.*, **30**, 3349–3359.

Schulz, G.E. & Schirmer, R.H. (1979). *Principles of protein structure.* Springer Verlag, New York.

Schwartz, R.M. & Dayhoff, M.O. (1978). Matrices for detecting distant relationships. In *Atlas of Protein Sequence and Structure.* (Dayhoff, M.O., Hrsg.), volume 5, suppl. 3. Natl. Biomed. Res. Found., Washington, DC, S. 353–358.

Shannon, C.E. & Weaver, W. (1949). *The mathematical theory of communication.* The University of Illinois Press, Urbana.

Shapiro, B.A. & Navetta, K.M. (1994). A massively parallel genetic algorithm for RNA secondary structure prediction. *J. Supercomput.*, **8**, 195–207.

Shapiro, B.A. & Wu, J.C. (1997). Predicting RNA H-type pseudoknots with the massively parallel genetic algorithm. *Comp. Appl. Biosci.*, **13**, 459–471.

Shapiro, B.A. & Zhang, K.Z. (1990). Comparing multiple RNA secondary structures using tree comparisons. *Comp. Appl. Biosci.*, **6**, 309–318.

Shultzaberger, R.K., Bucheimer, R.E., Rudd, K.E. & Schneider, T.D. (2001). Anatomy of *Escherichia coli* ribosome binding sites. *J. Mol. Biol.*, **313**, 215–228.

Smith, T.F. & Waterman, M.S. (1981). Identification of common molecular subsequences. *J. Mol. Biol.*, **147**, 195–197.

Smith III, G.J., Donello, J.E., Lück, R., Steger, G. & Hope, T.J. (1998). The hepatitis B virus post-transcriptional regulatory element contains two conserved RNA stem-loops which are required for function. *Nucleic Acids Res.*, **26**, 4818–4827.

Sonnhammer, E.L.L., von Heijne, G. & Krogh, A. (1998). A hidden Markov model for predicting transmembrane helices in protein sequences. In *Proc. Sixth Int. Conf. on Intelligent Systems for Molecular Biology (ISMB)* (Glasgow, J., Littlejohn, T., Major, F., Lathrop, R., Sankoff, D. & Sensen, C., Hrsg.). AAAI Press, Menlo Park, CA, S. 175–182.

Srinivasan, G., James, C.M. & Krzycki, J.A. (2002). Pyrrolysine encoded by UAG in Archaea: charging of a UAG-decoding specialized tRNA. *Science*, **296**, 1459–1462.

Steger, G. (1994). Thermal denaturation of double-stranded nucleic acids: Prediction of temperatures critical for gradient gel electrophoresis and polymerase chain reaction. *Nucleic Acids Res.*, **22**, 2760–2768.

Steger, G., Hofmann, H., Förtsch, J., Gross, H.J., Randles, J.W., Sänger, H.L. & Riesner, D. (1984). Conformational transitions in viroids and virusoids: Comparison of results from energy minimization algorithm and from experimental data. *J. Biomol. Struct. Dyn.*, **2**, 543–571.

Steger, G., Müller, H. & Riesner, D. (1980). Helix-coil transitions in double-stranded viral RNA: Fine resolution melting and ionic strength dependence. *Biochim. Biophys. Acta*, **606**, 274–284.

Steger, G., Tien, P., Kaper, J. & Riesner, D. (1987). Double-stranded cucumovirus associated RNA 5: Which sequence variations may be detected by optical melting and temperature-gradient gel electrophoresis? *Nucleic Acids Res.*, **15**, 5085–5103.

Stoye, J. (1998). Multiple sequence alignment with the divide-and-conquer method. *Gene*, **211**, GC45–56.

Stoye, J., Moulton, V. & Dress, A.W.M. (1997). DCA: An efficient implementation of the divide-and-conquer multiple sequence alignment algorithm. *Bioinformatics*, **13**, 625–626.

Szewczak, A.A. & Moore, P.B. (1995). The sarcin/ricin loop, a modular RNA. *J. Mol. Biol.*, **247**, 81–98.

Tabaska, J.E., Cary, R.B., Gabow, H.N. & Stormo, G.D. (1998). An RNA folding method capable of identifying pseudoknots and base triples. *Bioinformatics*, **14**, 691–699.

Taylor, J.M. (1999). Hepatitis delta virus. *Intervirology*, **42**, 173–178.

Taylor, W.R. & Orengo, C.A. (1989). Protein structure alignment. *J. Mol. Biol.*, **208**, 1–22.

Thiele, R., Zimmer, R. & Lengauer, T. (1999). Protein threading by recursive dynamic programming. *J. Mol. Biol.*, **290**, 757–779.

Thirumalai, D. (1998). Native secondary structure formation in RNA may be a slave to tertiary folding. *Proc. Nat. Acad. Sci. U.S.A.*, **95**, 11506–11508.

Thompson, J.D., Higgins, D.G. & Gibson, T.J. (1994). CLUSTAL W: improving the sensitivity of progressive multiple sequence alignment through sequence weighting, position-specific gap penalties and weight matrix choice. *Nucleic Acids Res.*, **22**, 4673–4680.

Thompson, J. & Jeanmougin, F. (1998).
ftp://ftp.ebi.ac.uk/pub/software/unix/clustalw/,
ftp://ftp-igbmc.u-strasbg.fr/pub/

Thompson, J.D., Plewniak, F. & Poch, O. (1999). A comprehensive comparison of multiple sequence alignment programs. *Nucleic Acids Res.*, **27**, 2682–2690.

Thompson, J.D., Plewniak, F. & Poch, O. (1999). BAliBASE: a benchmark alignment database for the evaluation of multiple alignment programs. *Bioinformatics*, **15**, 87–88.

Tinoco, Jr, I., Uhlenbeck, O.C. & Levine, M.D. (1971). Estimation of secondary structure in ribonucleic acids. *Nature*, **230**, 362–367.

Treiber, D.K. & Williamson, J.R. (1999). Exposing the kinetic traps in RNA folding. *Curr. Opin. Struct. Biol.*, **9**, 339–345.

Trifonov, E.N. & Bolshoi, G. (1983). Open and closed 5 S ribosomal RNA, the only two universal structures encoded in the nucleotide sequences. *J. Mol. Biol.*, **169**, 1–13.

Turner, D.H., Sugimoto, N. & Freier, S.M. (1990). Thermodynamics and kinetics of base-pairing and of DNA and RNA self-assembly and helix coil transition. In *Nucleic Acids, Subvolume c, Physical Data I, Spectroscopic and Kinetic Data.* (Saenger, W., Hrsg.), Landolt-Börnstein, Group VII Biophysics, Vol I. Springer-Verlag, Berlin, S. 201–212.

Tusnády, G.E. & Simon, I. (1998). Principles governing amino acid composition of integral membrane proteins: application to topology prediction. *J. Mol. Biol.*, **283**, 489–506.

van Batenburg, F.H., Gultyaev, A.P. & Pleij, C.W. (1995). An APL-programmed genetic algorithm for the prediction of RNA secondary structure. *J. Theor. Biol.*, **174**, 269–280.

Wagenhöfer, M., Hansen, D. & Hillen, W. (1988). Thermal denaturation of engineered tet repressor proteins and their complexes with tet operator and tetracycline studied by temperature gradient gel electrophoresis. *Anal. Biochem.*, **175**, 422–432.

Walter, A.E. & Turner, D.H. (1994). Sequence dependence of stability for coaxial stacking of RNA helixes with Watson-Crick base paired interfaces. *Biochemistry*, **33**, 12715–12719.

Walter, A.E., Turner, D.H., Kim, J., Lyttle, M.H., Muller, P., Mathews, D.H. & Zuker, M. (1994). Coaxial stacking of helixes enhances binding of oligoribonucleotides and improves predictions of RNA folding. *Proc. Nat. Acad. Sci. U.S.A.*, **91**, 9218–9222.

Wassenegger, M., Spieker, R.L., Thalmeir, S., Gast, F.U., Riedel, L. & Sänger, H.L. (1996). A single nucleotide substitution converts potato spindle tuber viroid (PSTVd) from a noninfectious to an infectious RNA for *Nicotiana tabacum*. *Virology*, **226**, 191–197.

Waterman, M.S. (1995). *Introduction to computational biology. Maps, sequences and genomes.* Chapman & Hall, London.

Waterman, M.S. & Smith, T.F. (1978). RNA secondary structure: A complete mathematical analysis. *Math. Biosci.*, **42**, 257–266.

Watson, J.D. & Crick, F.H.C. (1953). Molecular structure of nucleic acids: a structure for deoxyribose nucleic acid. *Nature*, **171**, 737–738.

Watson, J.D., Hopkins, N.H., Roberts, J.W., Steitz, J.A. & Weiner, A.M., Hrsg. (1987). *Molecular biology of the gene.* Benjamin/Cummings, Menlo Park, CA.

Weiser, B. & Noller, H.F. (1999).
`http://www.bioinfo.rpi.edu/~zukerm/XRNA/1-OeNWkoD8krAAAGfV9JM/`

Westhof, E. (1992). Westhof's rule. *Nature*, **358**, 459–460.

Wetzel, R. (2002). Ideas of order for amyloid fibril structure. *Structure*, **10**, 1031–1036.

Wiese, U., Wulfert, M., Prusiner, S.B. & Riesner, D. (1995). Scanning for mutations in the human prion protein open reading frame by temporal temperature gradient gel electrophoresis. *Electrophoresis*, **16**, 1851–1860.

Wimberly, B., Varani, G. & Tinoco, Jr, I. (1993). The conformation of loop E of eukaryotic 5 S ribosomal RNA. *Biochemistry*, **32**, 1078–1087.

Wootton, J.C. & Federhen, S. (1996). Analysis of compositionally biased regions in sequence databases. *Methods Enzymol.*, **266**, 554–571.

Wu, J.C. & Shapiro, B.A. (1999). A Boltzmann filter improves the prediction of RNA folding pathways in a massively parallel genetic algorithm. *J. Biomol. Struct. Dyn.*, **17**, 581–595.

Wu, M. & Tinoco, Jr, I. (1998). RNA folding causes secondary structure rearrangement. *Proc. Nat. Acad. Sci. U.S.A.*, **95**, 11555–11560.

Wuchty, S., Fontana, W., Hofacker, I.L. & Schuster, P. (1999). Complete suboptimal folding of RNA and the stability of secondary structures. *Biopolymers*, **49**, 145–165.

Zuker, M. (1989). On finding all suboptimal foldings of an RNA molecule. *Science*, **244**, 48–52.

Zuker, M. (1989). The use of dynamic programming algorithms in RNA secondary structure prediction. In *Mathematical methods for DNA sequences*. (Waterman, M.S., Hrsg.). CRC Press, Boca Raton, Florida, S. 159–184.

Zuker, M. (2000). Calculating nucleic acid secondary structure. *Curr. Opin. Struct. Biol.*, **10**, 303–310.

Zuker, M. & Jacobson, A.B. (1998). Using reliability information to annotate RNA secondary structures. *RNA*, **4**, 669–679.

Zuker, M., Jaeger, J.A. & Turner, D.H. (1991). A comparison of optimal and suboptimal RNA secondary structures predicted by free energy minimization with structures determined by phylogenetic comparison. *Nucleic Acids Res.*, **19**, 2707–2714.

Zuker, M., Mathews, D.H. & Turner, D.H. (1999). Algorithms and thermodynamics for RNA secondary structure prediction: A practical guide. In *RNA Biochemistry and Biotechnology*. (Barciszewski, J. & Clark, B.F.C., Hrsg.). NATO ASI Series, Kluwer.
http://bioinfo.math.rpi.edu/~zukerm/export/mfold-3.0-manual.ps.Z,
http://bioinfo.math.rpi.edu/~zukerm/export/mfold-3.0-manual.pdf.

Zuker, M. & Stiegler, P. (1981). Optimal computer folding of large RNA sequences using thermodynamics and auxiliary information. *Nucleic Acids Res.*, **9**, 133–148.

Index zu Programmen

Index